Christian Caroli

RepRap-Hacks

3D-Drucker verstehen und optimieren

FRUIT UP
YOUR
FANTASY

CHRISTIAN CAROLI

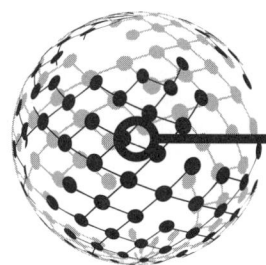

REPRAP-HACKS

3D-DRUCKER VERSTEHEN UND OPTIMIEREN

Ihr 3D-Drucker kann mehr, als Sie denken! Praxisnahe Optimierung von Hardware, Software, Modell und Wissen für eigene Projekte

FRANZIS

Bibliografische Information der Deutschen Bibliothek

Die Deutsche Bibliothek verzeichnet diese Publikation in der Deutschen Nationalbibliografie;
detaillierte Daten sind im Internet über http://dnb.ddb.de abrufbar.

Alle Angaben in diesem Buch wurden vom Autor mit größter Sorgfalt erarbeitet bzw. zusammengestellt und unter Einschaltung wirksamer Kontrollmaßnahmen reproduziert. Trotzdem sind Fehler nicht ganz auszuschließen. Der Verlag und der Autor sehen sich deshalb gezwungen, darauf hinzuweisen, dass sie weder eine Garantie noch die juristische Verantwortung oder irgendeine Haftung für Folgen, die auf fehlerhafte Angaben zurückgehen, übernehmen können. Für die Mitteilung etwaiger Fehler sind Verlag und Autor jederzeit dankbar. Internetadressen oder Versionsnummern stellen den bei Redaktionsschluss verfügbaren Informationsstand dar. Verlag und Autor übernehmen keinerlei Verantwortung oder Haftung für Veränderungen, die sich aus nicht von ihnen zu vertretenden Umständen ergeben. Evtl. beigefügte oder zum Download angebotene Dateien und Informationen dienen ausschließlich der nicht gewerblichen Nutzung. Eine gewerbliche Nutzung ist nur mit Zustimmung des Lizenzinhabers möglich.

© 2014 Franzis Verlag GmbH, 85540 Haar bei München

Alle Rechte vorbehalten, auch die der fotomechanischen Wiedergabe und der Speicherung in elektronischen Medien. Das Erstellen und Verbreiten von Kopien auf Papier, auf Datenträgern oder im Internet, insbesondere als PDF, ist nur mit ausdrücklicher Genehmigung des Verlags gestattet und wird widrigenfalls strafrechtlich verfolgt.

Die meisten Produktbezeichnungen von Hard- und Software sowie Firmennamen und Firmenlogos, die in diesem Werk genannt werden, sind in der Regel gleichzeitig auch eingetragene Warenzeichen und sollten als solche betrachtet werden. Der Verlag folgt bei den Produktbezeichnungen im Wesentlichen den Schreibweisen der Hersteller.

Programmleitung und Lektorat: Dr. Markus Stäuble
art & design: www.ideehoch2.de
Satz: DTP-Satz A. Kugge, München
Druck: C.H. Beck, Nördlingen
Printed in Germany

ISBN 978-3-645-60315-7

Inhaltsverzeichnis

1 Einleitung 9
   1.1 Warum dieses Buch? 9
   1.2 Über dieses Buch 10

2 Grundlagen 13
   2.1 Druckverfahren 13
         Sinter-Drucker 14
         Stereolithografie 15
         Multi-Jet-Modelling 16
         Fused-Deposition 16
   2.2 Der Aufbau eines typischen 3-D-Druckers 17
         Die RepRap-Bewegung 19

3 Die Rahmenkonstruktion 21
   3.1 Rahmen aus Gewindestangen 21
         Funktionsweise 23
         Der Aufbau 23
   3.2 Rahmenkonstruktion mit Platten 26
   3.3 Hacks, Tipps und Tricks 28

4 Die Achsen 31
   4.1 Die Linearführung 31
         Die Welle 32
         Lager 32
   4.2 Der Schrittmotor 35
         Positionierung 35
         Haltemoment 39
   4.3 Die Kraftübertragung 40
         Gewindestangen 40
         Zahnstangen 44
         Zahnriemen 46
   4.4 Hacks, Tipps und Tricks 47
         Gewindestangenantriebe 47
         Zahnriemenantriebe 48

5 Das Druckbett 49
   5.1 Grundlagen 49
         Anforderungen an ein gutes Druckbett 49
         Umsetzung 52
   5.2 Das Heizbett 53

		Heizbett aus Widerständen	53
		Platinen-Heizbett	54
		Silikon-Heizmatte	55
		Carbon-Heizbett	56
		Berechnung der Leistung eines Heizbetts	57
	5.3	Das Druckbett	58
		PCB und Kapton	59
		Glasbett	59
		Lochrasterplatine	61
	5.4	Montage eines Druckbetts	62
		Heizplatinen-Druckbett	62
		Glas-Druckbett	64
	5.5	Kalibrierung des Druckbetts	66
		Vorbereitungen	67
		Vierpunktaufhängung	68
		Dreipunktaufhängung	70
	5.6	Tipps und hilfreiche Techniken	70
		ABS-Glue	70
		Wie schneidet man Glas?	71
6	Der Druckkopf		75
	6.1	Extruder	76
		Der Wade-Extruder	77
		Direct-Drive	85
		Paste-Extruder	88
	6.2	Hotend	90
		Aufbau	90
		Funktionsweise	92
		Hacks, Tipps und Tricks	94
	6.3	Bowden-Extruder	97
		Der Aufbau eines Bowdenzugs	97
		Die Funktionsweise	98
		Hacks, Tipps und Tricks	99
7	Das Druckmaterial		103
	7.1	Materialarten	104
		ABS-Filament	104
		PLA-Filament	105
		PVA-Filament	105
		Nylon-Filament	106
		Holz-Filament	106
		Stein-Filament	107
	7.2	Beschaffenheit, Varianten und Qualität	107
		Durchmesser	107
		Beschaffung	108

	Woran erkennt man Qualität?	108
	Pigmente	109
7.3	Gifte, Gesundheit und Umwelt	109
7.4	Tipps und Tricks	110
	Gute Aufhängung für die Filament-Rolle	110
	CNC Fräsen	**113**

8 Die Elektronik 115
8.1	Die Aufgaben der Elektronik	115
8.2	Der Bestandteile einer 3-D-Drucker-Elektronik	116
	Das Arduino-Herz	116
	Die Schrittmotortreiber	118
	Endstop	119
	Die Heizungssteuerung	123
	Stromversorgung und Netzteil	125
	Display, Tastatur und SD-Kartenleser	126
	Bluetooth	128
	24-Volt-Technik	128
8.3	Auswahl der Elektronik	129
	Checkliste	129
	Einige Elektroniken	130
	Übersicht über einige Elektroniken	132
8.4	Hacks, Tipps und Tricks	132

9 Die Firmware 135
9.1	Einleitung	135
9.2	Auswahl der richtigen Firmware	136
	Vorstellung gängiger Firmwares	136
	Firmwarefunktionen im Überblick	137
9.3	Kurzanleitung Arduino	138
	Herunterladen und Installieren von Arduino	139
	Eine Firmware installieren	141
	Eine Firmware abändern	144
9.4	Wichtige Parameter	146
	Allgemeines	147
	Die Achsen und der Extruder	147
	Die Endstops	155
	Temperatursensoren	156
	Parameter für das EEPROM	159
	Parameter für SD-Karten	160
	Parameter für Displays und Keypads	160
	Sonstige Einstellungen	161

10 Host-Software 163
10.1	Printrun und Pronterface	164

10.2	Cura	166
10.3	Resnapper	166
10.4	MakerWare	166
10.5	Repetier-Host	167
	Die Installation und Einrichtung von Repetier-Host	168
	Die Menüzeile	176
	Die 3-D-Ansicht	177
	Das Register Objektplatzierung	178
	Das Register Slicer	181
	Das Register G-Code Editor	182
	Das Register Manuelle Kontrolle	186
	Die Temperaturkurven	190
	Die SD-Kartenverwaltung	192
11	**Slicer-Software**	**195**
11.1	Cura	198
11.2	Repsnapper	199
11.3	Skeinforge	200
11.4	Slic3r	201
	Das Register Plater	202
	Das Register Printer Settings	206
	Das Register Filament Settings	212
	Das Register Print Settings	215
	Andere Funktionen von Slic3r	251
12	**Die 3-D-Modelle**	**257**
12.1	Die Internetseite thingiverse.com	257
12.2	OpenSCAD	259
12.3	FreeCAD	260
12.4	Blender	261
13	**Glossar**	**263**
14	**Anhänge**	**279**
14.1	Glastemperaturen	279
14.2	G-Codes	280
	Allgemeines zu G-Codes	280
	Gepufferte G-Codes	282
	Ungepufferte G-Codes	284
	Stichwortverzeichnis	**295**

Einleitung

1.1 Warum dieses Buch?

Als ich vor anderthalb Jahren meinen Bruder Philip fragte, ob wir zusammen einen 3-D-Drucker bauen wollten, konnte ich noch nicht ahnen, wie viel Freude uns dieses gemeinsame Projekt bringen würde. Wir kauften von einem Mechatronikstudenten den Rohbau eines 3-D-Druckers. Da es eine Eigenentwicklung war und es somit keine Anleitung gab, waren wir gezwungen, alle Einzelteile selbst zu gestalten.

Unterstützt wurden wir hierbei nur von unserem gemeinsamen Freund Achim, der sich der Elektronik immer dann annahm, wenn wir sie wieder einmal zerschossen hatten, und von Barbara, die irgendwann glücklicherweise die »leicht« aus dem Ruder gelaufenen Finanzen übernahm.

Wir nannten den Drucker Heidi, später kam dann noch Lithicia hinzu. Unbezahlbar war der irritierte Ausdruck unserer Gesprächspartner, wenn wir lauthals kundtaten, endlich mal wieder gemeinsam an Heidi herumschrauben zu wollen.

So bastelten und forschten wir Wochen und Monate, hatten viele Fehl- und Rückschläge, aber dann schließlich auch den schönsten ersten Ausdruck auf Erden – ein zittriges, weißes Fähnchen mit unsauberen Kanten, Materialschwächen und aus heutiger Sicht natürlich grausamem Gesamteindruck. Hoch motiviert, aber nie zufrieden, bastelten wir weiter und optimierten die Mechanik, die Elektronik und die Software immer mehr, bis wir zu wirklich brauchbaren Ergebnissen kamen.

Dieser Prozess dauerte recht lange, da wir gezwungen waren, uns alle Informationen aus dem Internet zu beschaffen. Natürlich sind die meisten Informationen englisch, das wir zwar beherrschen, was aber nicht unsere Muttersprache ist. Und nicht nur sprachliche Missverständnisse erschwerten uns die Stillung unseres Wissensdursts, sondern auch das Chaos im Internet: Nirgendwo stand, was wirklich an einem 3-D-Drucker wichtig ist und welche Punkte man getrost auf später verschieben kann. Wichtige Informationen waren von Unwichtigen zu trennen, gute Tipps von schlechten zu unterscheiden.

Natürlich hat das viel Kraft gekostet, und mehrfach hätten wir uns gewünscht, ein geeignetes Buch in Händen zu halten, das uns wenigstens die groben Zusammenhänge erklären könnte. Nun, da wir diese Erfahrungen selbst gemacht haben und ich schon vor Jahren einmal Bücher geschrieben hatte, war es mal wieder Zeit. Das Ergebnis halten Sie in den Händen – ein Kondensat unserer Erfahrungen, beileibe nicht erschöpfend, dafür aber auf Deutsch und hoffentlich auch verständlich.

Wenn Sie auch nur einen Bruchteil des Spaßes erleben, den wir erfahren haben, hat es sich gelohnt – Sie werden es sehen!

1.2 Über dieses Buch

Als dieses Buch geplant wurde, war das ursprüngliche Thema ausschließlich die Optimierung von 3-D-Druckern. Doch schon nach einer kurzen Recherche wurde klar, dass es zu viele Variationen von 3-D-Druckern auf dem Markt gibt, als dass man sie alle einzeln behandeln könnte. Es gibt keinen Standarddrucker, den fast jeder hat. Einfache Anweisungen wie »dreh an dieser Schraube, und du bekommst ein besseres Ergebnis« sind daher nicht möglich. Und bei der Geschwindigkeit, mit der die 3-D-Drucker derzeit weiterentwickelt werden, wäre ein solches Buch auch schon veraltet, sobald es die Druckerei verlassen hätte. Da viele Drucker nach dem Fused-Deposition-Verfahren arbeiten, konzentriert sich dieses Buch auf diese Art von Druckern.

Daher wurde das Buch so geschrieben, dass die grundlegenden Techniken, die hinter dem 3-D-Druck stecken, möglichst verständlich erklärt werden, sodass der Leser selbst erkennen kann, was an seinem Drucker optimiert werden muss, damit er besser als zuvor arbeitet. Da man aber mit einem einzigen Buch nicht das komplette Wissen eines Maschinenbauers, Elektrotechnikers und Informatikers vermitteln kann, werden nur konkrete Themen behandelt, die notwendig sind, um einen 3-D-Drucker zu verstehen. Sicherlich wird man nur durch das Lesen dieses Buchs nicht zum Professor der neuen Drucktechnologien, aber man bekommt ein Gespür dafür, was auf welche Weise funktioniert, was wichtig ist und was weniger.

Da bei einem 3-D-Drucker sehr viele Komponenten perfekt zusammenspielen müssen und diese sich gegenseitig beeinflussen, ist es recht schwierig, ein Buch zu schreiben, das Schritt für Schritt alles an einem Drucker erklärt, ohne jemals vorwegzugreifen. Zwar hat das Buch eine Zweiteilung in Hard- und Software, und auch die einzelnen Kapitel folgen relativ logisch aufeinander, aber dennoch wird es die eine oder andere für Sie besonders interessante Stelle geben, an der Sie vielleicht nicht alles verstehen, weil Ihnen eine andere Technik noch nicht erklärt wurde. Scheuen Sie sich nicht, in diesem Fall auch einmal ein anderes Kapitel des Buchs vorzuziehen – es wurde darauf geachtet, dass jedes Kapitel für sich allein gelesen und verstanden werden kann.

Vielleicht wundern Sie sich auch über das recht groß geratene Kapitel zum Thema »Slicing-Programme«. Es behandelt die Software, die 3-D-Modelle für den 3-D-Drucker so aufbereitet, dass sie ausgegeben werden können, und ist damit ein ganz wichtiger Schritt auf dem Weg zum fertigen 3-D-Objekt. Gerade hier lassen sich sehr viele Qualitätssteigerungen erzielen, ganz unabhängig davon, ob Sie einen selbst gebauten oder einen gekauften 3-D-Drucker Ihr Eigen nennen können – und das ist auch der Grund dafür, dass diesem Kapitel besonders viel Platz gewidmet wurde.

Ein Buch kann nicht immer mit den neuesten Entwicklungen Schritt halten, da es nicht jede Woche neu gedruckt werden kann. Das ist die Domäne des Internets, wo die Informationen oft schwieriger zu finden sind, dafür aber eigentlich alles da ist, was Sie je zu diesem Thema suchen werden. Um diesem Buch ein wenig mehr Aktualität zu geben, wurde unter *http://3-D-Drucker.visual-design.com* ein Blog eingerichtet, das weiterführende Themen bespricht und Ihnen auch die Möglichkeit gibt, Fragen zu stellen oder Vorschläge für eine eventuelle zweite Auflage zu machen.

Grundlagen

In der immer größer werdenden Familie der 3-D-Drucker können wir in der letzten Zeit immer wieder neue Enkel und Urenkel begrüßen. Es sind mittlerweile so viele, dass man sehr schnell die Übersicht verliert, daher wollen wir in diesem Kapitel einmal kurz erklären, welche Arten von 3-D-Druckern es gibt und was sie voneinander unterscheidet.

2.1 Druckverfahren

Alle 3-D-Drucker haben gemeinsam, dass sie ein Objekt von Grund auf aufbauen. Hierzu wird – meist in Schichten – Material nach und nach zuerst auf das Druckbett und dann auf das Objekt selbst abgeladen. So formt sich, quasi aus dem Nichts, Stück für Stück das gewünschte Objekt. Man nennt dieses Verfahren additiv, da Material hinzugefügt wird. Zu den additiven Verfahren gehören das Lasersintern, die Stereolithografie, das Multi-Jet-Modelling sowie das Fused-Deposition-Verfahren[1].

---

[1] Abgekürzt als FDM (Fused Deposition Modeling).

> **Subtraktive Verfahren**
>
> Das Gegenstück zu den additiven Verfahren sind die subtraktiven Verfahren. Bei solchen Verfahren trägt beispielsweise eine CNC-Fräse Material von einem Aluminiumklotz ab, sodass nach und nach das gewünschte Objekt wie bei einem Bildhauer freigelegt wird. Typische subtraktive Verfahren sind die bereits erwähnten CNC-Fräsen, aber auch Lasercutter, die aus Folie oder Sperrholz zweidimensionale Objekte mit einem starken Laserstrahl schneiden.

Der Vorteil des additiven Verfahrens gegenüber dem subtraktiven ist, dass kein Abfall in Form von Spänen entsteht. Ein weiterer Vorteil liegt darin, dass das Objekt schichtweise aufgebaut wird und es daher möglich ist, jede beliebige Form zu drucken. Nehmen wir einmal an, wir möchten ein Überraschungsei inklusive Inhalt ausdrucken. Mit einem additiven Verfahren ist dies problemlos möglich, da sowohl das Ei als auch der Inhalt gleichzeitig ausgedruckt werden können. Bei einem subtraktiven Verfahren kann beispielsweise die CNC-Fräse den Inhalt nicht fräsen, ohne das Ei zu beschädigen.

Prinzipiell sind also additive Verfahren den subtraktiven aus theoretischer Sicht überlegen – leider verhält es sich in der Praxis nicht ganz so, denn das Material, mit dem additiv gearbeitet werden kann, ist oft nicht von derselben Qualität wie die Materialien, die bei subtraktiven Verfahren verwendet werden können. Beispielsweise ist es derzeit schwer oder gar nicht möglich, Metalle additiv mit vertretbarem Aufwand zu verarbeiten, und selbst Plastik, das mit beiden Verfahren verarbeitet werden kann, wird additiv nur in Schichten aufgetragen, die untereinander nicht dieselbe Zugfestigkeit haben wie die Objekte der subtraktiven Verfahren.

Sinter-Drucker

Ein Sinter-Drucker arbeitet mit einem Pulver, das sehr feinkörnig ist. Das auszudruckende Objekt wird in folgenden Schritten erstellt:

1. Das Pulver wird durch die Druckermechanik in einer dünnen Schicht möglichst gleichmäßig auf das Druckbett aufgetragen.

2. Ein Druckkopf fährt über diese Schicht und wandelt das Pulver so um, dass es fest wird und sich mit den umliegenden Partikeln des Pulvers verbindet.

3. Ist die erste Schicht bearbeitet worden, wird anschließend eine zweite Schicht aufgetragen, und der Prozess beginnt von Neuem, sodass nach und nach zum einen das Druckbett mit Pulver aufgefüllt wird und zum anderen in diesem Pulver feste Bereiche entstehen, die dann das Objekt bilden.

4. Am Ende der Prozedur wird das pulverförmige Material entfernt – wobei es für den nächsten Druckvorgang wiederverwendet werden kann – und das feste Druckobjekt entnommen.

Der große Unterschied zwischen den verschiedenen Sinter-Druckern liegt darin, wie das Pulver verfestigt wird. Hierzu gibt es die unterschiedlichsten Methoden, die allesamt stark vom verwendeten Pulvermaterial abhängen. Eine relativ einfache Methode, die sich unter gewissen Umständen auch zu Hause realisieren lässt, ist die Verwendung von Gips als Pulver und einfachem Wasser als Festiger. In diesem Fall fährt der Druckkopf also über das Pulvermaterial und druckt genau wie ein Tintenstrahldrucker Wasser auf den Gips, der daraufhin verklumpt und fest wird. Mit gefärbtem Wasser kann man so sogar farbige Objekte ausdrucken.

Beim Lasersintern werden andere Pulver verwendet, beispielsweise Plastik- oder gar Metallpulver. Durch den Laser wird das Plastik oder das Metallpulver geschmolzen, sodass es sich mit den anderen umliegenden Partikeln des Pulvers verbinden kann und so das Druckobjekt bildet. Während für Plastik-Lasersintern noch mit vergleichsweise schwachen Laserstrahlen gearbeitet wird, benötigen Drucker für Metallpulver derart große Laserstärken, dass die Geräte schon nicht mehr in eine normale Wohnung passen würden und der Stromanschluss nicht ausreichen würde – von den Kosten einmal ganz abgesehen.

Stereolithografie

Ein Stereolithografiedrucker ist deutlich günstiger als ein Sinter-Drucker und mit weniger Aufwand zu realisieren. Das Wörtchen »Stereo« innerhalb des Namens leitet sich übrigens aus dem Altgriechischen ab und steht hier für hart, fest oder körperlich, hat also nichts mit dem Stereo aus der Audiotechnik zu tun. Als Material für den Druck wird ein Kunstharz verwendet, das unter Einfluss von UV-Licht oder normalem Licht aushärtet. Dieses Kunstharz befindet sich in einem Wasserbehälter, in dem eine Plattform kurz unterhalb der Flüssigkeitsoberfläche platziert wird. Die Schritte für den Druck eines Objekts mit diesem Verfahren gestalten sich wie folgt:

1. Die Oberfläche des Harzes wird mit einem Laser oder einer anderen[2] Belichtungsmethode beleuchtet, sodass die betreffenden Stellen des Harzes aushärten.
2. Ist eine der Schichten nach diesem Verfahren hergestellt, senkt sich die Plattform ab, wodurch das Harz wieder eine glatte und flüssige Oberfläche bildet.
3. Dann beginnt der Vorgang von Neuem, die Belichtung wird vorgenommen, und die Plattform senkt sich ab, bis nach und nach das dreidimensionale Objekt entstanden ist.

Das Verfahren erinnert stark an das Sintern, nur dass statt eines Pulvers ein Kunstharz verwendet wird.

---

[2] Z. B. mit einem Digital-Light-Processing-(DLP)-Chip, welchen Sie vielleicht von Projektoren kennen.

Multi-Jet-Modelling

Multi-Jet-Modelling funktioniert ganz ähnlich wie ein Tintenstrahldrucker:

1. Ein Druckkopf, der mehrere feine Düsen besitzt, fährt immer wieder über das Druckbett und spritzt heißes Plastik darauf.
2. Dann fährt der Drucktisch um einige Tausendstelmillimeter nach unten, und die nächste Schicht wird aufgetragen. So entsteht Schicht für Schicht ein Objekt, das wieder eine beliebige Form haben kann.

Die Mengen an Plastik, die dabei durch den Druckkopf verspritzt werden, sind sehr gering, sodass der Drucker in der Lage ist, sehr feine Details darzustellen.

Die Maschinen müssen hierfür sehr genau und auch mit hohem Druck arbeiten, vor allem der Druckkopf ist für den Hausgebrauch oftmals technisch zu kompliziert, als dass er nachgebaut werden könnte, außerdem schützen noch diverse Patente diese Technik. Daher hat sich dieses Verfahren derzeit noch nicht auf dem Privatkundenmarkt durchgesetzt.

Fused-Deposition

Kommen wir nun endlich zum Fused-Deposition-Verfahren, dem Verfahren, das in den meisten 3-D-Druckern verwendet wird, die in den Wohnzimmern oder Bastelecken stehen. Ein Drucker, der mit diesem Verfahren arbeitet, besitzt einen Druckkopf, der sich innerhalb des Druckers bewegen kann und in der Lage ist, das Druckmaterial, das zumeist aus einem Plastik besteht, aufzuschmelzen und in Form von langen Strängen auf dem Druckbett abzulegen. Der Druck eines Objekts erfolgt bei Fused-Deposition in folgenden Schritten:

1. Mit den Strängen, die aus der Druckerdüse kommen, wird eine Schicht des Druckobjekts aufgebaut.
2. Sobald diese erstellt ist, wird entweder das Druckbett um einige Zehntelmillimeter abgesenkt, oder aber der Druckkopf wird angehoben, sodass die nächste Schicht auf die vorherige gedruckt werden kann. So entsteht nach und nach das Druckobjekt.
3. Am Ende des Vorgangs muss es nur noch vom Druckbett gelöst werden.

Da hier dankenswerterweise die wichtigsten Patente ausgelaufen sind, die somit für die Allgemeinheit kostenfrei genutzt werden können, sind Drucker mit diesem Verfahren vergleichsweise günstig zu haben oder selbst aufzubauen. Sie sind in der letzten Zeit so populär geworden, dass sie sinnbildlich für die gesamte Gattung der 3-D-Drucker stehen und mit ihnen oft gleichgesetzt werden, obwohl sie eigentlich nur eine Unterart davon sind.

2.2 Der Aufbau eines typischen 3-D-Druckers

Ein typischer 3-D-Drucker besteht aus verschiedenen Komponenten, die auf die eine oder andere Weise in jedem 3-D-Drucker, der mit der Fused-Deposition-Methode arbeitet, zu finden sind. Auch wenn sie sich in Aufbau und Aussehen zum Teil deutlich voneinander unterscheiden, so ist ihre Funktion in den meisten Fällen ähnlich. Sehen wir uns doch einmal einen typischen Vertreter seiner Gattung an und betrachten wir seine Bestandteile:

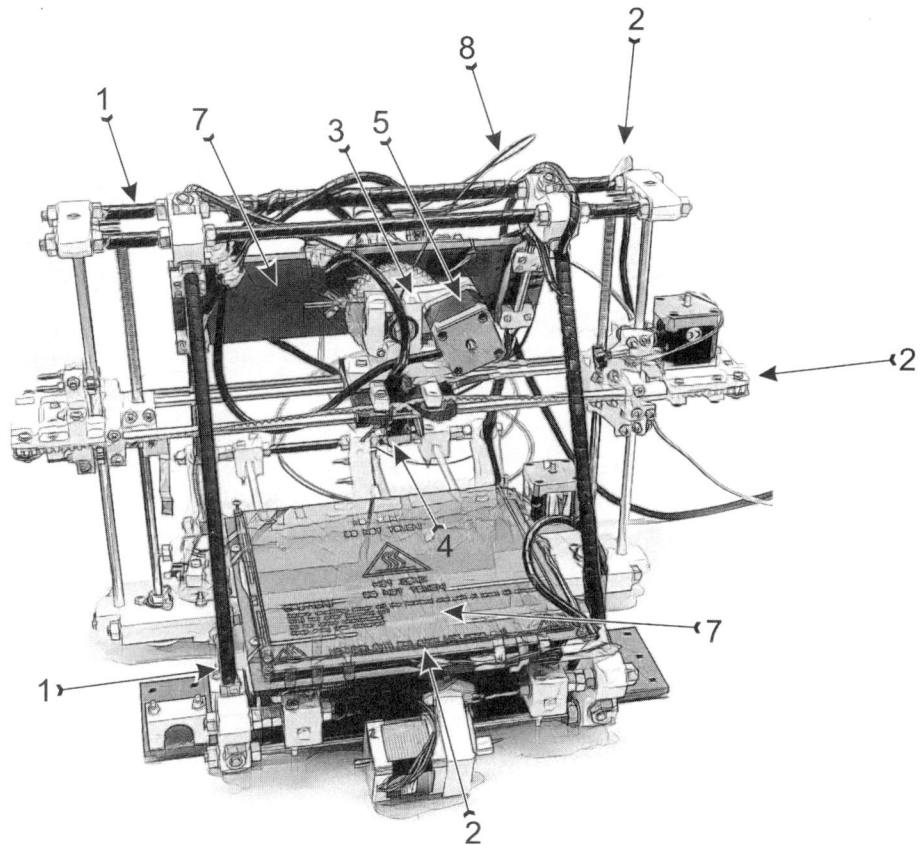

Bild 2.1: Ein typischer 3-D-Drucker mit seinen Komponenten: die Rahmenkonstruktion (1), die drei Achsen (2), der Druckkopf – bestehend aus Extruder (3), Hotend (4) und Motor (5) –, das Druckbett (6) sowie die Elektronik (7) und der Plastikdraht (8).

Die äußere Form des Druckers wird bestimmt durch seine *Rahmenkonstruktion*, in unserem Beispiel ist sie aus Gewindestangen gefertigt, die mit Plastikteilen verbunden werden. Sie sorgt dafür, dass die Gesamtkonstruktion des Druckers stabil ist und Möglichkeiten geschaffen werden, die verschiedenen Elemente daran zu befestigen.

Mit das Wichtigste am 3-D-Drucker sind die drei *Achsen*, mit denen der *Druckkopf* in den drei Raumachsen bewegt werden kann. Um diese Raumachsen voneinander unterscheiden zu können, bezeichnen wir sie in diesem Buch als X-, Y- und Z-Achse. Während die X-Achse von links nach rechts zeigt, geht die Y-Achse in die Tiefe von vorne nach hinten, und die Z-Achse läuft von unten nach oben.

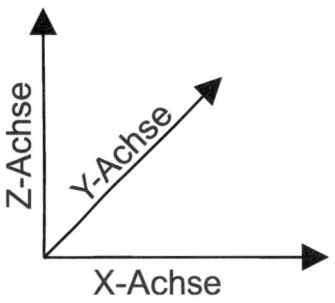

Bild 2.2: Die drei Raumachsen des 3-D-Druckers.

Beim Drucker in unserem Bild ist es so, dass die X-Achse den Druckkopf trägt, diese Konstruktion durch die Z-Achse nach oben bewegt werden kann und die Y-Achse nicht den Druckkopf selbst, sondern stattdessen das gesamte Druckbett nach vorne und nach hinten bewegt. Diese Bewegung wird durch die Schrittmotoren ausgelöst, die durch die *Elektronik* angesteuert werden.

Die *Elektronik* eines 3-D-Druckers übernimmt die Kommunikation mit dem angeschlossenen Computer, steuert die Motoren, aber auch den *Extruder*, der mit seinem Motor dafür zuständig ist, den *Plastikdraht* in das *Hotend* zu führen, das wiederum dieses Plastik aufschmilzt und durch die Düse an seinem Ende als Strang ausgibt.

Die Heizung innerhalb dieses Hotends sowie auch die Heizung des Druckbetts werden natürlich ebenso durch die Elektronik gesteuert.

Nicht auf dem Foto zu sehen ist die sogenannte *Firmware*, ein Computerprogramm, das den Mikroprozessor, der in der Elektronik enthalten ist, befähigt, den Druckkopf anhand der Befehle zu bewegen, die vom Computer her über die sogenannte *Host-Software* gesendet werden.

Falls Sie jetzt durch die Fachausdrücke schon etwas überfordert sind, sollten Sie sich keine weiteren Gedanken darüber machen – denn dafür haben Sie ja genau dieses Buch gekauft. Wir werden in den folgenden Kapiteln jedes Element eines typischen 3-D-Druckers durchgehen, seine Funktionsweise erklären und dabei Tipps und Tricks geben, wie man das Zusammenspiel dieser Komponenten nutzen und verbessern kann.

Die RepRap-Bewegung

Die Geschichte der RepRap-Bewegung ist kurz, aber heftig. Im Jahr 2006 hat Adrian Bowyer, ein Ingenieur und Mathematiker an der britischen University of Bath, einen 3-D-Drucker entwickelt, der aus Gewindestangen, Brettern und Schrauben aus dem Baumarkt, Standard-Elektronikbauteilen sowie gängigen Schrittmotoren bestand und auf den Namen *Darwin* hörte. Zusammengehalten wurde die Konstruktion mit Plastikteilen, die von einem industriellen 3-D-Drucker gefertigt waren. 3-D-Drucker waren zu diesem Zeitpunkt durchaus schon bekannt, allerdings mit günstigstenfalls 30.000$ nicht besonders erschwinglich. Sie wurden hauptsächlich für die schnelle Herstellung von Prototypen verwendet (engl.: Rapid Prototyping). Da aber wichtige Patente ausgelaufen waren, war nun die Technologie für alle frei. Nachdem der erste Darwin fertiggestellt war und auch anstandslos funktionierte, war man nun in der Lage, die Plastikteile für ein weiteres Gerät selbst herzustellen. Bowyer nannte das *Selbstreplikation*, was vielleicht nicht so ganz stimmt, denn immerhin müssen die Bauteile ja noch zu einem fertigen Drucker zusammengebaut werden. Aber die Idee dahinter wird deutlich und erklärt auch die Namensverwandtschaft des ersten Gerätes mit Charles Darwin, dem großen Evolutionstheoretiker.

Da Bowyer seine Konstruktionsunterlagen nicht nur unter die Open-Source-Lizenz *GNU General Public Licence* stellte, sondern sie auch ausführlich dokumentierte, war nun theoretisch jeder in der Lage, für ca. 500$ einen Darwin zu bauen, wenn er nur an die ausgedruckten Plastikteile kam. Die ersten Sätze davon wurden von Bowyer und seinem Team bereits 2007 erstellt und verschickt, womit eine unbeschreibliche Welle die Welt erfasste. Ende 2007 existierten schon 20 Drucker, von denen Bowyers Team wusste, 2008 waren es mindestens 100, 2009 um die 400 Stück, im Sommer 2010 waren 1500 bekannt und im Frühling 2011 schätzungsweise 4000 – danach verloren sie die Übersicht. Heute sind 3-D-Drucker ein Milliardenmarkt und Schätzungen über die Gesamtzahl der Drucker sind meist schon im nächsten Monat überholt. Wie gut der Name *Darwin* gewählt war, lässt sich aber nicht nur anhand der Verbreitung von 3-D-Druckern ablesen, er entwickelte sich auch weiter. Im Oktober 2009 wurde der 3-D-Drucker *Mendel* konstruiert – benannt nach Gregor Mendel, einem berühmten Naturforscher, der die Regeln der Vererbung formulierte. Der 3-D-Drucker war technisch ausgereifter, kompakter und benötigte weniger Material für den Aufbau als *Darwin*. Da sich nun immer mehr Menschen mit 3-D-Druckern beschäftigten, geschah die Weiterentwicklung immer schneller, immer detaillierter wurden die bestehenden Modelle verbessert, immer mehr davon wurden auf den Markt gebracht. Da aber Bowyer die *GNU (GPL)* als Lizenz verwendete und damit alle, die sein Werk verwendeten um eigene Drucker zu bauen, verpflichtete, die Konstruktionspläne ebenso wie er freizugeben, entstand eine eigene Technik- und 3-D-Druck-begeisterte Szene, die sich unter dem Dach von Bowyers Internet-Seite *www.reprap.org* versammelt.

Der Name *RepRap* ist ein Kunstwort, das sich aus den Wörtern **Rep**licating **Rap**id Prototyping zusammensetzt und heute stellvertretend für die Bewegung steht, die Bowyer mit seinen Konstruktionen ins Leben gerufen hat. Der bunte Haufen aus kreativen Hobby-Bastlern, Wissenschaftlern und auch kleinen kommerziellen Anbietern entwickelte nicht nur die Mechanik weiter, sondern auch die Elektronik, die Handhabung des zu schmelzenden Plastiks, aber auch die zugehörige Software, die für den Betrieb eines solchen Druckers notwendig ist. Immer weiter verbessert wurden die einzelnen Komponenten, die allesamt frei für jeden zugänglich gemacht wurden. Doch nicht jeder Mensch ist mechanisch oder technisch so versiert, dass er einen solchen Drucker problemlos selbst bauen kann und so gründeten sich einige Firmen, die es sich zur Aufgabe gemacht haben, fertige Drucker zu produzieren, die auch von Laien eingesetzt werden konnten. Auch diese Firmen nutzen das technische Know-how und die Software der RepRap-Szene und da sie sich ebenso an die GPL halten müssen, sind einige Hard- oder Software-Entwicklungen der Firmen ebenso frei zugänglich und auch die professionell hergestellten Geräte können manchmal mit RepRap-Firmwares betrieben werden.

Das Schöne an der RepRap-Bewegung ist, dass sie nicht nur in weiter Ferne im abgeschlossenen Expertenkreis abstrakte Lösungen erstellt, sondern dass sie durch das Internet und soziale Medien sehr nah, offen für jeden und äußerst konkret ist – es beschäftigen sich heute tausende begeistert mit 3-D-Druckern und jeden kann man persönlich um Rat fragen. Und das sollte man als angehender 3-D-Drucker-Konstrukteur oder -Besitzer auch wirklich tun, denn man kann sich damit viel unnötigen Ärger ersparen und wird im Allgemeinen sehr freundlich aufgenommen – getreu dem Motto: Es gibt keine dummen Fragen, nur dumme Antworten. Eine der wichtigsten Anlaufstellen ist sicherlich die Website *www.reprap.org*, auf der man die Bauanleitungen und Informationen zu fast allen RepRap-3-D-Druckern findet. Sie hat auch ein sehr umfangreiches Forum, in dem sich die RepRap-Interessierten austauschen – üblicherweise auf Englisch, aber unter *http://forums.reprap.org/index.php?236* findet man auch ein deutsches Forum, das nur wärmstens empfohlen werden kann und von dem auch einige der Tipps aus diesem Buch stammen – einen herzlichen Dank noch einmal in diese Richtung!

Die Rahmenkonstruktion

Das Auffälligste an einem 3-D-Drucker ist sicherlich seine Rahmenkonstruktion. Sie wird größtenteils bestimmt von der Art und Weise, wie der Druckkopf oder das Druckbett bewegt wird, sowie vom ästhetischen Empfinden des Erbauers. Es gibt sehr viele unterschiedliche Ansätze, die alle ihre Berechtigung haben. Keine Rahmenkonstruktion kann als schlecht bewertet werden und keine als die einzig wahre.

Im Bereich der Fused-Deposit-Drucker lassen sich zwei Arten von Rahmenkonstruktionen ausmachen: die einen, die auf Gewindestangen, und die anderen, die auf Holz- oder Plastikplatten basieren.

3.1 Rahmen aus Gewindestangen

Gewindestangen sind im Prinzip einfache Eisenstangen, in die ein Gewinde hineingeschnitten wurde, sodass eine passende Mutter an jeder beliebigen Stelle auf sie gedreht werden kann. Sie sind sehr günstig, teilweise bekommt man einen Meter einer Gewindestange im Baumarkt für nur einen Euro. Da sie aus Eisen sind, sind sie recht stabil und lassen sich in ihrer Länge weder stauchen noch strecken. Besonders schön wirken sie nicht gerade, aber insgesamt bilden sie doch eine gute Möglichkeit, eine stabile Rahmenkonstruktion für wenig Geld zu realisieren.

3 Die Rahmenkonstruktion

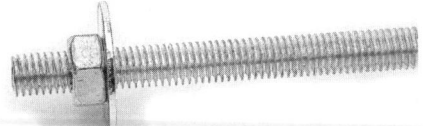

Bild 3.1: Gewindestange mit Mutter.

Schon die ersten Drucker der RepRap-Szene besaßen Rahmenkonstruktionen aus Gewindestangen, und auch wenn man mittlerweile immer mehr auf die noch stabileren Aluminiumprofile setzt, sind Rahmen aus Gewindestangen gut ausgetestet und bewährt.

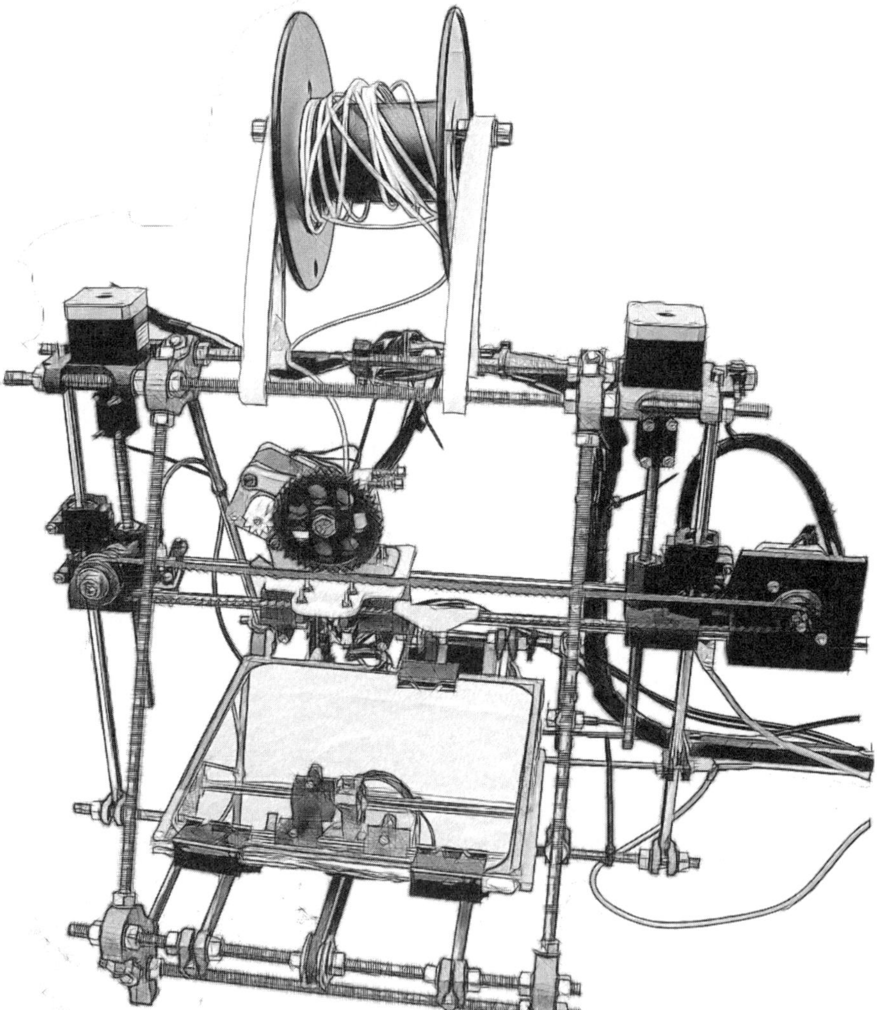

Bild 3.2: Ein RepRap-Drucker mit Gewindestangen-Rahmenkonstruktion.

Funktionsweise

Das Prinzip, das hinter Rahmenkonstruktionen aus Gewindestangen steht, ist relativ einfach: Mit einem bereits bestehenden 3-D-Drucker wird ein Plastikverbindungsteil ausgedruckt, mit dem zwei Gewindestangen miteinander verknüpft werden können. Diese werden meist mithilfe mehrerer Muttern an dem Plastikstück befestigt, sodass eine stabile und auch belastbare Verbindung entsteht. Unterlegscheiben unter den Muttern verteilen den Druck, der durch das Anziehen der Muttern entsteht, gleichmäßig auf das Plastikteil, sodass dieses weniger leicht bricht und auch die Mutter sich nicht von allein löst.

Die Gewindestangen haben den Nachteil, dass sie keine Fläche bieten, sondern rund sind und sich damit flache Gegenstände relativ schwer darauf befestigen lassen. Um diesen Nachteil auszugleichen, werden bei Rahmenkonstruktionen aus Gewindestangen auch spezielle Halterungen für andere Teile des Druckers, wie zum Beispiel Motoren, ausgedruckt, die ebenso mit Muttern auf den Gewindestangen fixiert werden.

Bild 3.3: Verbindungsstücke aus Plastik verbinden Gewindestangen miteinander, und Halterungen befestigen andere Elemente wie Motoren damit.

Da sich die Gewindestangen weder stauchen noch strecken lassen, kann man den Nachteil, dass sie seitlich gebogen werden können, durch geschickte Platzierung von Querverstrebungen leicht ausgleichen, sodass insgesamt ein sehr stabiler Rahmen für den restlichen Drucker entstehen kann.

Der Aufbau

Eine Gewindestangen-Rahmenkonstruktion steht und fällt mit den Verbindungsteilen. Sind sie gut konstruiert und sauber gearbeitet, gleicht der Aufbau stark dem Arbeiten mit einem Baukastensystem. Er ist einfach, benötigt wenig Werkzeug und kann auch mit relativ geringer handwerklicher Begabung realisiert werden. Einzig das Kürzen der Gewindestange ist mit etwas Schweiß und einigen Metallspänen verbunden. Doch woher bekommt man die Verbindungsteile, wenn man gerade dabei ist, seinen ersten eigenen Drucker zu bauen?

Natürlich kann man diese Teile relativ leicht über Internetfachhändler bestellen. Wenn Sie aber einen Freund oder Bekannten mit einem eigenen 3-D-Drucker haben, der bereit ist, diese Teile auszudrucken, können Sie auch diesen Weg gehen. Damit folgen Sie der eigentlichen Idee der RepRap-Bewegung: Ein Drucker ist in der Lage, einen anderen für wenig Geld auszudrucken; er repliziert sich selbst.

Doch egal woher Sie Ihre Verbindungsstücke auch bekommen – entscheidend ist ihre Qualität. Sie sollten daher darauf achten, dass sie aus einem geeigneten Kunststoff bestehen (üblicherweise wird ABS verwendet, das weicher und flexibler als PLA ist) und dass die Teile ordentlich ausgedruckt wurden. Jede einzelne Rille, die Sie in der Außenwand Ihres Verbindungsstücks sehen können, steht für eine eigene Druckschicht – gute Qualität erkennt man an der Gleichmäßigkeit, mit der diese Rillen auftreten. Außerdem sollten Sie darauf achten, dass die Stücke nicht verzogen sind – gerade bei größeren Stücken tritt bei ABS und schlechter Qualität des Ausdrucks gern der sogenannte Warping-Effekt auf, bei dem sich das gesamte Stück verzieht. Der Warping-Effekt ist im nachfolgenden Bild zu sehen. Im kleinen Rahmen ist dieser Effekt oft noch verschmerzbar, aber sobald er ein gewisses Maß überschreitet, sollten Sie sich beim Hersteller des Verbindungsteils beschweren und Ersatz verlangen.

Bild 3.4: Leider werden auch minderwertige Verbindungsteile (hier mit starkem Warping und Brandspuren) angeboten – in dem Fall sollte man sich nicht scheuen, Ersatz zu verlangen.

Wenn Sie dann damit beginnen, die Verbindungsteile mit Ihren Gewindestangen zu verbinden, sollten Sie stets darauf achten, dass Sie mit den Muttern und den Eisenstangen einen erheblichen Druck auf die Plastikteile ausüben können. Da diese zudem noch aus Schichten aufgebaut und daher nicht so stabil wie gegossene Plastikteile sind, müssen Sie besonders vorsichtig beim Zuziehen der Muttern sein. Verwenden Sie auf jeden Fall immer Unterlegscheiben, damit sich der Druck der Mutter gleichmäßig auf eine größere Fläche verteilen kann. Sollte Ihnen doch einmal ein Verbindungsstück reißen, können Sie es vielleicht wieder zusammenkleben, indem Sie sich etwas Aceton aus der Apotheke oder dem Baumarkt besorgen und die Bruchstelle damit bestreichen. Da die meisten Verbindungsteile in ABS ausgedruckt sind und Aceton dieses lösen kann, wirkt es wie ein Kleber, sodass Sie durch Zusammenpressen der Bruchstellen (Schraubzwingen verwenden) unter Umständen wieder ein brauchbares Teil zusammenbekommen.

Vorteile einer Rahmenkonstruktion aus Gewindestangen:
- Günstiger Preis.
- Leichter Zusammenbau.
- Nachjustierbarkeit: Der zusammengebaute Rahmen lässt sich nachträglich noch an den unterschiedlichsten Stellen leicht anpassen. Hierzu ist lediglich das Lösen und das neue Anziehen von einzelnen Muttern notwendig.
- Gute Luftzirkulation: Die Konstruktion bietet fast keine Flächen und ist insgesamt sehr luftig gebaut; so kann beispielsweise die Elektronik gut gekühlt werden.
- Fast alle Teile des Druckers sind sehr gut zu erreichen.
- Die offene Bauweise und die Verwendung von Standardbauteilen ermöglichen es, den Drucker nachträglich noch um Funktionen zu erweitern.

Nachteile einer Rahmenkonstruktion aus Gewindestangen:
- Sehr viele Einzelteile: Allein die Anzahl der Muttern und Unterlegscheiben ist schon erstaunlich. Wo es viele Teile gibt, kann es auch viele Schwachstellen geben, und so passiert es durchaus, dass Schrauben sich lösen oder verstellen, wenn sie nicht ganz richtig angezogen oder großen Vibrationen ausgesetzt sind.
- Teile wie die Elektronik des Druckers oder seine Motoren sind nur über spezielle Verbindungsstücke zu befestigen, denn die Gewindestangen bilden keine Flächen. Diese Stücke müssen dafür gestaltet und ausgedruckt werden. Das ist oft umständlicher, als wenn für den Rahmen Platten verwendet werden.
- Wärme bleibt nicht im Gerät: Gerade bei Ausdrucken mit ABS kann es aber sinnvoll sein, eine Wärmekammer (Heat Chamber) zu konstruieren, die in einem Kasten die Wärme des elektrisch beheizten Druckbetts einfängt, sodass das ausgedruckte Plastikteil langsamer abkühlt. So eine Heat Chamber ist mit einer offenen Gewindestangen-Rahmenkonstruktion natürlich schwerer umzusetzen als mit einer Konstruktion aus Holz- oder Plastikplatten.
- Eine Rahmenkonstruktion aus Gewindestangen sieht oft schlicht und einfach unaufgeräumter aus als eine mit Platten, da man ohne nennenswerte Beeinträchtigung sofort in das Innenleben des Druckers sehen kann. Doch Schönheit liegt im Auge des Betrachters, und ein technikbegeisterter Mensch wird sich vielleicht mehr darüber freuen, die Technik auch zu sehen, als sie hinter einem Sichtschutz zu verstecken.

3.2 Rahmenkonstruktion mit Platten

Die andere Variante der bei 3-D-Druckern häufiger verwendeten Rahmenkonstruktion besteht im Einsatz von Holz- oder Plastikplatten. Diese meist mehrere Millimeter dicken Platten müssen sehr exakt zugeschnitten werden – so genau, dass Stich- oder Laubsägen hierfür nicht ausreichen, da sie ein zu großes Geschick vom Erbauer verlangen. Daher sind Drucker mit Platten-Rahmenkonstruktionen in den meisten Fällen nur bei kommerziell hergestellten Druckern zu finden. Hier kann man es sich leisten, für das Ausschneiden der Platten eine CNC-Fräse oder einen Lasercutter zu verwenden, die eine hohe Genauigkeit und gleichzeitig noch hohe Stückzahlen zu einem niedrigen Preis bieten.

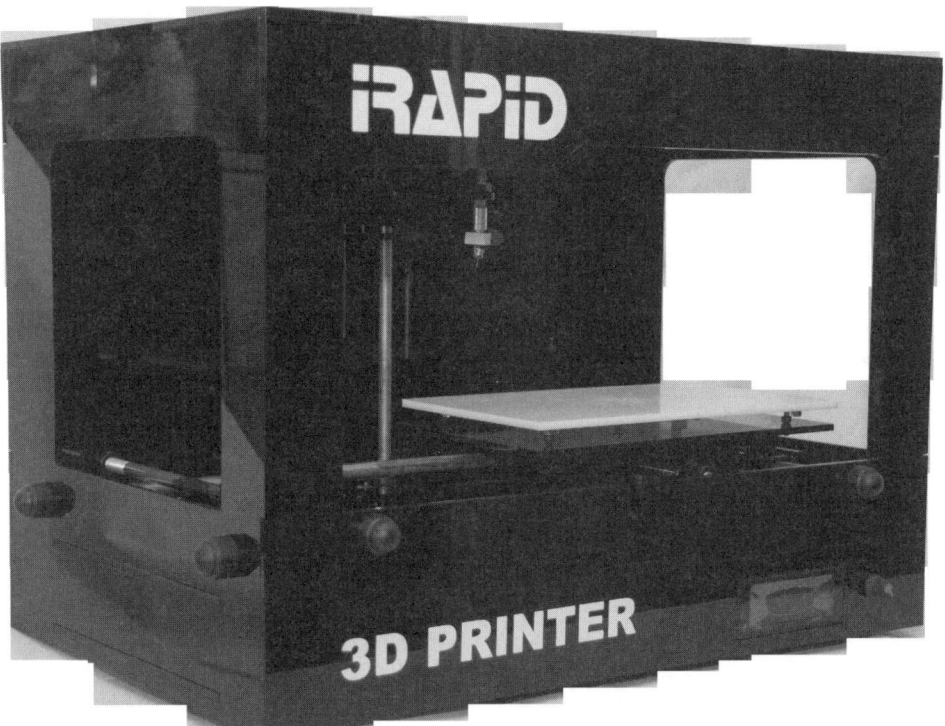

Bild 3.5: Ein typischer 3-D-Drucker in Plattenbauweise, in diesem Fall ein iRapid® (*www.irapid.de*).

Die so zugeschnittenen Platten können dann entweder verleimt oder mit anderen oft auch aus dem Möbelbau bekannten Methoden verbunden werden. Der exakte Zuschnitt der Platten erlaubt es in manchen Fällen sogar, die Teile nur zusammenzustecken, was auch den Aufbau erleichtert und für kommerzielle Anbieter attraktiver macht. An den so aufgestellten Platten lassen sich andere Elemente, wie Elektronik und Motoren, aber auch Achsen und Führungen, verhältnismäßig leicht befestigen.

Häufig werden die Befestigungslöcher bereits von vornherein in die Platte geschnitten oder gebohrt, sodass auch hier deutliche Vereinfachungen im Zusammenbau möglich sind.

Vorteile einer Rahmenkonstruktion aus Platten:

- Eine Konstruktion mit Holz- oder Plastikplatten bietet natürlich schon auf den ersten Blick einen ordentlicheren und professionelleren Eindruck als Gewindestangen-Rahmenkonstruktionen.
- Konstruktionsbedingt ist es wesentlich einfacher, flächige Elemente an den Wänden zu befestigen.
- Der Aufbau einer Heat Chamber ist mit einer Plattenkonstruktion oftmals deutlich einfacher, da der Drucker häufig eine Kiste darstellt, die nur noch an den Seiten geschlossen werden muss, um die Wärme im Inneren zu behalten.

Nachteile einer Rahmenkonstruktion aus Platten:

- Erschwerter Zugang zu den einzelnen Komponenten des Druckers: Will man z. B. an der Elektronik arbeiten, muss man oft erst verschiedene Platten lösen oder Klappen öffnen und wird auch dann häufig noch von den verbleibenden Elementen bei der Arbeit behindert.
- Auch erfordert der Bau einer Platten-Rahmenkonstruktion für einen 3-D-Drucker einen höheren Planungsaufwand und ist weniger offen für Veränderungen des Druckers, denn die verschiedenen Öffnungen und Bohrungen innerhalb der Platte müssen von Anfang an feststehen und lassen sich nachträglich nur sehr schwer verändern.
- Sehr schwierige handwerkliche Umsetzung, was für Privatleute in den meisten Fällen nicht in einer guten Qualität machbar ist.
- Erhöhter Preis, denn es wird mehr Material als im Fall von Gewindestangen benötigt.
- Bei einem 3-D-Drucker treten sehr viele und sehr starke Vibrationen in den unterschiedlichsten Frequenzen auf. Wird eine Platte in Vibrationen versetzt, verstärken sich die akustischen Wellen zum Teil dramatisch, sodass der Drucker im Betrieb deutlich lauter wird als ein aus Gewindestangen konstruierter Drucker.[3]

---

[3] Auch kommerzielle Geräte sind hiervon oft betroffen, wenn der Druckerhersteller keine geeigneten Gegenmaßnahmen eingebaut hat.

> **Fazit: Gewindestangen für Maker besser zu gebrauchen**
> Zusammenfassend kann man zum Vergleich der Rahmenkonstruktionen mit Gewindestangen und Platten sagen, dass sich Drucker mit einer Konstruktion aus Gewindestangen besser für Privatpersonen eignen, die einen einzelnen Drucker konstruieren und erweitern möchten, während sich Drucker mit einer Plattenkonstruktion eher für kommerzielle Anbieter und deren Kunden anbieten.

3.3 Hacks, Tipps und Tricks

Egal welche Methode Sie beim Bau des Rahmens Ihres Druckers bevorzugen, ein paar Grundprinzipien sollten Sie berücksichtigen:

1. Elektronik gut kühlen
   Da die Elektronik mit verhältnismäßig starken Strömen für die Motoren und die verschiedenen Heizelemente arbeiten muss, sollten Sie immer darauf achten, dass die Elektronik gut gekühlt werden kann. Ein Lüfter speziell für die Elektronik ist in den meisten Fällen sehr sinnvoll, aber auch dieser benötigt frische, möglichst kühle Luft. Sie sollten also darauf achten, dass Sie die Elektronik nicht innerhalb der Heat Chamber platzieren, sondern deutlich außerhalb davon, sodass die Wärme hier gut abgeleitet werden kann. Selbst wenn Sie keine Heat Chamber haben, aber eine Plattenkonstruktion verwenden, ist der Einbau in der Decke des Druckers weniger sinnvoll, da die Hitze vom Heizbett bekanntlich aufsteigt und sich dann dort sammelt.

2. Gute Erreichbarkeit der Einzelteile des 3-D-Druckers
   Weiterhin sollten Sie darauf achten, dass die Einzelteile Ihres 3-D-Druckers immer möglichst gut erreichbar sind. Es passiert relativ leicht, dass Ihnen ein Kabel aus der Elektronik rutscht, ein Zahnrad verschlissen ist, sich eine Schraube lockert oder ein Verbindungsstück reißt. In solchen Fällen ist es sehr lästig, wenn Sie den halben Drucker auseinandernehmen müssen, um die Teile zu ersetzen oder zu reparieren. Achten Sie auch darauf, dass bei guter Erreichbarkeit noch genügend Platz für Ihre Hände und eventuell einen Schraubenzieher gegeben ist. Gerade der Druckkopf und die Elektronik sollten gut erreichbar sein, da hier die meisten Reparaturen anfallen.

3. Möglichst tiefer Schwerpunkt des 3-D-Druckers
   Der Schwerpunkt eines 3-D-Druckers sollte möglichst tief liegen, um seine Standfestigkeit auch bei starken Vibrationen möglichst optimal zu halten. Planen Sie Ihren Drucker also möglichst so, dass das Netzteil, die Motoren sowie andere schwerere Elemente möglichst weit unten angeordnet werden und den Drucker fest mit dem Untergrund verbinden.

4. Höhenverstellbare Beine verwenden
   Auch ist es sinnvoll, Beine zu verwenden, die sich in ihrer Höhe leicht anpassen lassen. Auf diese Weise kann der Drucker selbst auf unebenen Flächen gut Halt

finden und steht auch dort gerade. Wenn Sie hierbei nur drei Beine statt vier verwenden, können Sie eigentlich fast nichts falsch machen, da sich drei Beine schon aus mathematischen Gründen nicht gegenseitig beeinflussen können.

❺ Gegen Vibration vorsorgen
Bei der Konstruktion der Beine empfiehlt es sich, auch auf den Körperschall Rücksicht zu nehmen. Durch die starken Vibrationen des 3-D-Druckers und die Beine wird der Untergrund, auf dem der Drucker steht, schnell ebenso in Schwingungen versetzt. Das belastet nicht nur Ihr eigenes Gehör, oft gelangt der Schall auch durch Tisch und Fußboden bis hin zum Ohr des Nachbarn darunter. Schwingungsdämpfende Beine aus Gummi helfen hier weiter, bei Druckern mit einer Standfläche führt Schaumstoff oder Luftpolsterfolie zu einer deutlichen Reduktion des Körperschalls.

❻ Stabilität in allen drei Richtungen
Da sich der Druckkopf eines 3-D-Druckers in alle drei Dimensionen bewegt, sollten Sie auch darauf achten, dass die Rahmenkonstruktion ebenso in allen drei Richtungen starr bleibt. Unser Drucker Heidi, der eine Mischung aus Platten- und Gewindestangen-Konstruktion ist, war in Y- und Z-Richtung durch seine Platten sehr stabil, in der X-Achse hat sich das Gerät jedoch bei bestimmten Frequenzen aufgeschaukelt, was in einer Vibration von mehreren Millimetern Ausschlag endete. Eine einzelne Querverstrebung hat dieses Problem dann behoben.

❼ Unterlegscheiben aus Gummi
Ist das Kind bei einer Platten-Rahmenkonstruktion bereits in den Brunnen gefallen und treten unangenehme Geräusche während des Drucks auf, muss eine nachträgliche Lösung an der richtigen Stelle eingebaut werden. In vielen Fällen werden durch die Achsen des Druckers Vibrationen an das Gehäuse weitergeleitet. Die Berührungsstelle zwischen Gehäuse und Achsenaufhängung ist dann die Stelle, an der Sie am meisten erreichen. Unterlegscheiben aus Gummi, wahlweise aus altem Fahrradschlauch selbst hergestellt, können hier Wunder wirken.

Die Achsen

An den Achsen eines 3-D-Druckers wird der Druckkopf in drei Dimensionen durch den Raum geführt. Sie bilden das mechanische Kernstück des Druckers und sind entscheidend für die endgültige Druckqualität. Da sie aus einer Linearführung, einem Motor und einer Antriebstechnik bestehen, die gut zusammenspielen müssen, sind sie die mechanisch anspruchsvollste Herausforderung, will man einen guten Drucker selbst konstruieren. Im nachfolgenden Kapitel werden die einzelnen Elemente einer Achse erläutert: Linearführung, Motor und Kraftübertragung.

4.1 Die Linearführung

Beginnen wir mit dem einfachsten Element, der Linearführung. Ihre Aufgabe ist schnell beschrieben: Ein sogenannter *Schlitten* soll entlang einer geraden Linie mit geringer Reibung möglichst präzise bewegt werden. Ein gutes Beispiel für solch eine Linearführung ist die Küchenschublade, die leicht aus dem Schrank herausgleitet. Hier wird eine Schublade entlang einer einzigen Achse gleichmäßig bewegt, wobei möglichst wenig Reibung entsteht. Die Schublade bildet hier den Schlitten, der auf einer Führung dahingleitet.

Bei 3-D-Druckern werden üblicherweise runde Stangen verwendet, sogenannte *Wellen*, auf die dann ein Linearlager befestigt wird, das wiederum den Druckkopf trägt.

Die Welle

Eine Welle besteht zumeist aus einer Eisenlegierung, die sehr hart ist und sehr genau gefertigt ist, damit das Lineargleitlager darauf ohne großen Widerstand fahren kann. Die Wellen werden häufig auch speziell gehärtet, damit sie lange halten und die unvermeidliche Abnutzung möglichst nur am Lineargleitlager auftritt, das sich in den meisten Fällen relativ einfach austauschen lässt. Die Härte, die schon günstige Wellen (weniger als 10 Euro für die übliche Länge von 50 cm) besitzen, ist mit japanischem Messerstahl zu vergleichen (60 bis 64 HRC[4]).

> **Tipp: Nicht an der Welle sparen**
> Natürlich kann man auch einfachere und damit billigere Wellen verwenden, berücksichtigen Sie dann aber auch einen höheren Verschleiß an den Lineargleitlagern und der Welle selbst.

Eine gute Welle für Ihren 3-D-Drucker sollte geschliffen und gehärtet sein. Auf Hochglanz poliert – eine weitere Veredelungsstufe der Welle – müssen die Wellen aber nicht sein, da die Lager, die Sie verwenden werden, vermutlich gar nicht diese hohe Qualität nutzen können. Weiterhin ist es gut, wenn die Kanten der Welle nicht hart, sondern mit leichten Abschrägungen (angefast) versehen sind. So lässt sich das Lineargleitlager leichter auf die Welle setzen, was gerade dann besonders hilfreich ist, wenn man nicht über das sonst notwendige Werkzeug verfügt.

Bild 4.1: Eine angefaste Welle hat an ihren Enden eine Abschrägung, die das Auffädeln von Lagern erleichtert.

Lager

Auf der Welle muss ein Lager angebracht werden, das entlang dieser Welle mit möglichst wenig Widerstand fahren kann.

---

[4] HRC, nach Stanley Rockwell, ist die Maßeinheit für den Härtegrad. Die Einheit selbst ist HR (Hardness Rockwell), und der letzte Buchstabe, in diesem Fall C, gibt die verwendete Skala an.

Gleitlager

Die Lager mit dem einfachsten Aufbau sind sogenannte Gleitlager, die im Prinzip nur aus einem wenige Millimeter großen Rohr bestehen, das fast genau den gleichen Innendurchmesser hat wie die Welle. Es passt also in seiner Form genau über die Welle und bietet wenig Spiel. In einigen Fällen kann es sinnvoll sein, das Gleitlager zu ölen oder zu fetten, damit es noch leichter über die Welle gleitet – das ist aber nicht in jedem Fall notwendig und kann manchmal sogar schädlich sein. Gleitlager gibt es in verschiedenen Ausführungen:

Gleitlager aus PLA

Gerade in der Anfangszeit der 3-D-Drucker wurden Gleitlager verwendet, die aus dem Material PLA auf dem eigenen Drucker ausgegeben wurden. Sie sind daher in der Anschaffung extrem günstig und lassen sich zu jedem beliebigen Zeitpunkt nachfertigen. Allerdings sind sie wesentlich schwergängiger als normale Gleitlager und erfordern zur Herstellung einen gut eingestellten Drucker, der sehr exakt arbeiten kann, was im Hobbybereich leider nicht unbedingt der Standard ist. Angesichts der Tatsache, dass es sehr günstige Alternativen gibt, die wesentlich besser geeignet sind, ist von der Verwendung von selbst gedruckten PLA-Gleitlagern abzuraten.

Gleitlager aus Messing

Wesentlich besser schneiden professionell erstellte Gleitlager aus Messing ab. Gerade die häufig anzutreffenden Sinterbronze-Gleitlager reichen für die Zwecke eines 3-D-Druckers vollkommen aus, sind oft selbstschmierend, wartungsfrei und deutlich leichtgängiger als PLA-Gleitlager. Leider ist die Verarbeitung und Handhabung solcher Gleitlager für den Hausgebrauch häufig mit Schwierigkeiten verbunden, denn die Gleitlager sind oftmals recht druckempfindlich, sodass es dem Hobbybastler schwerfällt, eine geeignete Halterung hierfür zu konstruieren, die das Gleitlager selbst nicht beschädigt. Bei unseren Versuchen, ein Sinterbronze-Gleitlager auf eine geeignete Welle und in ein brauchbares Gehäuse zu packen, sind wir leider kläglich gescheitert. Auch in der RepRap-Szene ist uns niemand mit solchen Gleitlagern begegnet, sodass wir annehmen, dass nicht nur wir dieses Problem hatten.

Gleitlager aus Plastik

Der iRapid Black, der uns freundlicherweise für die Recherchen zu diesem Buch zur Verfügung gestellt wurde[5], arbeitet interessanterweise ebenfalls mit Gleitlagern. Allerdings bestehen diese aus einem simplen Loch in einer Plastikplatte, aus der der Schlitten gefertigt ist. Als Achsen werden hier einfache Eisenstangen verwendet, die sehr gut gefettet wurden. Auch wenn diese Bauweise sicherlich nicht gerade zur Geräuschreduktion des Druckers führt, lassen sich die Ergebnisse doch durchaus sehen und zeigen damit, dass selbst mit einfachen Mitteln durchaus brauchbare Ergebnisse erzeugt werden können. Wie der Verschleiß auf Dauer bei dieser Art von Gleitlager ist, konnten wir leider nicht testen.

---

[5] Von der Firma iRapid GmbH, erreichbar unter *www.irapid.de*.

Linearkugellager

Besser als Gleitlager eignen sich im Allgemeinen jedoch Linearkugellager für den 3-D-Drucker, da sie leichtgängig und verglichen mit den Gleitlagern auch einfacher zu verarbeiten sind.

Linearkugellager sind zylinderförmige kleine Objekte, die in der Mitte ein Loch haben, durch das die entsprechende Welle passt. Kleine Kugeln sind am Rand eingearbeitet, die sich frei drehen können und möglichst genau zwischen der Welle und dem äußeren Gehäuse des Linearkugellagers platziert sind. Da Kugeln eine extrem kleine Auflagefläche haben (mathematisch gesehen ist sie sogar unendlich klein), ist auch die Reibung zwischen Kugel und Welle sehr klein, sodass sich das Linearkugellager sehr leicht auf der Welle fortbewegen kann. Da Linearkugellager genauso wie Radialkugellager häufig in der Industrie verwendet werden, sind sie mittlerweile seit Jahren standardisiert, haben feste Abmessungen und mechanische Eigenschaften. Vor allem aber haben sie den ungeheuren Vorteil, dass sich durch die Standardisierung die Hersteller gegenseitig Konkurrenz machen können und damit der Preis immer weiter fällt. Die Linearkugellager tragen kryptische Namen, von denen einer Ihnen in der 3-D-Drucker-Szene häufig begegnen wird: LM8UU. Er bezeichnet ein Linearkugellager, das auf einer 8-mm-Welle läuft und mit seinen 2,5 cm Länge optimal zu den Anforderungen eines 3-D-Druckers passt – und das gilt bei ca. 2 Euro pro Stück auch für den Preis.

Bild 4.2: Ein LM8UU-Linearkugellager – man kann die innen liegenden Kugeln erkennen.

Der Nachteil von so günstigen LM8UU-Linearkugellagern liegt in ihrer oftmals nicht ganz so fortschrittlichen Fertigung, die häufig in China stattfindet, weshalb sie auch spöttisch als »Chinaböller« bezeichnet werden. Sie sind im Ablaufgeräusch je nach Fertigung deutlich lauter als hochwertigere Kugellager, aber für die Zwecke eines 3-

D-Druckers im Eigenbau sind sie allemal geeignet. LM8UU-Linearkugellager findet man in fast allen gängigen Internetshops, die sich mit CNC-Fräsen oder 3-D-Druckern beschäftigen.

Natürlich gibt es auch andere Linearkugellager, die deutlich hochwertiger, im Betrieb leiser und vor allem wesentlich genauer sind. Sie sind aber nur dann sinnvoll, wenn man sie auf die Welle einpresst. Jedoch ist das mit Hausmitteln fast nicht zu bewerkstelligen, denn hierfür benötigt man zum einen speziell angepasste Hülsen und zum zweiten eine Vorrichtung, mit der man diese fest auf das Lager pressen kann, während es bereits auf der Welle sitzt. Sollte man sich aber die Mühe machen, erhält man eine Linearführung, die tatsächlich flüsterleise und butterweich in der Bewegung ist.

4.2 Der Schrittmotor

Den Antrieb der Achse übernimmt ein Elektromotor. Bei uns sind es aber nicht normale Elektromotoren, sondern sogenannte Schrittmotoren. Während normale Gleichstrommotoren beim Anlegen einer Spannung sofort zu rotieren anfangen, haben Schrittmotoren die Haupteigenschaft, sich beim Anlegen einer Spannung nur um einen winzigen Bruchteil einer Umdrehung fortzubewegen. Erst durch eine relativ komplizierte Ansteuerung mit spezieller Elektronik kann der Motor überhaupt dazu bewegt werden, mehrere Schritte hintereinander auszuführen, sodass eine volle Umdrehung zustande kommt. Warum sollte man nun einen derart ungeeigneten Motor für den 3-D-Drucker einsetzen?

Der Vorteil eines Schrittmotors liegt darin, dass man immer genau weiß, bei wie viel Grad einer Umdrehung sich der Motor gerade befindet. Nehmen wir einmal als Beispiel einen Schrittmotor mit 200 Schritten pro Umdrehung. Bei 360° / 200 ergibt das 1,8° für einen einzelnen Schritt. Hat die Steuerungselektronik den Motor um 25 Schritte nach rechts drehen lassen, so ist damit auch bekannt, dass der Motor nun auf 45° steht. Damit ist es möglich, einen Druckkopf an eine ganz genaue Position zu fahren, ohne ständig nachmessen zu müssen, ob diese Position auch tatsächlich erreicht wurde. Dabei geht man davon aus, dass alle Schritte des Motors ordnungsgemäß ausgeführt wurden, was in der Praxis zwar meistens, aber nicht immer der Fall ist. Wenn ein Motor einmal einen oder mehrere Schritte verliert, ist die Elektronik nicht mehr in der Lage, die genaue Position festzustellen, und druckt einfach munter weiter, ohne den Fehler zu bemerken. Damit dies nicht passiert, muss die ganze Maschine so eingerichtet sein, dass möglichst kein Schrittverlust eintritt.

Positionierung

Ein Schrittmotor hat im einfachsten Fall vier Anschlüsse. Zwischen je zweien ist eine Spule, die ein magnetisches Feld erzeugen kann. In der Mitte befindet sich die Achse des Motors mit einem Permanentmagneten, der bekanntlich einen Nord- und einen Südpol besitzt. Einen solchen Aufbau eines Schrittmotors nennt man bipolar.

4 Die Achsen

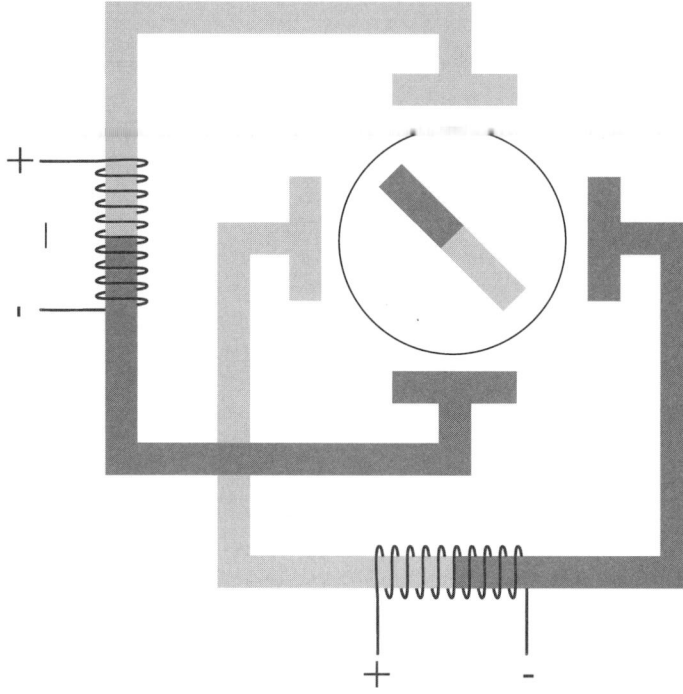

Bild 4.3: Schema eines Schrittmotors: ein Permanentmagnet in der Mitte, zwei Magnetspulen an den Seiten.

Legt man nun an die Spule eine Spannung an, wird auch im Eisenkern, den diese Spule umschlingt, ein Nord- und ein Südpol generiert. Diese sind abhängig davon, an welches Ende man den Plus- und den Minuspol der Stromquelle legt. Sobald das Magnetfeld durch die Spule aufgebaut wurde, dreht sich der Permanentmagnet des Schrittmotors so, dass sein Nordpol zum Südpol des elektrisch generierten Magnetfelds zeigt.

4.2 Der Schrittmotor

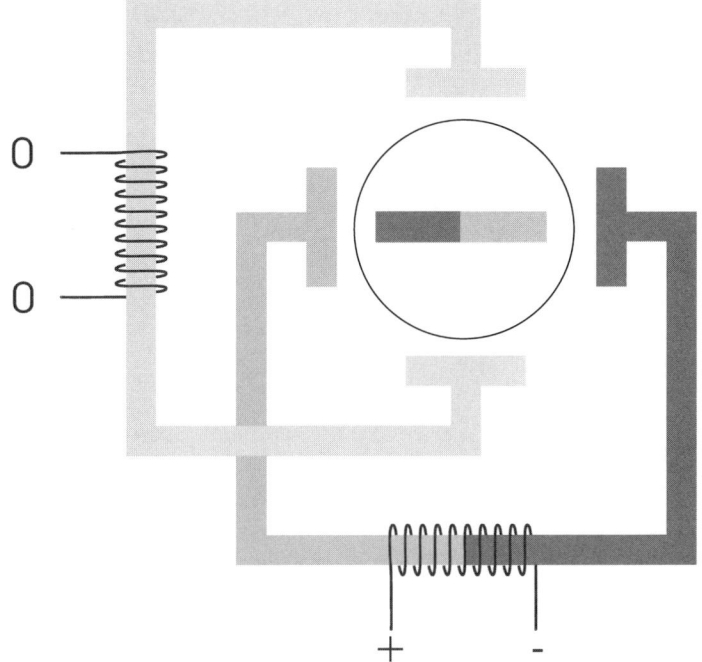

Bild 4.4: Die Spule erzeugt ein Magnetfeld, nach dem sich der Permanentmagnet in der Mitte ausrichtet.

Wenn man nun in diese Ansteuerung auch die andere Spule einbindet, ist man auf diese einfache Weise schon in der Lage, den Motor eine volle Umdrehung machen zu lassen:

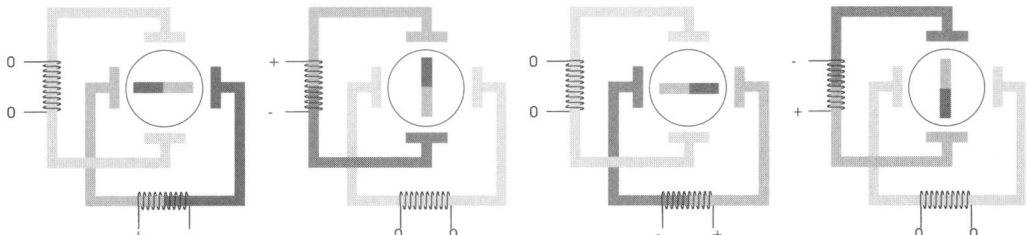

Bild 4.5: Eine volle Umdrehung mit Ganzschritten.

In der obigen Abbildung hat der Schrittmotor nur vier Schritte und ist dementsprechend einfach gestrickt. Industriell gefertigte Schrittmotoren haben aber durch eine geschickte Anordnung der Spulen üblicherweise 200 Schritte pro Umdrehung, es können auch weniger oder deutlich mehr sein. Auch wenn 200 Schritte zunächst viel erscheinen mögen, wäre allein diese Anzahl von Schritten für 3-D-Drucker noch nicht ausreichend, man möchte in jedem Fall eine noch höhere Genauigkeit erreichen.

Das kann man durch die Einführung von sogenannten Halbschritten ermöglichen. Sieht man sich das vereinfachte Beispiel genauer an, erkennt man, dass der Permanentmagnet in 90°-Schritten bewegt werden kann, wenn immer nur eine Spule in Betrieb ist. Um 45°-Schritte zu erzeugen, müssen beide Spulen gleichzeitig aktiv sein:

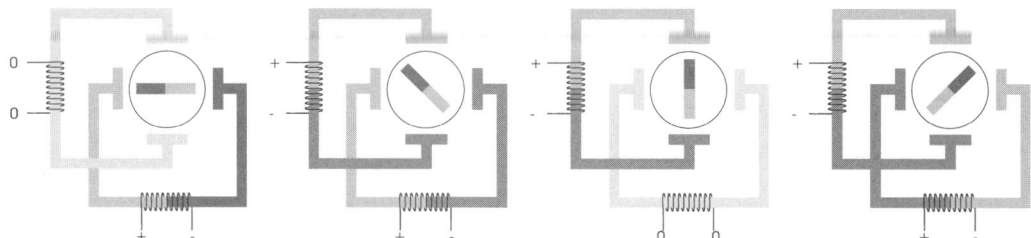

Bild 4.6: Bei Halbschritten sind beide Spulen aktiv.

Im zweiten Bild in der obigen Abbildung sind beispielsweise beide Spulen so aktiv, dass die eine Spule den Magneten nach links und die andere ihn nach oben zieht. In der Folge versucht der Permanentmagnet in der Mitte, den Weg des geringsten Widerstands zu gehen, und fährt in eine Position, die möglichst weit links und möglichst weit oben ist, also diagonal nach links oben zeigt. Diese Form der Ansteuerung nennt man Halbschritte, und mit ihr ist es möglich, aus z. B. 200 Vollschritten 400 Schritte zu machen. In diesem Fall ist der Motor bereits in der Lage, 0,9°-Schritte zu vollziehen. Doch auch das kann durchaus noch verbessert werden.

Bislang haben wir an die Spulen immer die volle Spannung angelegt, die unsere Stromquelle zu bieten hatte. Wenn wir nun aber beispielsweise nur die halbe Spannung anlegen, wird auch das Magnetfeld der jeweiligen Spule schwächer und zieht den Permanentmagneten schwächer an als eine Spule unter voller Last. Und schon haben wir aus 400 Halbschritten 800 Viertelschritte gemacht und die Genauigkeit des Schrittmotors bereits vervierfacht.

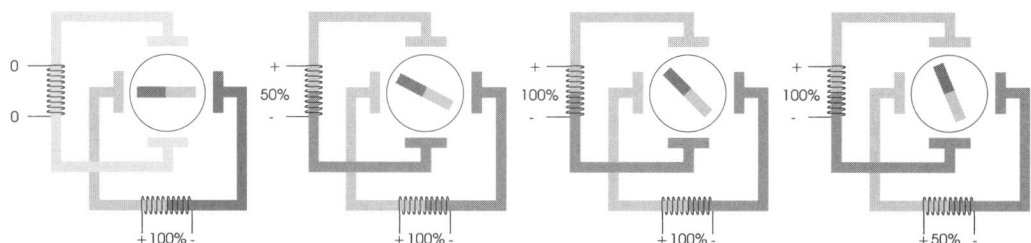

Bild 4.7: Viertelschritte werden mit unterschiedlicher Spannung in den Spulen erreicht.

Mit dem beschriebenen Prinzip lässt sich die Genauigkeit nun steigern: Erlaubt man 25-%-Schritte in der Spannung der Spulen, erreicht man logischerweise 1600 Schritte, bei 12,5 % Spannungsabstufungen sind es 3200 Schritte etc. Natürlich wird die elektronische Ansteuerung mit jeder Spannungsstufe komplizierter, aber tatsächlich ist die Steuerungselektronik der aktuell üblichen 3-D-Drucker in der Lage, Sechzehntelschritte durchzuführen.

Neben den einfachen bipolaren Motoren gibt es auch solche, die unipolar aufgebaut sind. Der Unterschied zum bipolaren Motor ist nicht sehr groß und besteht im Wesentlichen darin, dass jede Spule noch einmal in der Mitte einen Anschluss nach außen bekommt, sodass sie zweigeteilt ist.

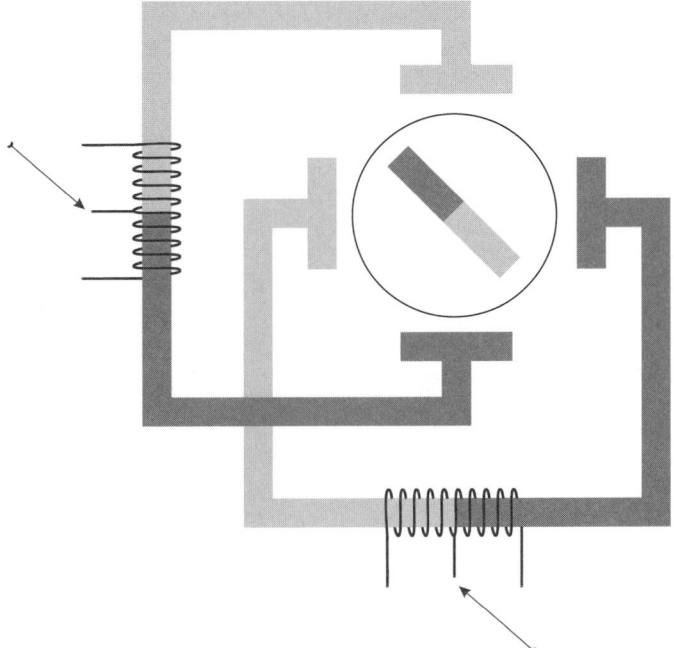

Bild 4.8: Bei einem unipolaren Schrittmotor gibt es sechs Anschlüsse, je drei pro Spule.

Diese Art der Beschaltung bietet weitere Vorteile, wie die einfachere Ansteuerung und die vereinfachte Elektronik. Wie Sie aber sehen, können unipolare Motoren sehr einfach auch bipolar angesteuert werden, indem die neue, mittige Abzweigung der Spulen einfach ignoriert wird.

Haltemoment

Stellen Sie sich einmal vor, Sie lassen beide Spulen längere Zeit unter Strom stehen. Natürlich wird sich dann ein Schrittmotor nicht mehr bewegen und langsam auch erwärmen, denn die Spulen werden durch den elektrischen Strom natürlich auch aufgeheizt. Wenn Sie nun versuchen, diesen Motor von Hand weiterzubewegen, werden Sie feststellen, dass das gar nicht oder nur mit deutlich größerer Kraftanstrengung möglich ist, als wenn kein Strom an den Spulen anliegt. Das ist auch nicht weiter verwunderlich, denn die beiden Spulen ziehen den Permanentmagneten immer noch in eine Richtung, und Sie müssen mit Ihrer Hand dagegenarbeiten. Der Motor ist also in der Lage, nicht nur seine Position zu ändern, sondern diese auch zu halten – durchaus mit einiger Kraft.

Dieses Haltemoment kann auch technisch eingesetzt werden, beispielsweise wenn es darum geht, ein Objekt davor zu bewahren, durch die Schwerkraft nach unten zu fallen, oder eine Position zu halten, obwohl andere Kräfte auf dasselbe Objekt einwirken. Beim 3-D-Drucker wird dieses Haltemoment im Allgemeinen nicht oder nur sehr begrenzt eingesetzt, es ist aber durchaus vorhanden und kann teilweise etwas lästig werden, wenn man beispielsweise versucht, nach dem Ende eines Ausdrucks den Druckkopf von Hand in eine andere Position zu verschieben, während der Strom noch eingeschaltet ist. Das Haltemoment wird von den Herstellern natürlich auch in den Spezifikationen des Motors angegeben und ist damit eine Größe, anhand derer man die Stärke des Motors abschätzen kann. Sie wird üblicherweise in Newtonmeter (Nm) oder Newtonzentimeter (Ncm) angegeben.

> **Welche Schrittmotoren kommen bei 3-D-Druckern zum Einsatz?**
> Auch Schrittmotoren gibt es in den verschiedensten Ausführungen und Größen, und auch hier gibt es Standardisierungen, die die Motoren vergleichbar machen und daher zu fallenden Preisen beitragen. Im 3-D-Drucker-Bereich findet man häufig sogenannte NEMA-17-Motoren, die eine genormte Größe mit Befestigungsschrauben an fest definierten Stellen haben. Die größten NEMA-17-Motoren haben ein Haltemoment von ca. 43 Ncm und sind teilweise schon ab 8 Euro pro Stück zu haben.

4.3 Die Kraftübertragung

Bislang haben wir für unsere Achsen, auf die wir unseren Druckkopf montieren möchten, die Linearführung und den Antrieb besprochen. Nun müssen wir zusehen, wie wir die Kraft des Motors, die bei Rotation entsteht, in eine lineare Strecke umwandeln können, denn wir möchten unseren Druckkopf nicht im Kreis bewegen, sondern entlang einer Linie. Grundsätzlich gibt es drei verschiedene Möglichkeiten, dies zu bewerkstelligen, die auch praktikabel sind: Gewindestangen, Zahnstangen und Zahnriemen. Bei 3-D-Druckern ist es durchaus üblich, dass unterschiedliche Kraftübertragungen für die Achsen verwendet werden: eine Gewindestange für die Z-Achse, Zahnstangen oder Zahnriemen für X- und Y-Achse.

Gewindestangen

Stellen Sie sich einmal vor, Sie haben eine Gewindestange, auf die eine Mutter platziert ist. Wenn Sie diese Gewindestange nun mit einem Motor drehen lassen und die Mutter dabei festhalten, hebt und senkt sie sich in Abhängigkeit davon, in welche Richtung der Motor die Gewindestange dreht. Die Mutter selbst bewegt sich also linear, während sich der Motor im Kreis dreht. Schon mit diesem einfachen Prinzip haben Sie eine Kraftübertragung und Kraftumwandlung, die prinzipiell für einen 3-D-Drucker geeignet wäre.

4.3 Die Kraftübertragung

Die beschriebene Art der Kraftübertragung wird tatsächlich auch im professionellen Bereich genutzt, nämlich bei CNC-Fräsen. Hier wird statt einer einfachen Gewindestange eine sogenannte Trapezgewindespindel verwendet, die prinzipiell analog arbeitet, nur genauer gefertigt ist, eine höhere Lebensdauer hat und eine spezielle Mutter besitzt, die Trapezgewindemutter. Der Grund dafür, dass Trapezgewindespindeln vor allem bei CNC-Fräsen eingesetzt werden, ist dieser: Angenommen, Sie verwenden eine M6-Trapezgewindespindel, die Sie durch Ihren Schrittmotor bewegen lassen. Diese hat pro Umdrehung 1 mm Steigung. Wenn Sie also die Trapezgewindespindel einmal um sich selbst drehen, bewegt sich die Mutter um genau 1 mm nach vorn. Ein normaler NEMA-17-Schrittmotor kann 200 Vollschritte und 3200 Sechzehntelschritte pro Umdrehung ausführen, Sie können also Ihre Mutter mit einer theoretischen Genauigkeit von 1/3200 mm oder 0,0003125 mm bewegen.

Das ist natürlich unglaublich präzise und eine schöne Sache, wenn man einen möglichst genauen 3-D-Drucker bauen möchte. Allerdings ist ein Schrittmotor leider nur in der Lage, ca. 5 bis 10 Umdrehungen pro Sekunde auszuführen. Das würde bedeuten, dass Sie zwar mit sehr hoher Genauigkeit, aber mit einer sehr geringen Geschwindigkeit, nämlich 5 bis 10 mm/s ausdrucken können. Bedenkt man, dass für den Ausdruck eines größeren 3-D-Objekts viele Hundert Meter abgefahren werden müssen, ist diese Geschwindigkeit viel zu gering. Natürlich kann man versuchen, die Steigung der Trapezgewindespindel zu erhöhen, und tatsächlich wird dieser Weg bei Trapezgewindespindeln auch gegangen – bis zu 4 mm/Umdrehung sind üblich. Für CNC-Fräsen ist das ausreichend schnell, denn diese müssen sich ja auch durch schweres Material wie Eisen oder gar Edelstahl arbeiten. Bei einem 3-D-Drucker ist aber auch das zu wenig – mit einer Ausnahme: Die Z-Achse eines 3-D-Druckers wird ja nur dann bewegt, wenn eine neue Schicht angefangen wird. Hier ist eine höhere Genauigkeit sogar erwünscht, denn die Schichthöhe beträgt oft nur Bruchteile eines Millimeters.

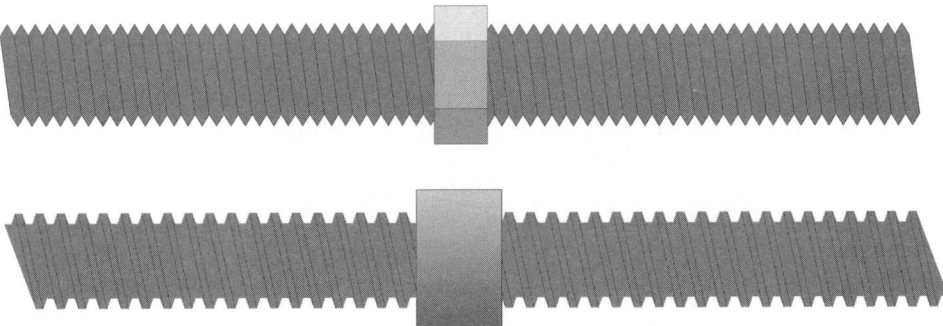

Bild 4.9: Die handelsübliche Gewindestange (oben) hat ein spitzes, dreieckiges Profil und ist nur in einer Steigung je Durchmesser verfügbar. Die Trapezgewindespindel (unten) ist flacher, dadurch stärker belastbar und ist oft auch in mehreren Steigungen erhältlich, dafür aber erheblich teurer.

Fassen wir die Vor- und Nachteile der Gewindestangen zusammen, haben wir auf der Vorteilseite, dass diese Konstruktion sehr genau sein kann, dadurch relativ wenig Spiel in der betreffenden Achse hat, relativ leichtgängig ist und eine sehr geringe Nachgiebigkeit bei Stößen entlang der Achse hat. Allerdings erkauft man sich diese Vorteile durch eine sehr langsame Geschwindigkeit, bei Verwendung von Trapezgewindestangen durch einen recht hohen Preis und den Umstand, dass man in vielen Fällen diese Konstruktion auch regelmäßig schmieren muss.

Eine Weiterentwicklung der Trapezgewindespindeln sind übrigens die sogenannten Kugelumlaufspindeln. Auch Sie bestehen aus einer Spindel, auf der allerdings eine spezielle Mutter sitzt, die Kugeln in ihrem Innern besitzt, auf denen sie auf der Spindel gleitet. Im Gegensatz zu Gewindestangen oder den Trapezgewindespindeln liegt die Mutter damit nur an einigen wenigen und sehr kleinen Stellen an der Spindel auf, sodass sehr wenig Reibung entsteht. Dadurch ist eine Kugelumlaufspindel wesentlich leichtgängiger als eine Trapezgewindespindel und eine Schmierung hält daher auch wesentlich länger. Allerdings ist der Preis auch deutlich höher als bei normalen Trapezgewindespindeln.

Bild 4.10: Ein Z-Achsen-Schlitten auf einer Gewindestange mit Linearführung.

Möchte man eine Z-Achse mit einer Gewindestange realisieren, steht man vor dem Problem, den Motor fest mit der Gewindestange zu verbinden, und das möglichst so, dass die Mittelachse der Gewindestange genau mit der des Motors übereinstimmt, damit nichts eiert.

Das erreicht man durch eine sogenannte Kupplung, die Gewindestange und Motorachse so einklemmt, dass beide festgehalten werden und die Kraft übertragen wird. Üblicherweise werden diese Kupplungen ebenso mit 3-D-Druckern ausgedruckt und sind relativ einfach gestrickt.

Bild 4.11: Eine einfache Kupplung, die einen kleinen Motor mit einer Gewindestange verbindet.

Hat man nun eine Gewindestange und einen Motor miteinander verbunden, mag man denken, dass man bereits eine brauchbare Z-Achse konstruiert hat. Auch wir waren einmal dieser Meinung bei unserem Heidi-Drucker, bis wir feststellten, dass die Gewindestange nicht wie erwartet kerzengerade war, sondern sich in der Mitte durchgebogen hatte. In der Folge schwankte der an der Z-Achse befestigte X-Achsen-Schlitten um mehr als einen Millimeter. Dadurch entstand bei jedem unserer Ausdrucke ein schönes, aber sehr unerwünschtes Wellenmuster.

4 Die Achsen

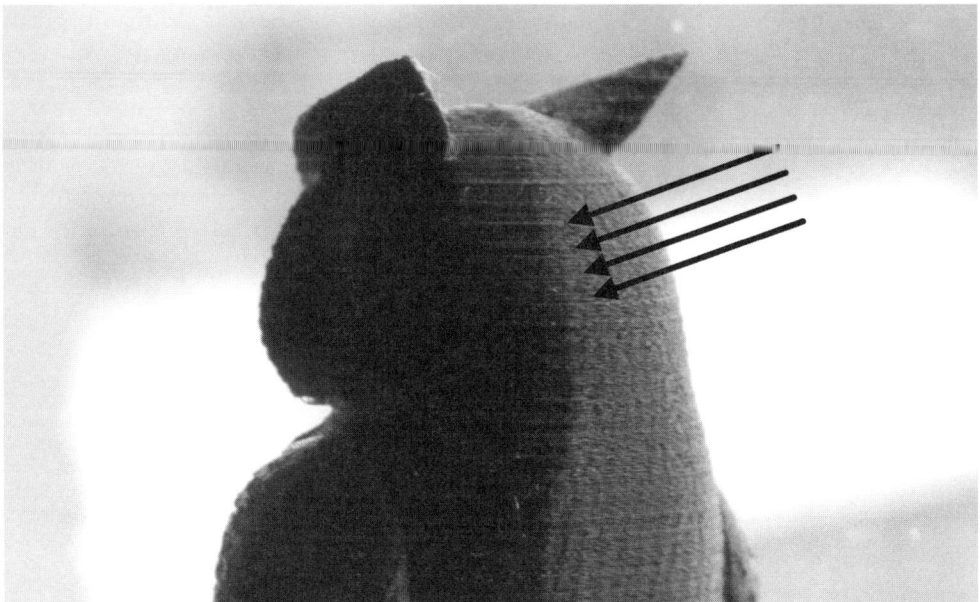

Bild 4.12: Ein Wellenmuster deutet auf ein Problem mit der Z-Achse hin.

Um dem Problem beizukommen, haben wir die gesamte Z-Achse neu konstruiert und zusätzlich eine Führungsschiene eingebaut, die mit einem LM8UU und sehr starrer Fixierung am Rahmen dafür gesorgt hat, dass Schwankungen der Z-Achse abgefangen wurden.

Zahnstangen

Eine andere Art, die Kreisbewegung des Motors in eine lineare Bewegung umzuwandeln, ist, Zahnstangen zu verwenden. Ein Zahnrad auf dem Motor treibt die Zahnstange an, wodurch entweder die Zahnstange oder der Motor selbst bewegt wird.

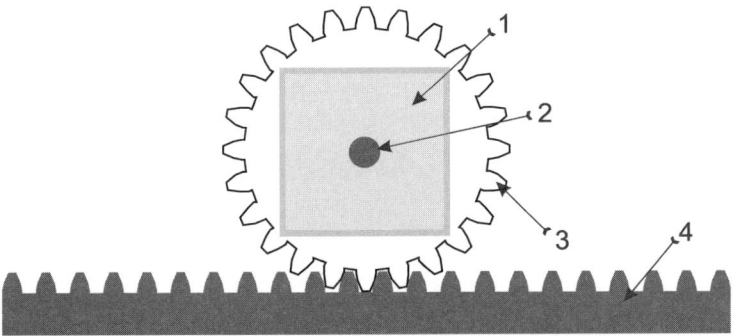

Bild 4.13: Der Motor (1) treibt über seine Achse (2) das Zahnrad (3) an, das wiederum die Zahnstange (4) linear bewegt.

Diese Art der Umwandlung ist grundsätzlich sehr gut für den 3-D-Druck geeignet: Angenommen, man hat ein Zahnrad mit einem Durchmesser von 10 mm, das eine Zahnstange vorwärts bewegt, dann kann der Druckkopfschlitten mit jeder Umdrehung 31,41 mm[6] Strecke zurücklegen.

Bei 5 Umdrehungen pro Sekunde kann man den Druckkopf maximal ca. 157 mm pro Sekunde bewegen, eine durchaus passende Größe. Auch die theoretische Genauigkeit wäre akzeptabel: 31,41 mm Wegstrecke, unterteilt in 3200 einzelne Schritte, ergibt immer noch eine erstaunliche Genauigkeit von 0,0098 mm für einen Einzelschritt. Warum wird also diese Methode bei 3-D-Druckern nicht häufiger eingesetzt?

Die Antwort liegt in der Genauigkeit, mit der ein solcher Aufbau vorgenommen werden muss: Das Zahnrad muss immer genau den gleichen Abstand zur Zahnstange einnehmen, und das über die gesamte Länge der Zahnstange hinweg. Verglichen mit der tatsächlich am meisten verwendeten Methode der Zahnriemen, ist das relativ schwer zu bewerkstelligen und fordert ein gehöriges Maß an Genauigkeit, die ein selbst gebauter Drucker nur sehr schwer erreichen kann. Was für Heimanwender schwierig zu bewerkstelligen ist, ist für professionelle 3-D-Drucker-Hersteller leichter umzusetzen, da sie über das Know-how und das entsprechende Werkzeug verfügen. So arbeitet beispielsweise der iRapid Black tatsächlich mit Zahnstangen, die fest mit dem Schlitten des Tischs und dem Gehäuse verbunden sind. Hier hat der Zahnstangenantrieb sogar noch den Vorteil der einfachen und kostengünstigen Fertigung. Darüber hinaus sind die Ergebnisse tatsächlich genauer als bei Druckern mit Zahnriemenantrieb, da es hier keine Riemen gibt, die in ihrer Länge leicht flexibel sind.

---

[6] Berechnung des Kreisumfangs $U = 2 \cdot \pi \cdot r$ bei einem Radius r von 5 mm, also $U = 2 \cdot 3{,}141 \cdot 5\ mm = 31{,}41\ mm$.

Zahnriemen

Die am häufigsten anzutreffende Variante der Kraftübertragung und der Konvertierung der Rotation in eine lineare Bewegung ist die Verwendung von Zahnriemen. Prinzipiell funktioniert das so: Auf dem Motor wird ein besonderes auf Zahnriemen spezialisiertes Zahnrad aufgesetzt, und der Riemen wird darum herumgelegt. Auf die andere Seite der Achse kommt eine einfache Umlenkrolle, die den Riemen wieder zurück zum Motor lenkt. Zwischen Motor und Lenksäule wird der Schlitten an einer Seite des Riemens befestigt.

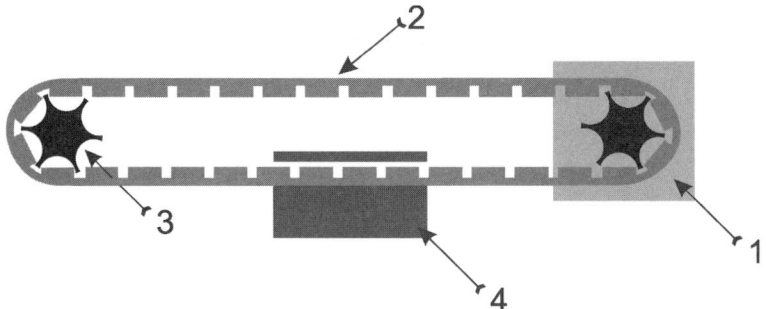

Bild 4.14: Der Motor (1) treibt den Zahnriemen (2) über die Umlenkrolle (3) an und bewegt damit den Schlitten (4) mit dem Druckkopf.

Wird nun der Motor in Rotation gesetzt, bewegt sich der Riemen linear zwischen Motor und Umlenkrolle. Bei einem üblichen Durchmesser des Zahnrads von ungefähr 15 mm ergeben sich eine Wegstrecke von 47,124 mm pro Umdrehung und immer noch beachtliche 0,0147 mm pro Sechzehntelschritt. Bei 5 Umdrehungen pro Sekunde kommt der Schlitten also 235 mm pro Sekunde voran, ein Wert, der für 3-D-Drucker allein aufgrund des Materialvorschubs im Extruder nur sehr schwer jemals voll zu erreichen ist.

Die Montage eines Zahnriemenantriebs fällt deutlich leichter als die aller anderen Antriebe. Zum einen wird neben der Motorbefestigung nur ein weiteres Loch für die Umlenkrolle benötigt, das sich leicht mit einem Bohrer anfertigen lässt. Zum anderen ist ein Zahnriemen wesentlich gutmütiger in puncto Genauigkeit, denn obwohl er in Zugrichtung sehr stabil ist, lässt er sich leicht in die anderen Richtungen bewegen, sodass es auf einige Millimeter Ungenauigkeit nicht weiter ankommt. Dazu wiegt er deutlich weniger als beispielsweise eine Zahn- oder Gewindestange, muss nicht gewartet werden und ist zudem sehr leise. Eine weitere Eigenschaft des Zahnriemens ist, dass er Stöße abfedert, die zum Beispiel beim Anfahren oder abrupten Abbremsen auftreten. Was aber zunächst nach einem Vorteil klingt, entpuppt sich bei genauerem Hinsehen als Nachteil, denn harte Kanten im 3-D-Druck werden so häufig verfälscht und weniger scharf ausgegeben. Dem kann man entgegenwirken, indem man den Zahnriemen sehr fest spannt, sodass diese Effekte weniger stark ausfallen. Das wiederum hat aber den Nachteil, dass der Zahnriemen auf Dauer ausleiert und nachgestellt werden muss.

Alles in allem wiegen aber die Vorzüge des Zahnriemenantriebs die Nachteile deutlich auf, weshalb sie sich auch in den meisten gängigen 3-D-Druckern durchgesetzt haben. Üblicherweise werden sogenannte T5-Belts verwendet, auf denen alle 5 mm ein neuer Zahn zu finden ist. Sie sind aus Gummi oder Polyurethan gefertigt und bergen in ihrem Inneren einen oder mehrere Stahlzüge, die dafür sorgen, dass sie sich in der Länge nicht verziehen. Sie sind in RepRap-Shops als Meterware für ca. 6 bis 8 Euro pro Meter zu beziehen. Das dazugehörige Zahnrad wird im Allgemeinen mit *Pulley* bezeichnet und wird ebenso wie die Umlenkrolle häufig auch mit 3-D-Druckern ausgedruckt. Es sind aber durchaus auch Pulleys aus Aluminium über die einschlägigen Internetshops zu erwerben.

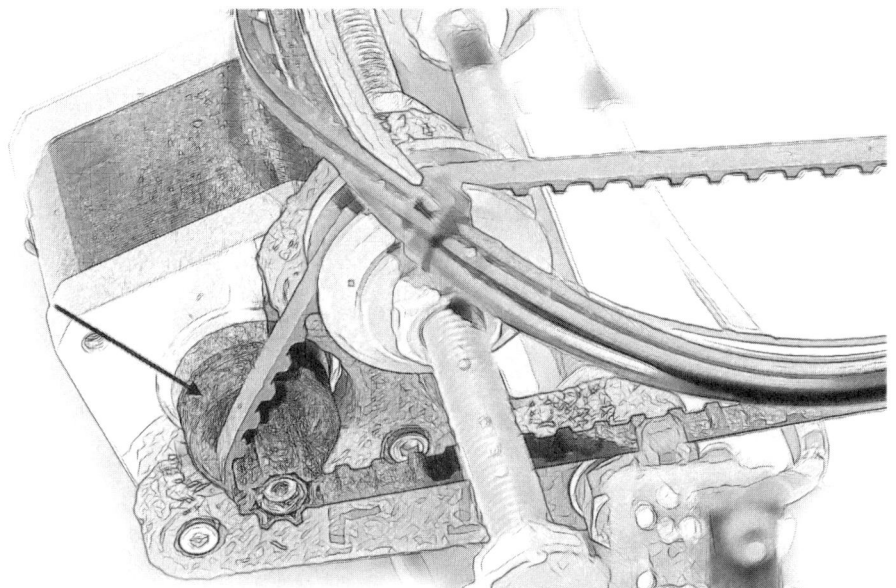

Bild 4.15: Die Zahnräder, die die Zahnriemen antreiben, werden Pulleys genannt.

4.4 Hacks, Tipps und Tricks

Gewindestangenantriebe

❶ Will man sich beispielsweise eine Z-Achse aus einer Gewindestange bauen, empfiehlt sich unbedingt die Verwendung einer Edelstahlgewindestange. Diese ist wesentlich haltbarer als eine normale Gewindestange und bietet in den meisten Fällen ein genaueres Gewinde, das sich leichter durch die Mutter arbeiten kann.

❷ Um die Genauigkeit der Gewindestange zu erhöhen, kann man mit einem Gewindeschneider das gesamte Gewinde der Stange noch einmal nacharbeiten, was im Allgemeinen relativ einfach geht, da die grobe Arbeit ja bereits bei der Fertigung der Stange geleistet wurde. Das Nachschneiden kann man auch bei der Mutter selbst vornehmen, die ja anschließend den Kern des Schlittens bildet.

❸ Sollte einmal bei einem ausgedruckten Bauteil die Mutter nicht in die dafür vorgesehene Öffnung passen, kann es einfacher sein, die Mutter selbst abzufeilen, als die Öffnung im Bauteil nachzubearbeiten.

❹ Zu guter Letzt sollte nicht vergessen werden, die Gewindestange sowie die Mutter ordentlich zu fetten oder zu ölen, damit die Reibung zwischen Gewindestange und Mutter möglichst gering ausfällt.

Zahnriemenantriebe

❶ Bei Zahnriemenantrieben ist immer darauf zu achten, dass die Spannung des Riemens straff, aber nicht so stark ist, dass der Motor und die Umlenkrolle beschädigt werden.

❷ Zum Nachspannen lohnt sich der Ausdruck eines Riemenspanners, den es in verschiedenen Ausführungen bei *thingiverse.com* unter dem Stichwort *belt tensioner* gibt.

Bild 4.16: Ein Riemenspanner hält die Spannung des Zahnriemens.

Das Druckbett

5.1 Grundlagen

In diesem Kapitel werden wir uns mit dem Druckbett unseres 3-D-Druckers beschäftigen, die Ebene, auf der das Objekt Schicht für Schicht aufgetragen wird. Wir werden versuchen, das Druckbett so anzupassen, dass unsere Ausdrucke zum einen erst einmal überhaupt gelingen, zum anderen aber auch eine hohe Qualität bekommen. Das ist leider nicht immer so einfach, und man kann hier recht viel falsch machen, aber wenn man es positiv betrachtet, haben wir auch viele Möglichkeiten, etwas zu optimieren.

> **Zwei Arten von Druckbetten**
> Grundsätzlich ist es so, dass sich alle derzeit in der 3-D-Drucker-Welt verwendeten Druckbetten in zwei Gruppen aufteilen lassen, in unbeheizte und beheizte Druckbetten.

Anforderungen an ein gutes Druckbett

Das Druckbett soll in allererster Linie unser Druckobjekt aufnehmen. Dazu muss es so groß wie möglich sein, denn wir möchten ja auch große Objekte drucken können. Außerdem soll das Druckbett natürlich in der Lage sein, das Gewicht unseres Objekts auszuhalten. Da wir mit relativ leichtem Plastik arbeiten, haben wir da seltener Probleme, aber ein Blatt Papier wäre als Druckbett sicherlich ungeeignet. Darüber hinaus wird das Druckbett in den meisten 3-D-Druckern selbst ebenfalls bewegt, zum Beispiel in der Y-Achse, sodass das Objekt nicht nur auf das Druckbett passen, sondern auch so darauf haften soll, dass es bei den ständigen Bewegungswechseln nicht verrutscht. Speziell dieser Punkt ist alles andere als trivial, und es müssen viele Anstrengungen unternommen werden, damit eine solche Haftung entsteht und auch während des gesamten Druckvorgangs aufrechterhalten werden kann. Weiterhin muss das Druckbett möglichst eben sein, damit der Drucker die Schichten gleichmäßig auftragen kann. Und zuletzt muss das Druckbett auch in der Lage sein, hohe Temperaturen auszuhalten, denn wir drucken mit heißem Plastik und damit gern einmal über 200 °C. Gehen wir die einzelnen Anforderungen der Reihe nach einmal durch:

Größe des Druckbetts

Die einfachste Anforderung an unser Druckbett ist die Größe. Streng nach dem Motto »größer, schneller, weiter« möchten wir gerade am Anfang natürlich Objekte drucken, die so groß wie möglich sind. Doch seien wir ehrlich: Brauchen wir das wirklich? Große Gegenstände verbrauchen jede Menge teures Material und benötigen viel Zeit zum Ausdrucken, während gleichzeitig besonders viel schiefgehen kann, beispielsweise durch Verstopfen der Düse oder thermische Spannungen. Viele Druckerbesitzer haben bereits schmerzliche Erfahrungen gesammelt und sind dadurch bescheiden geworden. In der Open-Source-Gemeinde hat man sich daher auf Größen um die 20 x 20 cm Grundfläche eingependelt, was für die meisten Anwendungen vollkommen ausreichend ist. Nur im industriellen Einsatz werden deutlich größere Drucker verwendet – aber ein Privatanwender benötigt selten ein Modellauto im Maßstab eins zu eins.

Gute Haftung

Die Haftung des Objekts auf dem Druckbett ist deswegen so wichtig, weil immer eine Schicht des Ausdrucks über die andere gelegt wird und sich keine verschieben darf, soll das Ergebnis brauchbar werden. Wenn auch noch das Druckbett während des Ausdrucks bewegt wird, wie es bei vielen heutigen Druckern der Fall ist, muss die Haftung zudem noch die Beschleunigung des Objekts selbst aushalten können. Ist dies nicht der Fall, bleibt das Objekt oft am Druckkopf kleben und bildet dort zusammen mit dem noch austretenden Filament einen großen Klumpen Plastik, der wenig Ähnlichkeit mit dem gewünschten Ergebnis hat. Wenn sich das Objekt nicht komplett von der Oberfläche löst, sondern nur an den äußeren Rändern, spricht man von *Warping*.

Bild 5.1: Oft löst sich das Objekt vorzeitig vom Bett, das gefürchtete Warping tritt ein.

Dieses Warping tritt auf, weil das Objekt in den meisten Fällen ungleichmäßig abkühlt. Teile des Objekts, die viel Kontakt zur kälteren Umgebungsluft haben, kühlen schneller aus als Teile, die mitten im Objekt liegen und kaum Kontakt mit der kälteren Luft haben. Da sich das Druckmaterial bei Wärme ausdehnt und bei Kälte zusammenzieht, ziehen sich auch die kälteren äußeren Schichten stärker zusammen als die inneren warmen. Daraus ergeben sich dann im Objekt Spannungen, die das Objekt verformen.

Ebene Fläche

Ein weiterer ganz wichtiger Punkt ist, dass das Druckbett möglichst eben ist und sich beispielsweise nicht zu den Rändern hin aufwölbt, denn wir wollen ja nicht, dass der Druckkopf in die Luft druckt oder sich gar das Hotend in die Oberfläche eingräbt und tiefe Kratzer im Druckbett hinterlässt. Davon einmal abgesehen, ist es jedoch extrem wichtig, dass die erste Druckschicht ordentlich auf der Oberfläche haftet – und das kann sie nur, wenn die Kontaktfläche zwischen Objekt und Druckbett möglichst groß ist. Bei einem schrägen oder gewölbten Druckbett kann es natürlich auch passieren, dass die Objekte gestaucht werden und damit nicht mehr korrekt in ihrer Höhe sind. Das kann man vielleicht bei ausgedruckten Figuren ignorieren, bei denen es nicht so auf Genauigkeit ankommt, aber bei Maschinenbauteilen können die Ausdrucke schnell unbrauchbar werden.

Temperaturbeständigkeit

Da unser Druckmaterial mit ganz erheblichen Temperaturen auf das Druckbett gebracht wird, muss es auch diese Temperatur aushalten können. Das Druckbett muss also aus einem geeigneten Material bestehen, denn da ABS beispielsweise mit 250 °C verarbeitet wird, ist eine Druckoberfläche aus einfachem Polystyrol denkbar ungeeignet, die schon bei 242 °C schmilzt. Holz würde austrocknen und seine Struktur verändern, und auch die meisten anderen üblichen Oberflächen sind für solche Temperaturen wenig geeignet.

Geringes Gewicht

Und zu guter Letzt sollte das Druckbett auch nicht allzu schwer sein, da es ja bei vielen Druckern ebenso wie der Druckkopf bewegt wird und die Motoren, die diese Bewegung hervorrufen, umso mehr Arbeit leisten müssen, je mehr Gewicht sie bewegen müssen. So einfach dieser Aspekt klingt – er hat einen gehörigen Einfluss auf die Geschwindigkeit und auch die Genauigkeit des Objekts, denn eine große Masse Druckbett muss von den Motoren beschleunigt und wieder abgebremst werden. Also müssen diese Motoren mit steigendem Gewicht entweder größer werden, oder aber sie benötigen mehr Zeit, um das Druckbett zu beschleunigen. Hinzu kommt, dass die Bewegung eines schweren Druckbetts auch Vibrationen im gesamten Gehäuse des Druckers hervorruft, die sich dann in spür- und sichtbaren Wellen im Objekt niederschlagen.

Umsetzung

Um das Haftungsproblem in den Griff zu bekommen, kann man unterschiedliche Wege gehen. Man kann versuchen, die Oberfläche des Druckbetts so groß zu machen, dass die Objekte eine hohe Reibung aufbauen oder sich sogar im Druckbett regelrecht verankern. Weitaus häufiger wird allerdings der Umstand ausgenutzt, dass sich das flüssige Plastik, wenn es noch nicht ganz abgekühlt ist, viel besser mit dem Untergrund verbindet und auch nicht durch Spannungen, die bei der Abkühlung auftreten, vom Druckbett gelöst wird. Der Trick dabei ist also schlicht und einfach der, das Plastik so warm zu halten, dass es nicht ganz geschmolzen, aber auch noch nicht ganz verfestigt ist. Diesen zähflüssigen Zustand erreicht man über eine spezielle Temperatur, die bei jedem Kunststoff anders ist, die sogenannte *Glastemperatur*. Technisch löst man das Problem meistens dadurch, dass man das Druckbett von unten beheizt – sei es durch eine Silikon-Heizmatte oder Carbonplatten, oder man verwendet eine Platine mit speziell gestalteter Kupferbeschichtung, dies ist die am meisten umgesetzte Methode.

Das Problem mit der ebenen Fläche löst man im Allgemeinen dadurch, dass man zum einen Materialien verwendet, die von sich aus schon sehr steif und eben sind – wie zum Beispiel Glas –, und zum anderen durch eine genaue Justierung des Druckbetts. Die geeignete Materialauswahl sorgt auch dafür, dass das Druckbett die notwendigen Temperaturen aushält. Limitierender Faktor ist hierbei stets das Gewicht, das möglichst klein bleiben soll – hier gibt es eine ganze Reihe von Möglichkeiten, kleinere Gewichtseinsparungen herbeizuführen, die sich aber immer nach den spezifischen Eigenschaften des Druckers richten.

5.2 Das Heizbett

Das Heizbett hat die Aufgabe, das eigentliche Druckbett auf eine Temperatur zu bringen, die das Material darauf haften lässt, und gleichzeitig die Spannungen im unteren Bereich des Druckobjekts zu verringern. Je nach verwendetem Filament muss das Heizbett für unterschiedliche Temperaturen sorgen – bei PLA sind es Werte um die 55 °C, bei ABS um 115 °C –, damit das Druckmaterial ausreichend fest auf dem Untergrund haftet. Diese Temperaturen müssen sowohl vom Heizbett als auch vom Druckbett ausgehalten werden, was nicht in jedem Fall selbstverständlich ist.

Des Weiteren stellt sich bei der konkreten Umsetzung eines Heizbetts die Frage, wie diese Hitze produziert werden soll. Rein theoretisch könnte man die Wärme durch Infrarotstrahlung oder durch offenes Feuer produzieren, wesentlich praktischer ist jedoch die Nutzung von elektrischer Energie. Aber auch die gibt es in unterschiedlichen Spannungen, dabei üblich sind 12 V oder 220 V. In der Folge ergeben sich für das Heizbett etliche Bauformen, die alle jeweils ihre spezifischen Vor- und Nachteile aufweisen. Die wichtigsten werden im folgenden Kapitel behandelt.

Heizbett aus Widerständen

Vor allem zu Beginn der Entwicklung von Open-Source-3-D-Druckern wurden Heizbetten mithilfe von Leistungswiderständen konstruiert. Die Widerstände wurden auf einer Metallplatte angebracht und kurzgeschlossen, sodass diese sich aufheizten. Da es Leistungswiderstände waren und deren Erwärmung im laufenden Betrieb durchaus normal ist, halten die elektronischen Bauteile diese Belastung aus und geben ihre Wärme an die mit ihnen verbundene Metallplatte ab, die sich dann aufheizt.

Ein Temperatursensor (ein sogenannter Thermistor) misst fortwährend die Temperatur des Heizbetts, und die Elektronik des 3-D-Druckers schickt mehr oder weniger Strom durch die Widerstände, wodurch die Temperatur geregelt wird. Auf diese Weise kann man mit relativ einfachen Mitteln ein günstiges Heizbett herstellen, das stufenlos regelbar ist und den Grundanforderungen genügt. Der große Nachteil dieses Verfahrens ist jedoch, dass die Temperatur auf dem Druckbett erheblich schwankt. Direkt unterhalb eines Leistungswiderstands ist die Temperatur viel höher als in den Bereichen dazwischen, wodurch das Druckmaterial unterschiedlich gut haftet und es auch zu Spannungen kommen kann. Eine geeignete Temperatur zu finden, die dafür sorgt, dass das Druckmaterial überall gleich gut haftet, ist daher oft schwieriger als mit anderen Methoden.

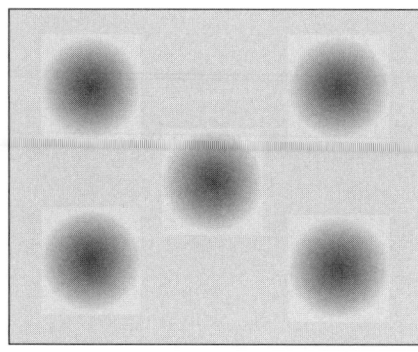

Bild 5.2: Unregelmäßiger Hitzeverlauf in einem Heizbett aus Widerständen

Dieses Verfahren wird daher heute eigentlich kaum noch für Heizbetten eingesetzt, da es mittlerweile bessere und annähernd ebenso günstige Methoden gibt.

Platinen-Heizbett

Um die eben beschriebenen Probleme zu bekämpfen und eine gleichmäßige Wärmequelle für das Druckbett herzustellen, die gleichzeitig auch noch bezahlbar ist, hat Josef Prusa, ein verdienter tschechischer RepRap-Aktivist, von dem auch der Mendel-Prusa-Drucker stammt, eine Idee aus der Open-Source-Gemeinde aufgenommen und weiterentwickelt:

Er ätzte Heizelemente in eine handelsübliche Elektronikplatine und setzte sie dann unter Strom, worauf sie sich gleichmäßig über die gesamte Fläche erwärmte. Da für ein Heizbett nicht übertrieben hohe Temperaturen erreicht werden müssen, reicht diese Lösung vollkommen aus, und das Prinzip wurde bald vom Großteil der 3-D-Drucker-Entwickler übernommen. Sicherlich ist dies die am weitesten verbreitete Art, das Druckbett zu beheizen. Das Original-Heizbett von Josef Prusa – in der RepRap-Gemeinde inoffiziell als Mark1 (MK1) bezeichnet – besteht aus einer kupferbeschichteten Elektronikplatine, die 21,4 cm im Quadrat groß ist und einen aktiven Heizbereich von 20 x 20 cm hat. Am Rand weist sie vier Löcher auf, mit denen sie sich gut befestigen lässt. Sie verfügt zudem noch über zwei verpolungssichere Leuchtdioden, die anzeigen, ob das Heizbett gerade mit Strom versorgt wird, sowie über eine Möglichkeit, das Stromkabel anzulöten. Natürlich ist nichts so gut, als dass man es nicht noch verbessern könnte, und so wurden von der Open-Source-Gemeinde ein paar Änderungen hinzugefügt. Damit waren MK2 und MK2a geboren, die, verglichen mit dem MK1, noch ein mittiges Loch für den Temperatursensor und zudem eine bessere Kontaktoberfläche zum Anlöten der Stromkabel bieten.

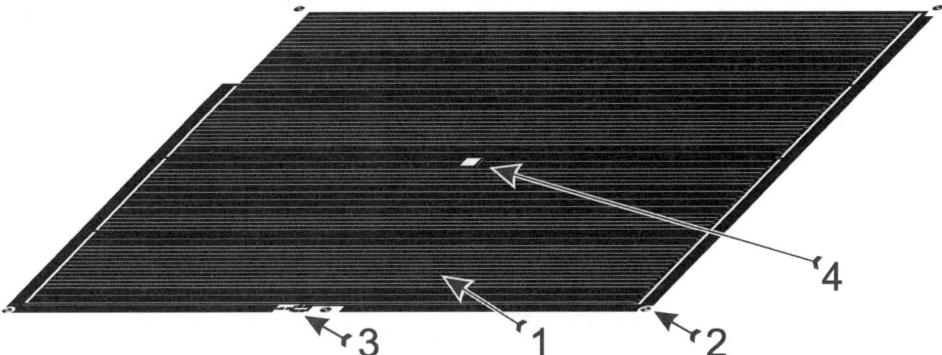

Bild 5.3: Eine Heizplatine mit Heizstreifen (1), Befestigungslöchern (2), Strom- und LED-Anschlüssen sowie einer Aussparung für den Thermistor (4).

In der folgenden Entwicklung wurden dann noch weitere Ableger erfunden, die sich aber meistens am MK2 orientierten: So gibt es das MK2b, das sich vor allem dadurch auszeichnet, dass es neben den 12 V auch noch einen Modus für 24 V (mit erhöhtem Widerstand) bietet. Ebenfalls interessant ist sicherlich das MK3-Alu-Heizbett, das ebenso mit 12 V oder 24 V betrieben werden kann, in seinem Inneren aber einen Alukern hat, der zum einen die Wärme besser leitet als das sonst verwendete Platinenmaterial, zum anderen aber auch für mehr Stabilität und Verwindungssteifigkeit sorgt.

> **Einfach und günstig**
> Das Platinen-Heizbett ist die am einfachsten zu realisierende Form eines Heizbetts für 3-D-Drucker und hat sich daher sehr weit verbreitet. Es hat den Vorteil, dass es recht günstig, fix und fertig zu kaufen und auch relativ leicht einzubauen ist.

Silikon-Heizmatte

Eine weitere Methode ist die Verwendung von Silikon-Heizmatten. Hierbei handelt es sich um Heizelemente, die im Wesentlichen aus drei Schichten bestehen: Die mittlere nimmt die Heizung auf, während die äußeren den Drucker gegen die Umwelt isolieren. Die Heizung besteht entweder aus einer Vielzahl von dünnen Heizdrähten, die eng aneinandergelegt werden, oder aber – ähnlich dem Platinen-Heizbett – aus Strukturen, die aus einer durchgehenden Metallschicht herausgeätzt wurden.

Silikonmatten haben im Allgemeinen den Vorteil, dass sie flexibel sind und sich auch gekrümmten Formen anpassen können, solange diese flächig sind. Dies ist für 3-D-Drucker zwar weniger entscheidend, darüber hinaus bieten Silikonmatten aber noch den Vorteil, dass auch sie die Wärme gleichmäßig über die Fläche verteilen und bis zu 200 °C im Dauerbetrieb genutzt werden können. Da Silikon-Heizmatten schon länger für den industriellen Bedarf gefertigt werden, sind sie auch technisch meist ausgereifter als die umfunktionierten Platinen-Heizbetten und haben so mehr

Heizleistung. Daraus ergeben sich eine kurze Aufheizzeit und die Möglichkeit, auch die für ABS notwendigen Temperaturen gut zu erreichen. Zudem sind sie, ebenso wie Platinen-Heizbetten, relativ einfach zu montieren, und auch ihr Gewicht ist nicht allzu hoch, sodass das Druckbett insgesamt nicht übermäßig schwer wird. Schwieriger wird es da schon, eine Heizmatte im richtigen Format zu finden. Die Möglichkeit, einen Temperatursensor in die Mitte des Druckbetts zu platzieren, ist mangels eines Lochs in der Mitte meistens ebenfalls nicht gegeben. Preislich sind Silikonmatten mit ca. 100 Euro für eine 20 x 20 cm große Matte zwar erschwinglich, aber nicht unbedingt günstig zu nennen.

Der größte Nachteil jedoch ist, dass Silikon-Heizmatten meistens mit 220 V arbeiten. Das ist eine lebensgefährliche Spannung, sodass man besondere Vorsicht walten lassen muss, denn andere Teile des Druckers sind ja nicht selten aus Metall und damit leitend. Die Gefahr, durch einen Konstruktionsfehler einmal 220 V an das Gehäuse zu legen, ist durchaus gegeben und sollte wirklich ernst genommen werden! Selbst wenn man es sich zutraut, diese Spannung sicher zu beherrschen, bleibt immer noch die Notwendigkeit, die Silikon-Heizmatte durch einen Thermostat so zu regeln, dass sie die gewünschte Temperatur erreicht und hält. Was normalerweise die übliche Elektronik für 3-D-Drucker schon von Haus aus mitbringt, ist für eine 220-V-Heizmatte nicht geeignet, da in der Regel nur 12-V-Heizungen angesprochen werden. Man ist also gezwungen, eine eigene Thermostatregelung zu konstruieren, die dann unabhängig von der 3-D-Drucker-Elektronik arbeitet. Das wiederum hat den Nachteil, dass die Heizmatte nicht automatisch mit dem Druckstart beheizt wird, sondern in der Regel von Hand an- und abgeschaltet werden muss. Vereinzelt gibt es aber Anbieter, die auch Silikon-Heizmatten für 12 V und in einer geeigneten Größe (20 x 20 cm) anbieten. Diese haben beispielsweise eine Leistung von 250 W und lassen sich genau so anschließen wie eine Platinenheizung.

Carbon-Heizbett

Noch etwas exotischer als Silikon-Heizmatten sind Carbon-Heizbetten. Diese bestehen aus einem speziellen und recht dünnen Kohlefasergewebe, das als Deckschicht auf einen Kern aufgebracht wird, der zum größten Teil Luft beinhaltet und daher sehr gut isoliert. Wird jetzt Strom durch die Kohlefasern geleitet, erwärmen sich diese und geben die Hitze schnell an die Umgebung ab. Der Vorteil eines solchen Heizbetts ist, dass es sehr leicht ist und sich sehr schnell aufheizt und auch wieder abkühlt. Zudem dehnt es sich unter Wärme kaum aus. Allerdings ist es derzeit recht schwer, an ein solches Heizbett zu kommen, und auch der Preis liegt im Bereich der Silikon-Heizbetten.

Berechnung der Leistung eines Heizbetts

Haben Sie nun ein beliebiges Heizbett gekauft und möchten wissen, ob die Leistungsfähigkeit Ihres Netzteils hierfür ausreicht, lässt sich das anhand des ohmschen Gesetzes berechnen – und zwar auf folgende Weise:

Zuerst einmal messen Sie aus, wie viel Widerstand Ihr Heizbett hat. Hierfür benötigen Sie ein handelsübliches Multimeter, das Sie so einstellen, dass es Widerstände im einstelligen Bereich misst. Damit messen Sie jetzt den Widerstand zwischen Plus- und Minuspol des Heizbetts. Nehmen wir einmal an, Sie erhalten als Wert 1,9 Ohm. Nehmen wir weiterhin an, dass Sie Ihr Heizbett mit 12 V betreiben. Dann wenden wir das ohmsche Gesetz an:

$$R = \frac{U}{I}$$

R steht für den elektrischen Widerstand (in unserem Fall also 1,9 Ohm), U für die Spannung (bei uns sind es 12 V), und I steht für die von uns gesuchte Stromstärke, die in Ampere gemessen wird. Tragen wir nun einmal die Werte ein:

$$1{,}9\,\Omega = \frac{12\,V}{x}$$

Und wandeln wir die Formel so um, dass das x auf einer Seite der Gleichung steht:

$$1{,}9\,\Omega = \frac{12\,V}{x} \quad 1{,}9\,\Omega * x = 12\,V \rightarrow x = \frac{12\,V}{1{,}9\,\Omega} \rightarrow x = 6{,}315\,A$$

Durch unser Heizbett fließt also ein Strom von 6,315 A – eine ganze Menge! Leichter zu fassen ist das, wenn man diesen Wert noch in die Leistung umrechnet:

$P = U * I = 12\,V * 6{,}315\,A = 75{,}78\,W$

Bei 12 V fließen also durch unser Heizbett um die 75 W – damit können Sie eine ganz ansehnliche Glühbirne betreiben, ungefähr sieben gleich starke Leuchtstoffröhren, einen ausgewachsenen Kühlschrank, einen mittleren Fernseher oder diverse andere Geräte. Das ist keine Kleinigkeit, und man sollte vorsichtig damit umgehen – Stichwort Brandgefahr!

Dennoch kann es vorkommen, dass 75 W für ein Heizbett noch nicht ausreichen, beispielsweise wenn Sie eine Glasplatte verwenden und mit ABS drucken möchten (hier sind dann um die 120 °C notwendig). Natürlich kann man jetzt ein Heizbett wie das MK2b verwenden, das zwei Heizelemente in sich trägt und somit zweimal 75 W produziert. Es geht aber auch anders – wenn man sich die Formel einmal ansieht, kann man erkennen, dass man auch den Widerstand oder die elektrische Spannung verändern kann. Möchte man den elektrischen Widerstand verändern, müsste man das Heizbett allerdings in seinem Design abwandeln und damit auch selbst herstellen – ein relativ schwieriges Unterfangen. Viel leichter hingegen ist es, die Spannung für das Heizbett zu erhöhen. Netzteile, die 19 V oder 24 V als Ausgangsspannung haben und auch die notwendige Stromstärke liefern können, muss man zwar etwas suchen, sie sind aber im Internet gut zu beziehen. Schauen wir doch einmal, was passiert, wenn wir mit 24 statt 12 V arbeiten:

$$x = \frac{24\ V}{1{,}9\ \Omega} \rightarrow x = 12{,}631\ A \text{ und damit } 24\ V * 12{,}631\ A = 303{,}15\ W$$

Wie Sie unschwer erkennen können, haben wir jetzt nicht plötzlich nur die doppelte Leistung, sondern gleich die Vierfache!

Bei 303 W Leistung muss man wirklich ganz gehörig aufpassen, dass einem nicht nur die Objekte nicht wegschmelzen, sondern auch, dass nicht gleich das ganze Haus abbrennt – eine Beaufsichtigung des Geräts und ein griffbereiter Feuerlöscher sind dringend anzuraten!

Aber von diesem Aspekt einmal abgesehen, ergeben sich durch die Verwendung einer höheren Spannung durchaus Vorteile: Zum einen werden Temperaturen erreicht, die man mit 12 V nur sehr schwer erreichen kann. Mit einem 24-V-Heizbett und einem ausreichend leistungsfähigen Netzteil kann man auch schon dickeres Glas (das ja häufig als Druckbett verwendet wird) auf Temperaturen bringen, die für ABS geeignet sind (120 °C). Zum anderen werden diese Temperaturen auch in schnellerer Zeit erreicht – Sie müssen also schlicht und einfach nicht so lange warten, bis der Drucker starten kann. Außerdem müssen die Kabel zum Heizbett nicht mehr so dick sein, da nun eine höhere Spannung und weniger Strom transportiert wird. Natürlich bringt das neben der Brandgefahr auch weitere Nachteile mit sich, beispielsweise wird das Druckbett durch das Heizbett sehr schnell aufgeheizt, wodurch sich Spannungen bilden können – auf diese Weise haben wir schon sehr interessante Sprungmuster auf unsere Druckbett-Glasplatten »gezaubert«. Dem kann man aber mithilfe moderner Firmware wie z. B. Marlin entgegenwirken, die in der Lage ist, das Heizbett langsamer aufzuheizen. Außerdem verfügen einige Heizplatinen auch über einen 24-V-Modus, der mehr Widerstand bietet, was die Heizleistung dann wieder auf leichter beherrschbare Werte absenkt.

5.3 Das Druckbett

Wie wir ja schon festgestellt haben, muss das Druckbett ausreichend groß und in der Lage sein, das Gewicht unseres Objekts und höhere Temperaturen auszuhalten. Vor allem muss es aber eine gute Haftung für das Objekt bieten. Diese Anforderungen sind nicht ganz trivial und hängen auch nicht selten von dem verwendeten Druckmaterial ab. Daher gibt es verschiedene Lösungen, die sich teilweise auch kombinieren lassen.

PCB und Kapton

Eine der einfachsten und am längsten erprobten Varianten ist es, ein Platinen-Heizbett mit einem temperaturfesten Klebeband zu versehen und dann direkt darauf seinen Ausdruck zu starten. Das hierbei am meisten zum Einsatz kommende Klebeband ist Kapton (z. B. Tesa® 51408). Es bleibt über einen großen Temperaturbereich (–273 bis +400 °C) stabil und verformt sich kaum. Es besteht aus einem Polyimid-Kunststoff und wird gern in der Luft- und Raumfahrt eingesetzt – schon im Apollo-Programm wurde es als Isolator verwendet, und seine mechanische und thermische Stabilität sowie seine hohe Durchlässigkeit für Röntgenstrahlung prädestinieren es für den Einsatz bei Röntgendetektoren.

In der 3-D-Drucker-Szene erfreut sich dieses Hightechmaterial einer großen Beliebtheit, weil man damit in der Lage ist, auf unkomplizierte Weise auch heiße Gegenstände zu befestigen (zum Beispiel Kabel am Hotend). Eine weitere Eigenschaft ist aber, dass das für den 3-D-Druck häufig verwendete ABS-Plastik sehr gut auf Kapton haftet, wenn dieses auf ca. 120 °C erwärmt wurde. Da es zudem als Klebeband relativ dünn ist und eine ebene Oberfläche aufweist, kam man schnell auf die Idee, dieses Kapton-Band direkt auf die weitverbreiteten PCB-Heizplatinen zu kleben. Wenn man dann direkt auf dieses Kapton-Band druckt, hat das den Vorteil, dass die Hitze der Heizplatine ohne große Umwege direkt an das Objekt herangeführt wird und man so auch die relativ hohen Temperaturen für ABS erreichen kann.

Allerdings hat das Verfahren auch seine Nachteile: Das Kapton-Band ist ja nur mit einer relativ dünnen Klebeschicht auf der Platine befestigt und kann sich so relativ leicht lösen. Vor allem, wenn man das fertige Druckobjekt von der Oberfläche löst, wird das Kapton-Band recht stark belastet, sodass es als Druckoberfläche nur eine begrenzte Lebensdauer erreichen kann. Auch kann es bei unsauberer Druckbett-Justage passieren, dass der Druckkopf das Kapton-Tape berührt und beschädigt. Allerdings ist der Austausch des Kapton-Bands auf der Druckoberfläche nicht allzu kompliziert. Ein anderer Nachteil ist, dass die Oberfläche der Heizplatine relativ uneben ist und sich die Platine bei unsachgemäßer Verankerung und mit dem ganz normalen Erwärmen während des Druckvorgangs auch verbiegen kann und so eine Wölbung entsteht, die das Druckbild negativ beeinflusst.

Glasbett

Eine ebenfalls sehr verbreitete Methode ist es, eine PCB-Heizplatine in Verbindung mit einer Glasscheibe zu verwenden. Vor allem, wenn man mit PLA arbeiten möchte, eignet sich Glas als Objektträger besonders gut, da PLA auf Glas schon ab einer relativ niedrigen Temperatur von ca. 55 °C sehr gut haftet – so gut, dass man manchmal schon fast Gewalt anwenden muss, will man es wieder davon lösen. Der Aufbau eines solchen Glasbetts ist relativ einfach: Auf die Heizplatine wird einfach ein geeignetes Glas befestigt, das durch die Heizplatine aufgewärmt wird. Da die Platine nun auch ein ansehnliches Volumen an Glas – was zudem noch ein recht guter Isolator ist –

erwärmen muss, können durch diese Konstruktion nicht mehr ganz so hohe Temperaturen erreicht werden – für PLA ist es genug, für ABS reicht die Heizleistung oft nicht mehr aus.

Der Druckkopf druckt dann auf dieses Glas, das aufgrund seiner Herstellung bereits eine annähernd perfekte Oberfläche hat und sich auch kaum durchbiegt. Durch die hohe Haftfähigkeit von PLA an Glas passiert es äußerst selten, dass sich ein Objekt vom Druckbett löst – und geschieht das dennoch, ist häufig eine falsche Kalibrierung des Betts daran schuld. Natürlich hat ein Glasbett auch Nachteile, und einer davon ist gleichzeitig sein größter Vorteil: Die Objekte haften derart gut, dass es zum Teil sehr schwierig ist, sie wieder vom Objektträger zu lösen. Ein ungeduldiger 3-D-Enthusiast und Buchautor, der namentlich nicht genannt werden möchte, hat es durchaus schon geschafft, Teile seines Druckers bei einer Objektlöseaktion zu demontieren und zu verbiegen.

Glücklicherweise treten beim Abkühlen des Druckbetts thermische Spannungen sowohl im Glas als auch im Objekt auf, wodurch sich das Objekt in den meisten Fällen nach einiger Zeit mit einem Knack ganz allein von der Oberfläche löst.

Ein weiterer Nachteil ist, dass das Glasbett ein relativ hohes Gewicht hat, das durch den Drucker auch bewegt werden muss. Und letztlich muss man bei der Auswahl des Glases auch dafür Sorge tragen, dass das Glas die Temperaturen von 55 °C oder mehr auch aushält – einfaches Bilderrahmenglas kann hierbei in schöne Formen zerspringen, die aber nicht wirklich für den weiteren Betrieb geeignet sind.

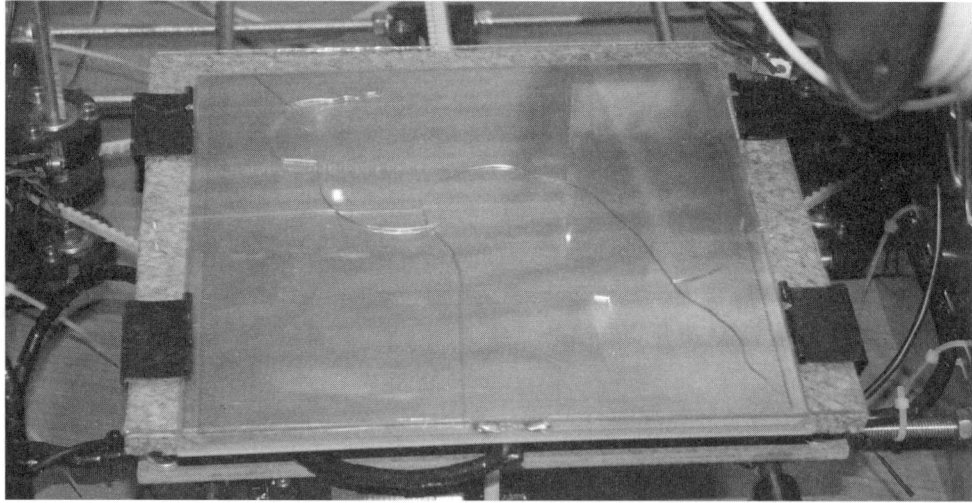

Bild 5.4: Zu schnelle Erwärmung von ungeeignetem Glas kann zu Sprüngen führen.

Lochrasterplatine

Eine weitere Methode, um die nötige Haftung auf dem Druckbett zu erreichen, ist, eine Lochrasterplatine aus der Elektronik zu verwenden.

Das Prinzip dahinter ist relativ einfach: Das flüssige Plastik fließt in die Zwischenräume der Lochrasterplatine, kühlt dort ab und verfestigt sich. Das Plastik krallt sich dort quasi fest und bildet eine feste Verbindung zwischen Objekt und Druckbett.

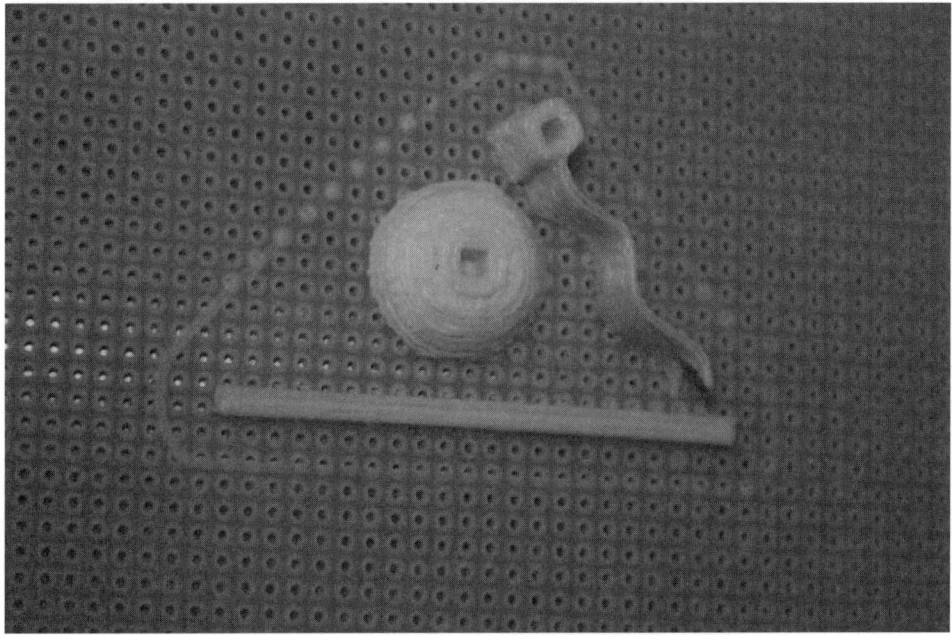

Bild 5.5: Auf Lochrasterplatinen kann auch ohne Heizbett mit ABS gedruckt werden.

Das kann man recht gut sehen, wenn man das Objekt von der Lochrasterplatine entfernt – man sieht viele kleine Noppen, die das Objekt in der Lochrasterplatine verankern. Dieses Verfahren funktioniert auch ohne beheiztes Druckbett. Es hat aber den Nachteil, dass die Unterseite des Objekts weniger formschön ist. Wenn man aber einen Raft benutzt – eine Stützkonstruktion, die das Objekt einige Schichten in die Höhe hebt und die nach dem Druckvorgang vom Objekt abgelöst wird –, sind diese Noppen nur am Raft und werden mit ihm abgelöst. Die einfachsten Lochrasterplatinen sind für diese Zwecke vollkommen ausreichend, eine Kupferbeschichtung ist nicht notwendig, stört aber auch nicht. Praktischerweise sind Lochrasterplatinen auf höhere Temperaturen ausgelegt (denn auch ein Lötkolben hat Temperaturen bis zu 400 °C), sodass man auch ABS darauf drucken kann.

5.4 Montage eines Druckbetts

Wie baut man jetzt aus den verschiedenen Teilen ein brauchbares Druckbett zusammen? In der Open-Source-Gemeinde haben sich vornehmlich zwei Richtungen herausgebildet, die wir an dieser Stelle aufzeigen.

- Aufbau eines Druckbetts nur mit einer Heizplatine, der meistens für ABS-Ausdrucke verwendet wird.
- Aufbau mit Heizplatine und Glas, der besser für PLA-Ausdrucke geeignet ist.

Heizplatinen-Druckbett

Der Aufbau eines Heizplatinen-Druckbetts ist sehr einfach:

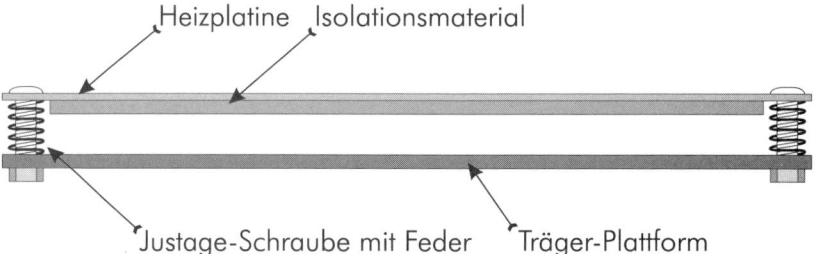

Bild 5.6: Ein einfaches und leichtes Heizplatinen-Druckbett.

Die Heizplatine wird an ihren vier Enden mit jeweils einer Schraube auf der Trägerplattform verankert. Während der Schraubenkopf oben auf der Platine sitzt, hält eine Mutter die Schraube an der Trägerplattform fest. Eine Feder drückt Plattform und Heizplatine auseinander. Das hat zwei Vorteile: Zum einen gibt die Heizplatine unter Druck nach, wenn beispielsweise der Druckkopf einmal zu tief herunterfährt. Zum anderen ist es möglich, durch Drehen der Mutter das Druckbett zu justieren. Damit die Heizplatine nicht allzu viel ihrer Wärme an die Umgebungsluft abgibt, wird häufig unterhalb der Platine noch ein Isolationsmaterial angebracht – hier sollte darauf geachtet werden, dass das Material nicht feuergefährlich ist und sich bei Temperaturen von bis zu 150 °C nicht nennenswert verändert. Neben dem einfachen Aufbau hat diese Art des beheizten Druckbetts den großen Vorteil, dass wenig Masse erwärmt werden muss und damit recht hohe Drucktischtemperaturen von bis zu 150 °C möglich werden – genug, um die empfohlene Druckbetttemperatur von ABS zu erreichen, die bei 120 °C liegt.

Leider hat diese Konstruktion einen entscheidenden Nachteil: Die Heizplatine hängt frei in der Luft, nur an ihren vier Ecken fixiert. Da eine Platine nicht für diesen Zweck konstruiert wurde, folgt sie leider der Schwerkraft und hängt in der Mitte durch. Auch wenn das nur Bruchteile eines Millimeters sind, ist das für unseren Drucker nicht gut, denn er arbeitet mit sehr geringen Schichthöhen.

5.4 Montage eines Druckbetts

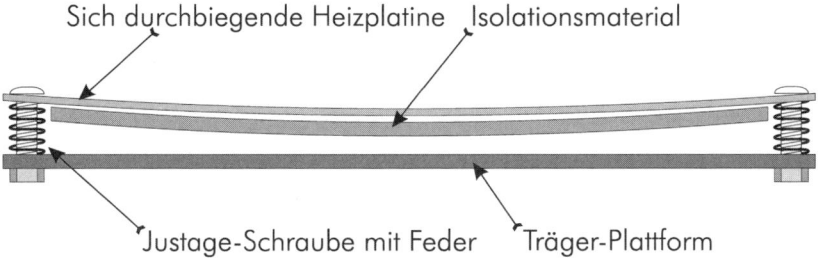

Bild 5.7: Schon geringe Verformungen können den Ausdruck unmöglich machen.

Schaltet man jetzt noch das Heizbett ein, erwärmt sich das Kupfer der Platine und dehnt sich aus. Das Platinenmaterial selbst tut das nicht im selben Umfang wie das Kupfer, sodass Spannungen in der Platine auftreten und sie nochmals wölben. Diese temperaturbedingte Wölbung ist um einiges stärker als die der Schwerkraft, sodass sich durchaus Unterschiede von 1 mm und mehr von der Mitte zum Rand hin ergeben können – für einen genauen Ausdruck ist das untragbar. Daher wird oft eine Glasplatte zur Stabilisation verwendet.

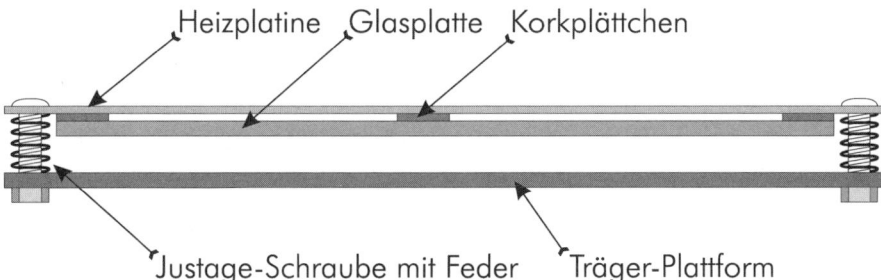

Bild 5.8: Verwendung einer Glasplatte zur Stabilisation.

Diese Glasplatte wird unterhalb der Heizplatine angebracht und dient mit ihrer sehr geraden Oberfläche der Heizplatine als Stütze. Zwischen Glasplatte und Heizplatine werden kleine Korkplättchen (1 bis 2 mm) geklebt – an jeder Ecke der Heizplatine eines und noch ein weiteres in der Mitte. Auf diese Weise wird die Heizplatine an fünf Stellen mit der Glasplatte verbunden, sodass sie immer den gleichen Abstand haben. Da sich Glas in unserem Temperaturbereich kaum verändert, bleibt die Heizplatine trotz Schwerkraft und thermischer Verformung eben, und wir können unsere Ausdrucke problemlos darauf ausführen. Leider hat diese Methode natürlich den Nachteil, dass eine relativ schwere Glasplatte zusätzlich von den Motoren des Druckers bewegt werden muss. Wenn man aber die Dicke der Glasplatte nicht übertreibt – 3 mm sind ein guter Kompromiss zwischen Gewicht und Stabilität –, hält sich die Gewichtszunahme in technisch beherrschbaren Grenzen.

Glas-Druckbett

Ein Glas-Druckbett nutzt den Umstand aus, das PLA auf Glas schon bei einer Temperatur von 55 °C gut haftet. Wer also vorhat, vornehmlich mit PLA zu drucken, ist mit dieser Konstruktion besser beraten:

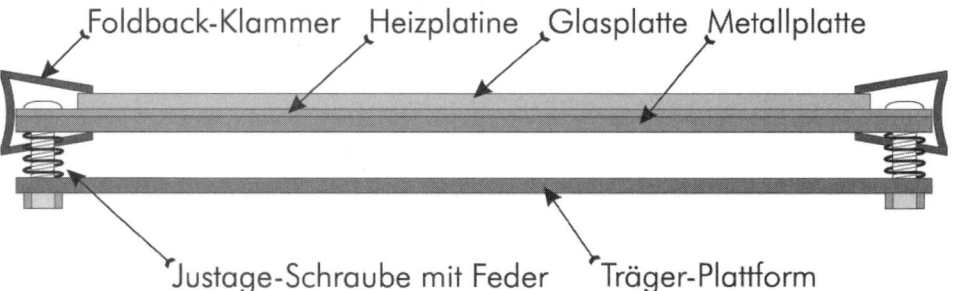

Bild 5.9: Das Glas-Druckbett eignet sich besonders gut für PLA.

Das Glas-Druckbett ist im Prinzip ähnlich aufgebaut wie das Heizplatinen-Druckbett: Eine Heizplatine wird auf federbesetze Schrauben gesetzt, die wie zuvor das Justieren ermöglichen sowie unter Druck nachgeben, sobald der Druckkopf einmal zu tief fährt. Das ist gerade bei der Verwendung von Glas von großem Vorteil, da so viel seltener Glasbruch auftritt. Das Glas sitzt aber diesmal auf der Heizplatine und wird von sogenannten Foldback-Klammern darauf festgehalten. Das hat den Vorteil, dass man zum einen das Glas relativ unkompliziert auf der Trägerplattform befestigen kann und zum anderen es relativ einfach abnehmen kann, sodass die darunterliegende (eventuell auch mit Kapton-Band belegte) Heizplatine freiliegt und bedruckt werden kann. So kann man PLA auf das Glas drucken und für ABS-Drucker das Glas einfach abnehmen.

Bild 5.10: Foldback-Klammern gibt es in verschiedenen Größen im Künstlerfachhandel.

5.4 Montage eines Druckbetts

Unter der Heizplatine wird meistens eine Metallplatte angebracht, die die Aufgabe hat, die Heizplatine zu tragen und zu verhindern, dass sie sich wölbt, damit den Kontakt zur Glasplatte verliert und so weniger Wärme an das Glas abgibt. Sicher eignen sich auch andere Materialien hierfür, aber Metall ist relativ einfach zu bearbeiten und verändert sich durch die Temperaturen nicht. Der Vorteil, relativ bequem zwischen ABS- und PLA-Druckbett wechseln zu können, hat natürlich einen gewissen Reiz. Leider erkauft man sich das durch eine recht schwere Konstruktion und damit verbunden mehr Arbeit für die Motoren und langsamere Druckgeschwindigkeit. Ein Problem, das bei diesem Aufbau bei uns aufgetreten ist, hat uns von dieser Konstruktionsweise Abstand nehmen lassen: Die Foldback-Klammern müssen relativ groß sein, denn sie müssen die Glasplatte, die Heizplatine und die Trägerplattform umfassen können – dabei erreicht man je nach Materialstärke schnell eine Dicke von annähernd 1 cm. Diese großen Foldback-Klammern sind aber so stark, dass sie in der Lage sind, das Glas durchzubiegen!

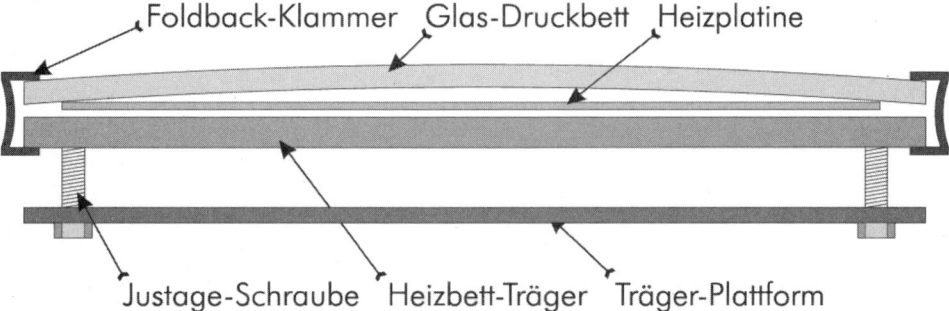

Bild 5.11: Foldback-Klammern können das gesamte Druckbett verbiegen.

Natürlich ist der Effekt nicht besonders stark, wir haben ihn optisch kaum wahrgenommen und konnten es anfangs auch erst gar nicht glauben, da unsere Glasplatte mit 4 mm recht stark war. Wenn man aber versucht, Objekte mit Schichthöhen von 0,1 mm oder darunter auszudrucken, stellt man schnell fest, dass man kaum in der Lage ist, eine durchgehende erste Schicht, die ja so wichtig für die Haftung ist, auf das Druckbett zu bringen. Am Rand des Druckbetts waren die Schichten dicker als in der Mitte. Es mussten erst mehrere Schichten ausgedruckt werden, bis dieser Effekt nicht mehr sichtbar war und sich endlich eine gerade Druckebene gebildet hatte. Aufgrund dieses Problems haben wir das gesamte Druckbett umgestaltet. Die Idee dahinter war, das Glas, das ja schon fertigungstechnisch bedingt nahezu eine perfekte Oberfläche besitzt, als Ausgangspunkt zu verwenden und nicht zuzulassen, dass dieses Glas irgendwelchen unkontrollierten Spannungen unterliegt. Wir haben dazu die Justage-Schrauben mit einem hitzebeständigen Zweikomponentenkleber direkt auf die Glasplatte geklebt. Auch die Heizplatine wurde am Rand mit der Glasplatte mit einem Zweikomponentenkleber verbunden, und darunter wurde noch eine Isolationsschicht aus Kork befestigt.

5 Das Druckbett

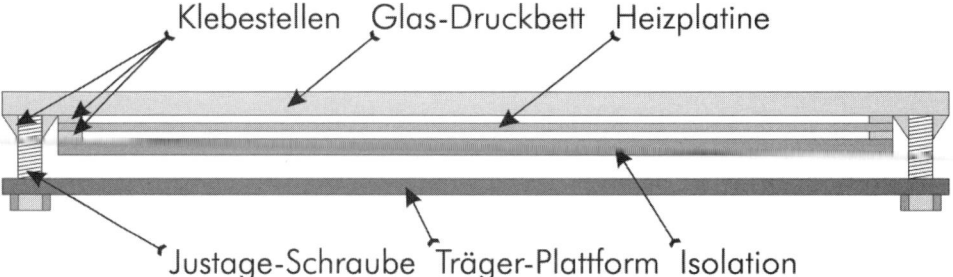

Bild 5.12: Keine Verformung hingegen, wenn das Glas als Ausgangspunkt genutzt wird.

Die Glasplatte ist damit jetzt Träger der gesamten Druckbett-Konstruktion. Die Kraft, die auf die Glasplatte einwirkt, ist nun aber deutlich geringer, lediglich das geringe Gewicht der Heizplatine und des leichten Isolationsmaterials muss sie noch aushalten – kein Problem, da zudem die Klebestellen nur am Rand liegen und so günstige Kräfteverhältnisse herrschen. Natürlich hat diese Konstruktion auch Nachteile: Die Elemente des Druckbetts sind durch den Klebstoff fest miteinander verbunden und lassen sich nur schwer wieder voneinander trennen. Ein schneller Wechsel der Glasplatte ist dadurch nicht mehr möglich, gegebenenfalls muss man durch diese Konstruktion auf das Drucken von ABS verzichten, denn oft reicht die Leistung der Heizplatine nicht aus, das Glas auf ABS-Temperaturen zu erhitzen. Dennoch hat sich die Konstruktion bei uns bewährt, denn nach sorgfältiger Justage des Druckbetts waren wir in der Lage, Schichten von bis zu 0,05 mm korrekt auszudrucken.

5.5 Kalibrierung des Druckbetts

Das Druckbett eines 3-D-Druckers richtig zu kalibrieren, ist eine Wissenschaft für sich. Ist das Druckbett nicht korrekt ausgerichtet, wird die für die Haftung so wichtige erste Schicht entweder in die Luft gedruckt, oder aber der Druckkopf fährt in das Druckbett hinein und beschädigt dabei sich selbst oder das Druckbett. Wenn Letzteres aus Glas besteht, ist ein Sprung darin fast unausweichlich. Selbst wenn der Ausdruck anfangs doch am Druckbett festklebt, wird er automatisch schief, und häufig löst sich das Objekt während des Drucks vom Bett. Eine gute Justage des Druckbetts ist also unausweichlich und sollte hin und wieder überprüft und gegebenenfalls korrigiert werden, denn bei den starken Vibrationen, die bei den Ausdrucken auftreten, verstellt sich das Druckbett gern einmal. Anzeichen dafür, dass Sie das Druckbett wieder einmal kalibrieren sollten, sind:

- Das Objekt löst sich während des Druckvorgangs vom Bett.
- Die erste Druckschicht wird ungleichmäßig aufgetragen.

- Material sammelt sich um den Druckkopf oder wird von ihm weggeschoben, während die ersten Schichten ausgedruckt werden.
- Der Druckkopf kratzt an einigen Stellen über das Druckbett.

Vorbereitungen

Bevor man an die Kalibrierung geht, muss eine Reihe von Voraussetzungen erfüllt sein:

- Alle Achsen sollten leichtgängig sein und im 90°-Winkel zueinander stehen.
- Das Druckbett sollte in sich absolut flach sein und keine Wölbungen aufweisen.
- Die Endstops des Druckers sollten alle einwandfrei funktionieren.
- Es muss eine Möglichkeit geben, den Endstop der Z-Achse zu verschieben.
- Die Spitze des Hotends sollte frei von Material sein, sodass Sie in der Lage sind, das Hotend direkt und ohne Spalt auf das Druckbett aufzusetzen.

Bereits bei der Konstruktion müssen Sie berücksichtigen, dass alle Achsen leichtgängig sind und im 90°-Winkel zueinander stehen. Je nach Konstruktion Ihres Druckers haben Sie vielleicht die Möglichkeit, die verschiedenen Achsen auch nachträglich noch aufeinander abzustimmen – beispielsweise bei einem Prusa Mendel durch Verschieben der entsprechenden Befestigungen auf der Gewindestange. Achten Sie dabei immer darauf, dass sich die verschiedenen Achsen ganz leicht von Hand bewegen lassen. Ist das an einer Stelle nicht der Fall, kontrollieren Sie die Stellung der Führungsschienen – vermutlich sind sie dann nicht mehr ganz parallel. Nehmen Sie sich für diese Grundausrichtung viel Zeit und arbeiten Sie sorgfältig, denn alle Justage-Schritte bauen aufeinander auf, und sobald Sie einen früheren Schritt korrigieren, müssen Sie alle folgenden ebenfalls überarbeiten. Ein großes Geodreieck, Lineale oder Meterstäbe helfen Ihnen dabei, eine größtmögliche Genauigkeit zu erreichen. Bedenken Sie immer: Sobald Sie einen Fehler in der Einstellung haben, werden auch alle Ihre Ausdrucke diesen Fehler haben. Ganz wichtig für die Justage ist die Möglichkeit, den Endstop für die Z-Achse in gewissen Grenzen verschieben zu können. Da Sie mit Ihrem Drucker Schichthöhen im Zehntelmillimeterbereich erstellen werden, muss das leider recht genau sein. Hier empfiehlt sich sehr ein magnetischer Endstop, der sich nachträglich durch ein Einstellrad verändern lässt. Wenn Sie alle diese Voraussetzungen erfüllt haben, können Sie zur eigentlichen Justage des Druckbetts schreiten. Dazu sollten Sie folgende Werkzeuge zur Hand haben:

- ein Blatt Papier (ein 10 x 10 cm großer Notizzettel genügt) sowie
- einen passenden Schraubenzieher oder Ähnliches zum Anziehen der Justage-Schrauben.

Vierpunktaufhängung

Die meisten Druckbetten sind mit vier Justage-Schrauben auf der Trägerplattform befestigt. Um ein solches Druckbett justieren zu können, sollten Sie zuerst einmal sämtliche Schrauben so anziehen, dass sie ungefähr in der Mitte stehen, Sie also die Möglichkeit haben, nach oben und gleichermaßen nach unten zu korrigieren. Achten Sie dabei darauf, dass Sie das Druckbett nicht übermäßig verbiegen, das kann bei einem Glas-Druckbett schnell mit einem Sprung enden. Besser ist es, diese Grobjustage in mehreren Schritten durchzuführen.

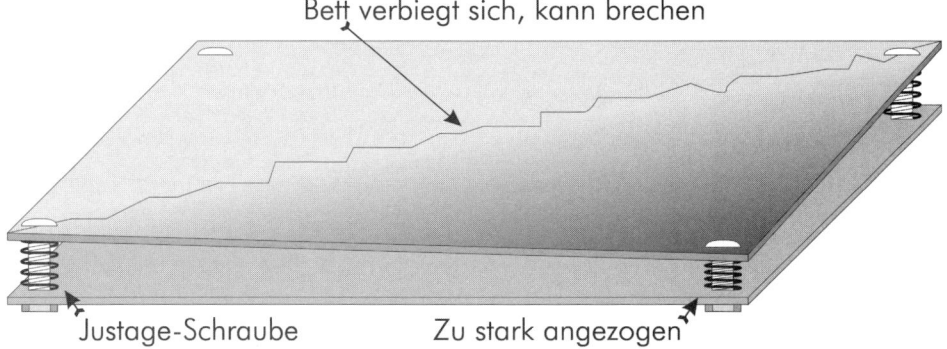

Bild 5.13: Vorsicht bei zu starken Verformungen des Druckbetts!

Wenn Sie alle Justage-Schrauben ungefähr in der Mittelposition haben, sollten Sie den Z-Endstop so verschieben, dass er auslöst, sobald das Hotend auf der Home-Position das Druckbett berührt, oder besser noch, wenn das Hotend kurz darüber ist. Besonders einfach geht das mit einem magnetischen Endstop. Lassen Sie jetzt den Drucker von sich aus die Home-Position anfahren. Dabei empfiehlt es sich, immer eine Hand am Ausschalter des Druckers zu haben, damit im Fall eines Fehlers das Hotend nicht das Druckbett durchbohrt.

5.5 Kalibrierung des Druckbetts

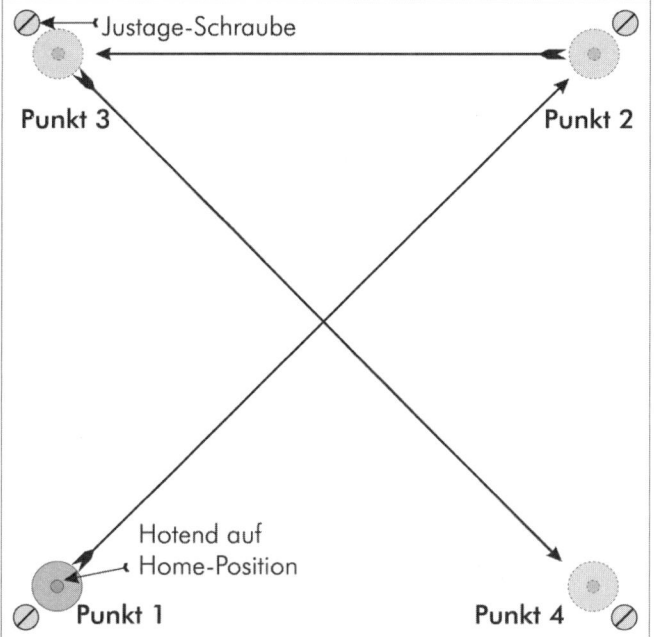

Bild 5.14: Die Reihenfolge der Justage-Punkte bei der Vierpunktaufhängung.

Nehmen Sie das Blatt Papier zur Hand und schieben Sie es zwischen Hotend und Druckbett. Dieses Blatt Papier dient uns jetzt als Abstandsmesser. Es sollte sich, mit einem spürbaren Widerstand, bewegen lassen. Drehen Sie also die Justage-Schraube so, dass sich das Papier zwischen Druckbett und Hotend verschieben lässt, dabei aber eine gewisse Reibung aufbaut. Fahren Sie dann den Druckkopf zur Justage-Schraube in der diagonal gegenüberliegenden Position und verstellen Sie die Schraube so, dass sich eine möglichst ähnliche Reibung zwischen Hotend und Druckbett einstellt. Wenn Sie das geschafft haben, fahren Sie zur nächsten Schraube und wiederholen die Einstellung dort. Das Gleiche folgt noch einmal für die diagonal gegenüberliegende Schraube. Jetzt müssten Sie alle vier Schrauben durchjustiert haben.

Obwohl in der Theorie jetzt alles richtig justiert wurde, ist es in der Praxis meistens nicht so. Wiederholen Sie also den gesamten Justage-Prozess noch einmal, indem Sie in der Home-Position an Punkt 1 nochmals beginnen und wieder alle vier Punkte durchgehen. Sie werden merken, dass es Unterschiede gibt, die jetzt aber deutlich geringer ausfallen. Diesen Vorgang wiederholen Sie so oft, bis Sie selbst mit der Genauigkeit zufrieden sind. Anschließend haben Sie Ihr Druckbett so justiert, dass zwischen Hotend und Drucktisch ein Abstand von der Dicke eines Blatts Papier, also ca. 0,1 mm, besteht. Wenn Sie noch die Möglichkeit haben, den Z-Endstop minimal zu verschieben, können Sie erreichen, dass das Hotend genau auf dem Druckbett aufliegt. Das erreichen Sie am leichtesten, wenn Sie den bereits erwähnten magnetischen Endstop für die Z-Achse installiert haben.

Dreipunktaufhängung

Für die Justage wesentlich angenehmer ist es, wenn man ein Druckbett nicht mit vier, sondern nur mit drei Punkten auf der Trägerplattform befestigt hat. In solch einem Fall ist es nämlich gar nicht möglich, das Druckbett zu verformen, da nur drei Punkte existieren, die sich gegenseitig nicht beeinflussen können. Außerdem müssen Sie in so einem Fall nur drei Schrauben korrigieren, und auch die Anzahl der Justage-Durchgänge reduziert sich im Allgemeinen. Wenn Sie eine Dreipunktaufhängung an Ihrem Drucker haben, gehen Sie im Prinzip genau so vor wie bei der Vierpunktaufhängung:

Sorgen Sie im ersten Schritt dafür, dass alle drei Justage-Schrauben ungefähr in der Mitte stehen, sodass Sie bequem nach oben oder unten korrigieren können. Verschieben Sie anschließend den Z-Endstop so, dass er auslöst, sobald das Hotend knapp über der Home-Position steht. Lassen Sie den Drucker an die Home-Position fahren und nehmen Sie das Blatt Papier zur Hand, das Sie zwischen Druckbett und Hotend schieben. Stellen Sie jetzt die Justage-Schraube so ein, dass sich das Blatt Papier mit einem gewissen Widerstand noch bewegen lässt. Fahren Sie dann eine Stelle des Druckbetts an, die einer Justage-Schraube möglichst nahe liegt, und justieren Sie dann noch einmal. Dasselbe machen Sie abermals mit der letzten Justage-Schraube. Zur Sicherheit sollten Sie diesen Vorgang noch einmal wiederholen, bis Sie mit dem Abstand an jeder Stelle zufrieden sind.

> **Es geht einfacher**
> Eine nette Idee, wie man diesen Vorgang vereinfachen kann, haben Kühling & Kühling mit ihrem RepRap Industrial 3D Printer gezeigt: Dieser besitzt eine Dreipunktaufhängung sowie Justage-Schrauben, die sich so lösen können, dass der Druckkopf selbst in der Lage ist, das Bett herunterzudrücken. Bei der Justage fährt nun der Drucker jede der drei Positionen an und drückt dabei das Druckbett einige Millimeter nach unten. Der Besitzer dieses Geräts muss dann nur noch die Justage-Schrauben wieder fest arretieren – schon hat er sein Druckbett innerhalb von Sekunden korrekt justiert.

5.6 Tipps und hilfreiche Techniken

ABS-Glue

Eine relativ einfache Methode, ABS auf dem jeweiligen Druckbett besser haften zu lassen, ist der sogenannte ABS-Glue. Da sich ABS wunderbar in Aceton auflösen lässt, nimmt man einfach ein wenig vom ABS-Filament und löst es in einer nicht zu großen Menge Aceton auf. Noch besser ist es natürlich, wenn man bereits einen ABS-Fehldruck wiederverwenden kann. Man erhält eine flüssige Masse, die man vielleicht schon einmal beim Eisenbahn-Modellbau gesehen hat – als Kleber für die Plastikmodellhäuser. Dieses Aceton-ABS-Gemisch trägt man dünn mit einem Pinsel auf die Oberfläche des Druckbetts auf und lässt das Aceton verdampfen. Wenn das Druckbett bereits beheizt ist, geht das besonders schnell, was aber nicht immer von Vorteil ist. Sobald das ganze Aceton verdampft ist, hat man auf dem Druckbett eine dünne Schicht ABS, die sehr gut haftet, da sie sich mit dem Druckbett optimal verbunden hat. Auf dieser Schicht kann man nun seinen Ausdruck starten. Natürlich sollte man darauf achten, dass die ABS-Glue-Schicht nicht zu dick ist und möglichst gleichmäßig gerät, sodass sich der Druckkopf nicht durch allzu dicke Stellen »graben« muss. Sollte das doch einmal der Fall sein, kann man die Ausdruckgeschwindigkeit der ersten Schicht deutlich verlangsamen. Auf diese Weise fährt der Druckkopf langsamer über die Oberfläche und schmilzt dabei dickere Stellen der Oberfläche auf, glättet sie und kommt dabei nicht aus dem Tritt.

> **Pinsel wiederverwenden**
> Will man den Pinsel wiederverwenden, empfiehlt es sich, ihn sehr gut mit Aceton auszuwaschen. Besser ist es aber, einen günstigen Pinsel zu verwenden, denn es ist sehr schwierig, die verklebten Haare wieder voneinander zu lösen.

Wie schneidet man Glas?

Will man das perfekte Druckbett bauen, kommt man manchmal an den Punkt, an dem man gezwungen ist, Glas zu schneiden. Für so manch zarte Bürohand ist das eine ungewohnte Tätigkeit, die aber erstaunlich leicht von der Hand geht, wenn man weiß, wie es funktioniert. Die Idee dahinter ist die folgende:

Mit einem Glasschneider wird zuerst das Glas angeritzt, sodass sich eine Vertiefung im Glas bildet. Im zweiten Schritt wird das Glas dann so stark gebogen, dass es bricht. Da man zuvor aber eine Kerbe in das Glas eingearbeitet hat, bricht das Glas nicht an einer beliebigen Stelle, sondern genau dort, wo die Kerbe geritzt wurde. So gesehen ist die Bezeichnung »*Glas schneiden*« eigentlich falsch, vielmehr ist es ein kontrolliertes Brechen[7]. In der Praxis benötigt man im Wesentlichen ein einziges Spezialwerkzeug, den Glasschneider. Diesen bekommt man im Baumarkt oder im Internet in den verschiedensten Ausführungen – einige arbeiten mit Diamanten, die eine sehr feine und gleichmäßige Kerbe produzieren, andere mit speziell gehärteten Stahlrädchen. Welchen Glasschneider Sie verwenden, ist relativ unwichtig, auch mit dem günstigsten Gerät sind Sie in der Lage, einfache Glasarbeiten durchzuführen. Damit sollten Sie mit unter 10 Euro für einen Glasschneider dabei sein.

> **Schutzbrille nicht vergessen**
> Noch ein Wort der Vorsicht: Während aller Glasarbeiten empfiehlt es sich, eine Schutzbrille zu tragen, denn gerade durch das Ritzen können mikroskopisch feine Glassplitter entstehen, die nicht in Ihre Augen gelangen sollten. Auch Ihre Hände sollten geschützt werden, denn bekanntlich ist Glas ja sehr scharf, und es können Splitter entstehen, an denen Sie sich verletzen können. Gerade wenn man wenig Erfahrung beim Glasschneiden hat, sollte man darauf nicht verzichten.

---

[7] Genau wie beim Fliesen. Auch hier wird von Schneiden gesprochen, und es handelt sich um ein kontrolliertes Brechen.

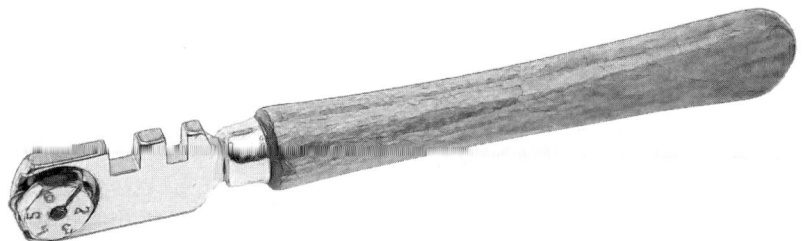

Bild 5.15: Ein einfacher Glasschneider hat ein kleines Stahlrad, das das Glas anritzen kann.

Sollten Sie auf die Idee kommen, ein Teppichmesser, das ja ebenfalls aus gehärtetem Stahl besteht und eine dünne Spitze aufweist, als Glasschneider verwenden zu wollen, werden Sie vermutlich eine Enttäuschung erleben. Ein Teppichmesser ist oft nicht hart genug, und es ist je nach Modell auch schwierig, den notwendigen Druck zum Ritzen aufzubauen. Um Glas zu schneiden, müssen Sie in einem ersten Schritt dafür sorgen, dass Sie eine ebene und nicht nachgebende Arbeitsfläche haben, die sich auch unter moderatem Druck nicht durchbiegt. Auf diese Fläche legen Sie dann die Glasplatte, die Sie schneiden möchten. Nun benötigen Sie noch ein Lineal oder eine andere glatte Kante, an der Sie mit dem Glasschneider entlangfahren können. Richten Sie das Lineal so aus, dass die Spitze des Glasschneiders genau dort liegen bleibt, wo die Bruchstelle des Glases entstehen soll. Seien Sie hier ganz besonders ordentlich und nehmen Sie sich Zeit – wenn Ihnen dieser Schritt misslingt, können Sie die Glasplatte vermutlich wegwerfen.

Nun sollten Sie dafür sorgen, dass sich das Lineal nicht während des Ritzens verschieben kann. Das ist nicht ganz so einfach, denn zum einen ist die Glasplatte so rutschig, dass sich das Lineal schnell darauf verschiebt, zum anderen müssen Sie im nächsten Schritt einen relativ großen Druck auf den Glasschneider ausüben, was ein Verschieben zusätzlich provoziert. Besonders gut eignet sich ein Aluminiumlineal, das auf der Unterseite eine Gummilippe eingearbeitet hat, aber wenn Sie so etwas nicht im Haus haben, können Sie Ihr Lineal auch mit Moosgummi, einem dünnen Spülschwamm oder einem anderen Material unterlegen, sodass die Reibung zwischen Glas und Lineal erhöht wird. Aber auch wenn die Reibung zwischen Lineal und Glasplatte ausreichend hoch ist, müssen Sie immer noch das Lineal festhalten, während Sie gleichzeitig den Glasschneider bedienen. Allein ist das mit einiger Übung machbar, bei den ersten Versuchen empfiehlt es sich, die Hände einer anderen Person »auszuleihen« und die Arbeit zu zweit zu erledigen. Mechanische Mittel wie Schraubzwingen empfehlen sich auf keinen Fall, da so der Druck schnell zu hoch und zudem ungleichmäßig verteilt wird und die Glasplatte springt.

Im nächsten Schritt müssen Sie das Glas anritzen. Das machen Sie am besten in einem einzigen Zug – von der linken Kante des Glases bis komplett zur rechten Seite des Glases. Achten Sie darauf, dass Sie gerade am Anfang sauber ansetzen und nicht erst einige Millimeter später, sonst wird das Glas unschöne Bruchkanten bekommen oder der Sprung in eine ganz andere Richtung gehen. Es ist wirklich wichtig, das Anritzen in einem einzigen Zug und ohne Lücken durchzuführen, denn wenn Sie noch einmal ansetzen müssen, werden Sie die zweite Kerbe aufgrund der normalen Ungenauigkeit eventuell einige Mikrometer neben der ersten ansetzen. Gerade im Überlappungsbereich der beiden Kerben kann dann der Sprung im Glas zwischen diesen beiden Kerben hin- und herspringen und ein unsauberes Ergebnis hervorrufen.

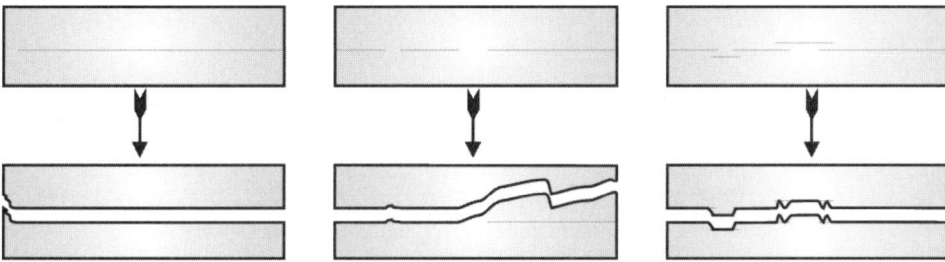

Bild 5.16: Unsauberes Ritzen und seine Folgen.

> **Üben Sie vorher**
> Es empfiehlt sich, das Schneiden von Glas vor dem eigentlichen Projektschnitt an alten Glasreststücken zu üben, zum Beispiel an ohnehin gesprungenen Glasplatten von Bilderrahmen oder Ähnlichem.

Haben Sie das Anritzen des Glases erfolgreich durchgeführt, ist der Rest relativ einfach: Legen Sie die Glasplatte so über eine Kante (zum Beispiel die eines Tischs), dass die Kerbe genau darüberliegt. Nun drücken Sie mit der einen Hand das Glas nahe der Kante auf den Tisch, damit es nicht mehr verrutscht, und mit der anderen Hand auf die frei schwebende Seite des Glases, sodass das Glas bricht. Wenn Sie alles richtig gemacht haben, sollten Sie zwei Teile der Glasplatte in Händen halten und eine relativ saubere Bruchkante bekommen. Diese Bruchkante ist jetzt natürlich noch recht scharf und wenig geeignet, direkt angefasst zu werden. Sie können diese Kante aber relativ leicht entschärfen, indem Sie mit handelsüblichem Schmirgelpapier die Bruchkante abrunden. Die harten Partikel von Schmirgelpapier basieren in den meisten Fällen selbst auf Glas, sodass das recht gut klappt.

Dieser Schritt ist gerade für den Einsatz als Druckbett nicht unwichtig, da durch das Ritzen Mikrofrakturen im Glas entstanden sind, die sich durch thermische Belastung ausweiten können, sodass das Glas leichter springt. Wir haben in unserer Werkstatt daher immer darauf geachtet, die Glasseiten ordentlich zu bearbeiten und diese Mikrofrakturen größtenteils zu beseitigen.

Der Druckkopf

Der wichtigste Teil eines 3-D-Druckers ist der Druckkopf. Er wird von der gesamten übrigen Konstruktion gesteuert und bewegt und hat die Aufgabe, das Druckmaterial in dosierten Mengen auf dem Druckbett aufzutragen. Wenn man sich das Fused-Deposition-Druckverfahren ansieht, das bei den meisten heutzutage üblichen 3-D-Druckern eingesetzt wird, gliedern sich die Aufgaben des Druckkopfs in diese Hauptbereiche: die Förderung des Plastikdrahts (Filament), das Aufschmelzen desselben und das Ausgeben des geschmolzenen Materials aus einer feinen Düse.

Diese Zweiteilung des Druckkopfs spiegelt sich auch im mechanischen Aufbau wider. Während eine Einheit sich um den Vorwärtstransport des Filaments kümmert, schmilzt eine andere das Plastik auf und gibt das geschmolzene Plastik durch eine Düse aus.

6 Der Druckkopf

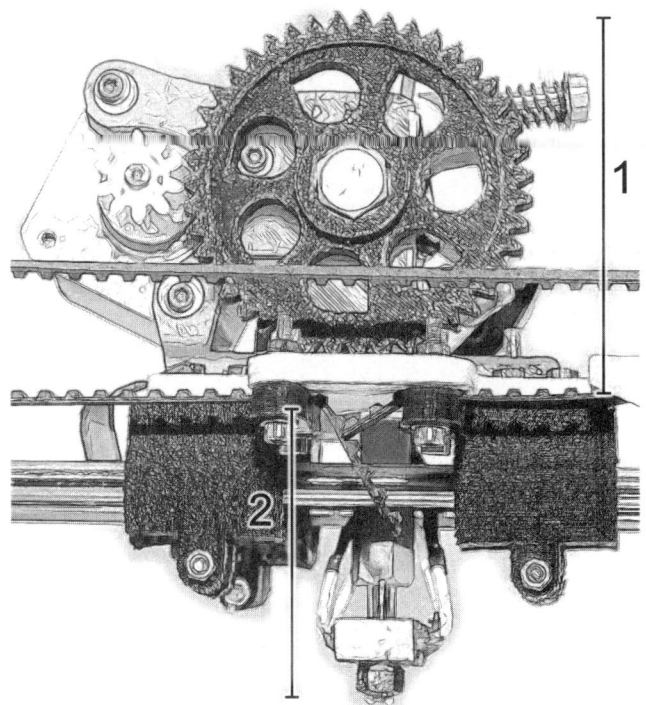

Bild 6.1: Ein üblicher Druckkopf ist zweigeteilt – oben der Extruder (1), darunter das Hotend (2). Dazwischen befindet sich der Schlitten für die X-Achse.

Leider sind die Begrifflichkeiten rund um den Druckkopf im Internet und in der RepRap-Szene nicht ganz eindeutig festgelegt. Das Aufschmelzen von Plastik erledigt normalerweise das sogenannte *Hotend*, während der Vorwärtstransport des Drahts üblicherweise durch den *Extruder* erledigt wird. Leider wird aber auch der gesamte Druckkopf häufig als Extruder bezeichnet, was faktisch eigentlich sogar richtiger ist. In diesem Buch verwenden wir den Begriff *Extruder* für die Mechanik, die den Transport des Plastikdrahts übernimmt, und *Hotend* für den Teil, der das Plastik aufschmilzt und die Düse beinhaltet.

6.1 Extruder

Kommen wir also nun zum Extruder. Er hat die Aufgabe, den Plastikdraht so nach vorne zu transportieren, dass er zum einen von der Rolle, auf die er aufgewickelt ist, abgespult wird und zum anderen so in das Hotend geschoben wird, dass das geschmolzene Plastik schließlich zur Düse austreten kann. Gerade für den letzten Schritt ist eine recht große Kraft notwendig, denn immerhin muss beispielsweise ein 3-mm-Draht durch eine 0,35-mm-Düse geschoben werden – für einen kleinen Elektromotor eine durchaus anspruchsvolle Aufgabe. Außerdem muss der Extruder dazu in der Lage sein, den Materialfluss genau zu steuern, also nur so viel Plastik durch die Düse zu drücken, wie auch tatsächlich benötigt wird. Da die Menge des Materials, die benötigt wird, während des Druckvorgangs ständig wechselt, muss der Extruder zügig reagieren und von 0 % Materialfluss schnell auf 100 % wechseln können. Darüber hinaus muss der Extruder in der Lage sein, sehr präzise den Materialfluss zu regeln – unerwünschte Schwankungen im Materialfluss würden sich sofort im Erscheinungsbild des Ausdrucks bemerkbar machen. Zu allem Überfluss kommt noch hinzu, dass das Filament nicht nur in eine Richtung transportiert wird, sondern es auch Gelegenheiten gibt, bei denen das Material zurückgezogen werden muss. Dieser Vorgang nennt sich *Retract* und sorgt dafür, dass das Material nicht aufgrund der Schwerkraft und der großen Hitze im Hotend vorzeitig austritt.

Sie sehen also, dass es eine ganze Menge an Anforderungen an den Extruder gibt, die mechanisch durchaus anspruchsvoll sind und sich nur durch viel Ausprobieren und viele leidvolle Fehlschläge zufriedenstellend lösen lassen. Praktischerweise kann man mittlerweile dank der RepRap-Szene auf eine ganze Reihe von brauchbaren Extruder-Designs zurückgreifen, an denen viele Leute mitgearbeitet haben und die auch gut ausgetestet sind.

Der Wade-Extruder

Der bekannteste und vielleicht auch zuverlässigste Extruder ist der sogenannte Wade-Extruder. Es gibt ihn in den unterschiedlichsten Varianten, die gemeinsam haben, dass sie zwei Zahnräder besitzen, über die ein Schrittmotor einen sogenannten *Hobbed Bolt* bewegt, der wiederum das Filament vorwärtsschiebt.

Bild 6.2: Ein Wade-Extruder mit seinem Zahnradgetriebe und Schrittmotor.

Obwohl der letzte Satz tatsächlich die gesamte Funktionsweise beschreibt, ist er nicht gerade leicht verständlich. Schauen wir uns den Vorgang doch einmal Schritt für Schritt an:

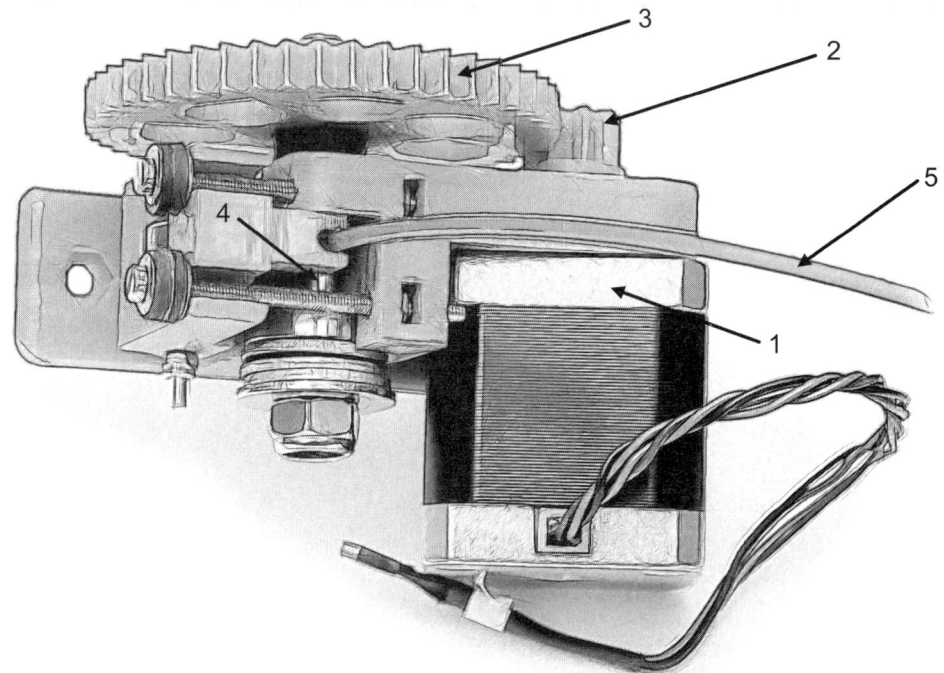

Bild 6.3: Der Wade-Extruder mit seinem Motor (1), seinem Getriebe (2 + 3), dem Hobbed Bolt (4) und dem Filament (5).

Der Schrittmotor des Extruders bewegt das kleine Zahnrad. Wenn es ein Schrittmotor mit 200 Einzelschritten ist und die Steuerungselektronik zudem noch in der Lage ist, diese Einzelschritte in 16 weitere Unterschritte zu unterteilen, entstehen für eine einzelne Umdrehung des Zahnrads 3200 Schritte. Die genaue Position des Zahnrads kann also sehr genau bestimmt werden, und damit wird auch der Materialtransport zumindest in der Theorie sehr genau. Dieses kleine Zahnrad mit neun Zähnen treibt nun ein deutlich größeres mit 48 Zähnen an. Die relativ geringe Kraft des Schrittmotors wird dadurch um den Faktor 5,33 verstärkt, sodass der Wade-Extruder insgesamt recht kräftig wird. Das große Zahnrad ist direkt auf den Hobbed Bolt montiert und bewegt diesen. Dieser Bolzen ist in den meisten Fällen eine einfache Sechskantschraube, in die mithilfe einer sehr kleinen Modellbautrennscheibe Vertiefungen geschliffen wurden.

6.1 Extruder

Bild 6.4: Ein Förderbolzen, Hobbed Bolt genannt, mit Reibungsfläche in der Mitte.

Die übrig gebliebenen Erhöhungen am Hobbed Bolt können sich in das Druckmaterial eingraben, so die Kraft des Motors auf das Filament übertragen und es damit vorwärtstransportieren. Damit sich die Zacken des Hobbed Bolts aber in das Filament eingraben können, muss dieses stark an den Bolzen gepresst werden. Diese Aufgabe übernimmt der sogenannte *Idler*, der ein Kugellager so an das Filament presst, dass es zwischen diesem und dem Hobbed Bolt eingeklemmt wird. Das Zusammenspiel der verschiedenen Einzelteile des Wade-Extruders verspricht eine hohe Kraft und große Genauigkeit bei guter Geschwindigkeit – zumindest in der Theorie. In der Praxis wird der Extruder der Teil des Druckers sein, an dem Sie am meisten arbeiten müssen, da er nicht immer so arbeitet, wie Sie sich das wünschen.

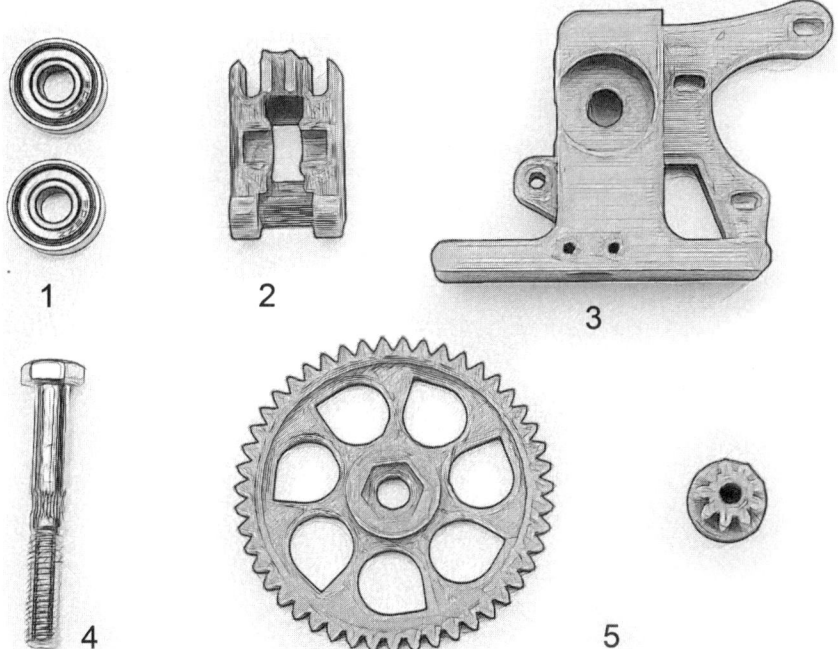

Bild 6.5: Die relevanten Einzelteile des Wade-Extruders: die zwei Kugellager (1), der Idler (2), der Body des Extruders (3), der Hobbed Bolt (4) sowie die beiden Zahnräder (5).

Hilfe bei Problemen mit dem Wade-Extruder

Teile passen nicht ineinander

Wenn wir uns die Einzelteile eines Wade-Extruders ansehen, fällt zuerst einmal auf, dass der normale Wade-Extruder in den meisten Fällen von einem anderen 3-D-Drucker ausgedruckt wurde. Er besteht daher aus ABS oder PLA und wurde, wie alle Druckobjekte, aus Schichten aufgebaut. Seine Qualität hängt also sehr stark vom Drucker ab, auf dem er ausgegeben wurde. Wenn diese nicht so optimal ist, kann es durchaus passieren, dass die verschiedenen Einzelteile nicht so ineinanderpassen, wie es sein sollte. Hier hilft oft ein beherzter Griff zur Feile oder zum Sandpapier, um die Teile besser aufeinander abzustimmen. Sie sollten dabei aber aufpassen, dass Sie nicht zu viel abfeilen, denn wie die meisten 3-D-Objekte haben auch die Wade-Extruder oftmals nur eine 1 bis 1,5 mm dicke solide Schicht, bevor der weniger dicht gedruckte Innenbereich beginnt, der mit Luftlöchern durchsetzt ist. Je mehr Sie also von der Oberfläche abfeilen, desto instabiler wird das Gerät insgesamt. Oftmals genügt es aber, nur einige Bruchteile eines Millimeters abzufeilen, bis die Teile zusammenpassen.

Zahnräder sollten nicht eiern

Haben Sie diese Hürde einmal genommen, müssen Sie sehen, dass die Zahnräder gut ineinanderpassen und sich gleichmäßig drehen lassen. Hierzu ist wichtig, dass der Hobbed Bolt gut und vor allem möglichst senkrecht im großen Zahnrad sitzt. Eiert das Zahnrad herum, wird der Motor, der das kleine Zahnrad antreibt, mehr oder weniger Kraft benötigen, um das Getriebe anzutreiben – ein Umstand, den Sie durch ordentliches Arbeiten leicht vermeiden können.

Der Hobbed Bolt passt nicht ins große Zahnrad

Sollten Sie das Problem haben, dass der Hobbed Bolt mit seinem Sechskant nicht richtig in das Zahnrad passt, weil die Aussparung dafür zu klein ist, können Sie natürlich versuchen, das Zahnrad zu bearbeiten. Leichter ist es aber in manchen Fällen, wenn man stattdessen den Sechskant des Hobbed Bolts mit einer Metallfeile oder Sandpapier einfach kleiner macht, bis er in die Aussparung passt.

6.1 Extruder

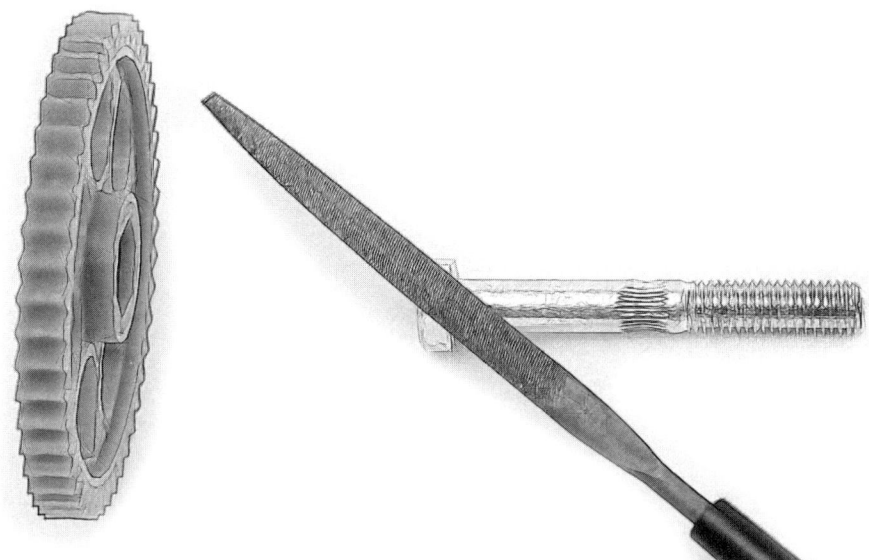

Bild 6.6: Oftmals ist es leichter, den Hobbed Bolt zu bearbeiten, anstatt die Aussparung des Zahnrads zu vergrößern.

Idler bricht aus

Ein weiteres recht häufiges Problem, das man im Zusammenhang mit dem Wade-Extruder hat, ist die mangelnde Stabilität des Idlers. Der Idler, der ja das Kugellager trägt, das das Filament an den Transportbolzen presst, ist relativ großen mechanischen Kräften ausgesetzt, die allesamt durch die zwei kleinen Ösen der Metallschraube auf den Hauptblock des Extruders übertragen werden. Stellt man nun den Druck auf das Filament über die Schrauben des Extruders nach, kann es schnell passieren, dass der Idler an den Ösen bricht und der Transport des Materials nicht mehr funktioniert.

Bild 6.7: Schraubt man den Idler zu fest (1), brechen leicht dessen Ösen (2).

Die Ursache hierfür ist oft ganz trivial die Richtung, in der der Idler ausgedruckt wurde: Da auch der Idler schichtweise aufgebaut wird und die Haftung zwischen den Schichten schlechter ist als innerhalb eines Materialstrangs, kann es bei hohen Zugkräften dazu kommen, dass diese schwächere Verbindung reißt. Eine Variante, dieses Problem beim Idler zu umgehen, ist also, ihn so auszudrucken, dass die belasteten Ösen mit Loch in einer Ebene gedruckt werden. Die übliche Ausdruckrichtung muss also um 90° geändert werden. Eine zweite Variante besteht darin, den Idler solide zu drucken, also ohne verminderte Füllung. Das kostet Sie zwar etwas mehr Material, ist aber preislich kaum der Rede wert.

Beide Varianten können Sie jedoch nicht durchführen, wenn Sie keinen eigenen Drucker haben, daher empfiehlt sich hier die dritte Variante: Sie legen den Idler mit einer Schraube in den beiden Ösen so vor sich auf den Tisch, dass die Schraube senkrecht steht. Nun nehmen Sie eine Pinzette, eine passende Unterlegscheibe und ein Feuerzeug zur Hand. Mit der Pinzette halten Sie die Unterlegscheibe, machen sie mit dem Feuerzeug richtig heiß – 20 Sekunden sollte dieser Vorgang schon dauern – und lassen sie dann über die Schraube auf den Idler gleiten. Dort angekommen, wird die Unterlegscheibe das Plastik des Idlers leicht aufschmelzen. Wenn Sie nun noch mit der Pinzette die Unterlegscheibe in den Idler eindrücken, verbindet sie sich damit und stärkt die kritischen Stellen. Diesen Vorgang sollten Sie natürlich für beide Ösen vornehmen.

> **Idler auf Vorrat drucken**
> Ein ganz wichtiger Tipp: Sobald Sie Ihren Drucker einmal ans Laufen gebracht haben und in der Lage sind, eigene Objekte auszudrucken, sollten Sie sich einen oder mehrere Idler auf Vorrat ausdrucken – so haben Sie immer ein Ersatzteil zur Hand und müssen nicht umständlich einen Kollegen bitten, das Teil auszudrucken, wenn der Schaden schon entstanden ist.

Bild 6.8: Eine heiße Unterlegscheibe, in den Idler gedrückt, beugt Brüchen vor.

Das Filament franst aus
Ein Problem, das leider relativ häufig auftritt und für das es keine Patentlösung gibt, ist das Ausfransen des Filaments innerhalb des Extruders. Wenn Sie bemerken, dass der Druckkopf kein Material mehr ausgibt, ist es häufig der Fall, dass der Hobbed Bolt zuvor versucht hat, Material vorwärtszutransportieren, ohne dass die Austrittsöffnung der Düse offen gewesen ist. Das kann beispielsweise passieren, wenn das Hotend nicht warm genug ist und das Material nicht geschmolzen wurde oder wenn der Druckkopf beim Drucken der ersten Schicht auf das Druckbett so eng über diesem schwebt, dass kein Material austreten kann. Durch die Kraft des Getriebes des Wade-Extruders blockiert nun aber der Motor nicht, sondern dreht sich unbeirrt weiter und bewegt damit auch den Hobbed Bolt. Die Stellen, an denen sich der Bolzen in das Filament eingegraben hat, brechen weg, sodass das Filament an dieser Stelle

ausfranst. Außerdem werden die Vertiefungen des Hobbed Bolts mit Plastikspänen gefüllt, wodurch es sich nicht mehr so einfach in das Material eingraben kann. Hier hilft oftmals nur eine ordentliche Reinigung des Extruders, speziell des Teils, in dem der Hobbed Bolt montiert ist. Leider ist dies beim normalen Wade-Extruder mit einiger Schraubarbeit verbunden, bis man alle Teile so weit gelöst hat, dass man den Transportbolzen gut erreichen kann. Spätestens nachdem Sie diese Aktion einige Male durchgeführt haben, werden Sie die Vorzüge von *Greg's Wade reloaded*-Extruder, einer Variante des Wade-Extruders, zu schätzen wissen, der den Zugang zum Hobbed Bolt mit einem Handgriff ermöglicht (*www.thingiverse.com/thing:18379*).

Zur Reinigung des Hobbed Bolts empfiehlt sich die Verwendung eines Pinsels, der sehr starke Borsten hat. Besonders gut eignen sich die einfachen Pinsel, die üblicherweise Rasierapparaten beiliegen. Durch ihre starren Borsten kann man die Rillen des Transportbolzens gut reinigen, ohne Letzteren aus dem Extruder ausbauen zu müssen.

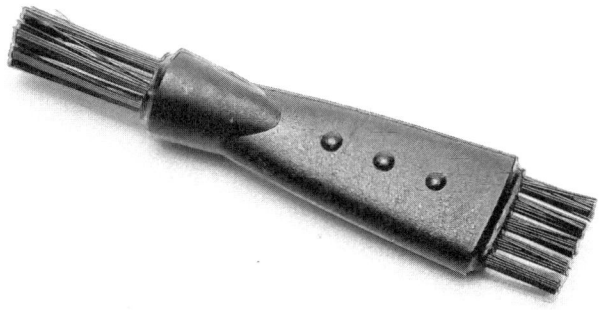

Bild 6.9: Ein Pinsel dieser Art eignet sich hervorragend zur Reinigung des Extruders.

Herstellung eines Hobbed Bolt
Möchten Sie sich selbst einen Wade-Extruder herstellen, können Sie die meisten Teile mit Ihrem 3-D-Drucker ausdrucken oder im Baumarkt finden. Eine Ausnahme bildet der Hobbed Bolt, den es so meist nicht vor Ort zu kaufen gibt. Wenn Sie sich diesen selbst herstellen möchten und zudem im Besitz einer Kleinbohrmaschine für den Hobbybereich sind, können Sie sich unter *www.thingiverse.com/thing:23717* die Vorlage für eine Apparatur herunterladen und auf Ihrem Drucker ausgeben, die es Ihnen ermöglicht, die feinen Zähne des Hobbed Bolts selbst in einen normalen Sechskantbolzen aus dem Baumarkt zu fräsen.

Bild 6.10: Mithilfe eines gedruckten Apparats und einer Kleinbohrmaschine kann man sich seinen eigenen Hobbed Bolt herstellen.

Die Qualität, die Sie damit erreichen, ist oft vollkommen ausreichend für normale Drucker. Wenn Sie aber höhere Ansprüche haben, empfiehlt es sich vielleicht, einen CNC-gefrästen Hobbed Bolt aus dem Internet zu bestellen. Gute Erfahrungen haben wir mit *Hyena v2.0* gemacht, den man unter *shop.arcol.hu/item/hyena* bestellen kann.

Kraft zu gering
Vor allem, wenn Sie Bowdenzüge oder besonders feine Düsen verwenden, kann es vorkommen, dass die Kraft des Extruders nicht ausreicht. Das kann man am einfachsten durch eine andere Übersetzung des Getriebes erreichen. Die klassischen Wade-Extruder verwenden eine 11/39-Zahnradkombination, die nur einen Verstärkungsfaktor von 3,5 hat. Wir benutzen bei uns daher grundsätzlich 9/48-Zahnräder mit einem Verstärkungsfaktor von 5,3.

Direct-Drive

Im Gegensatz zum Wade-Extruder, der ein Getriebe aufweist, arbeiten Direct-Drive-Extruder ohne ein solches, stattdessen sitzt das Förderrad des Direct-Drive direkt auf dem Motor auf. Das vereinfacht den Aufbau eines solchen Extruders sehr stark, hat aber den großen Nachteil, dass die Kraft des Motors nicht verstärkt wird und somit für einige Anwendungen nicht ausreicht. Doch sehen wir uns einen solchen Extruder erst einmal an:

6 Der Druckkopf

Bild 6.11: Das Filament (1) gelangt durch eine Öffnung im Idler (2) zum Förderrad (3) und wird vom Idler über ein Kugellager angedrückt (4). Von dort geht es dann in das Hotend (5).

Dieser Druckkopf eines iRapid Black zeigt den sehr unkomplizierten Aufbau eines Direct-Drive: Das Filament gelangt durch eine Öffnung im Idler direkt zum Förderrad. Durch den Idler und ein Kugellager wird es fest an das Rad gepresst, wodurch eine hohe Reibung entsteht und das Filament gut vorwärtstransportiert werden kann. Für den notwendigen Druck sorgt eine starke Feder, die auch Unregelmäßigkeiten im

6.1 Extruder

Filament ausgleichen kann. Das Förderrad ist direkt auf die Achse des Motors geschraubt. Verwendet wird hier ein Filament mit 1,75 mm Durchmesser – also ein recht feines, das auf dem Weg durch das Hotend nicht viel Kraft benötigt. Da der Motor ein normaler NEMA-17-Schrittmotor mit 200 Schritten ist und die Elektronik im üblichen Fall 16 Unterschritte pro Schritt erzeugen kann, kann der Extruder also eine Umdrehung seines Förderrads in 3600 einzelne Schritte unterteilen – mehr als ausreichend für einen Extruder.

Die Vorteile eines Direct-Drive-Extruders liegen in der einfachen Konstruktion – ein Extruder dieser Bauart ist sehr schnell zusammengebaut, da er nur aus wenigen Einzelteilen besteht. Er ist zudem recht zuverlässig, da es nur wenige Bauteile gibt, die gut zusammenspielen müssen – es gibt einfach kein Getriebe, das klemmt und keine Kugellager, die schief sitzen können etc. Weiterhin hat er den Vorteil, dass er sehr leicht zu reinigen ist, da die meisten Teile offen von außen zugänglich sind. Der vielleicht größte Vorteil ist aber, dass eine solche Reinigung kaum notwendig ist, denn selbst wenn die Düse des Hotends einmal verstopft sein sollte und das Filament nicht nach vorne transportiert werden kann, passiert nichts weiter, als dass der Motor einen seiner Schritte überspringt und kein Material fördert. Auch wenn sich das vielleicht nicht gut anhört, ist das für den Motor weitgehend unschädlich, und vor allem dreht sich das Förderrad nicht weiter, wodurch es auch nicht zu Ausfransungen im Filament kommt.

Der größte Nachteil eines Direct-Drive-Extruders ist, dass er nicht sehr viel Kraft besitzt. Ohne Getriebe steht ihm nur die Kraft zur Verfügung, die er selbst produziert, eine Verstärkung findet ja nicht statt. Diese Kraft ist erfahrungsgemäß ausreichend, um 1,75-mm-Filament durch ein passendes Hotend zu schieben, aber schon die Verwendung von 3 mm starkem Filament kann zu Problemen führen. Wenn man zudem noch Bowdenzüge in seinem Drucker verwendet, gelangt man sehr schnell an die Grenzen dieser Technik. Es gibt aber einige Tricks, mit denen man die Leistung eines Direct-Drive-Extruders steigern kann.

Tipps rund um den Direct-Drive-Extruder

Stromzufuhr regeln
Die einfachste Maßnahme, die Kraft eines Direct-Drive-Extruders zu steigern, ist, die Stromzufuhr zum Motor auf der Platine zu regeln. Das geschieht auf der Elektronik des Druckers, genauer gesagt, am Einstell-Potenziometer des Pololu.

Spannung erhöhen
Ebenso ist es möglich, die Kraft des Motors zu erhöhen, indem statt der üblichen Spannung von 12 V nun 24 V oder mehr verwendet werden. Durch die höhere Spannung hat der Motor auch eine größere Kraft. Leider verträgt längst nicht jede Druckerelektronik mehr als 12 V Betriebsspannung für die Motoren. Und selbst wenn man in der glücklichen Lage ist, eine solche Elektronik sein Eigen nennen zu können, ist es nicht unbedingt einfach, ein Netzteil zu bekommen, das die nötige Spannung mit der entsprechenden Leistung für den Drucker zur Verfügung stellen kann.

Kleineres Förderrad verwenden

Eine vergleichsweise einfache Variante, die Kraft des Extruders zu erhöhen, ist, statt eines Förderrads mit einem großen Durchmesser (zum Beispiel 12 mm) eines zu verwenden, das einen geringeren Durchmesser hat (beispielsweise 7 mm). So kann man mit vergleichsweise geringem Aufwand die Kraft steigern, in unserem Beispiel um den Faktor 1,7. Direct-Drive-Förderräder kann man sich für wenig Geld im Internet bestellen.

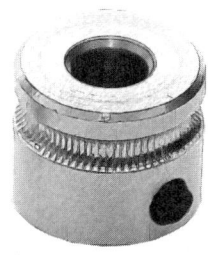

Bild 6.12: Der Durchmesser des Förderrads beeinflusst die Kraft des Extruders (links 7 mm, rechts 12 mm Durchmesser).

Dünneres Filament verwenden

Ist man nicht in der Lage, die Kraft des Extruders zu erhöhen, kann man natürlich auch den umgekehrten Weg gehen und die benötigte Kraft reduzieren. Die einfachste Variante dafür besteht darin, Filament mit einem kleineren Durchmesser zu verwenden. Derzeit üblich sind in der 3-D-Drucker-Szene Filament mit 3 mm und 1,75 mm Durchmesser – ein Wechsel von 3 auf 1,75 mm sollte die meisten Probleme lösen, hat aber den Nachteil, dass man neben dem Extruder und dem Filament auch noch das Hotend auf die neue Größe anpassen muss.

Paste-Extruder

Nicht jeder Drucker arbeitet mit geschmolzenem Plastik, es ist durchaus auch denkbar, andere Materialien zu verwenden, beispielsweise Keramik, Schokolade oder sogar Metall (als Metallpartikelpaste, die anschließend noch geschmolzen werden muss). Bei solchen pastenartigen Werkstoffen muss ebenso wie beim Fused-Deposit-Verfahren der Werkstoff gefördert und durch eine feine Düse gedrückt werden, der Vorgang des Aufschmelzens entfällt jedoch. Je nach Material kann dann aber noch ein weiterer Arbeitsschritt folgen, wie zum Beispiel das Brennen der Keramik oder das Aufschmelzen der Metallpaste. Es gibt mittlerweile eine ganze Reihe von experimentellen Paste-Extrudern, die in den meisten Fällen mit einer medizinischen Spritze und einer Kanüle arbeiten. Durch einen Motor wird die Spritze Stück für Stück eingedrückt und gibt das Material über die Kanüle als dünnen Strang aus – ähnlich wie beim Fused-Deposit-Verfahren. Daraus lassen sich dann wie üblich dreidimensionale Objekte erstellen. Die Art des Werkstoffs trägt wesentlich zur Qualität des Ausdrucks bei. Entscheidend ist vor allem, wie gut das Material nach dem Austritt aus der Düse seine Form behält. Reine Schokolade ist beispielsweise nur im warmen

Zustand flüssig, und es ist nicht einfach, sie kurz nach dem Austritt aus der Düse so schnell abzukühlen, dass sie ihre Form beibehält. Schokolade ist daher ein recht schwierig zu beherrschender Stoff. Mit Keramik sieht es schon besser aus, da sie wesentlich zäher ist. Allerdings muss sie anschließend noch gebrannt werden, was in einem Privathaushalt auch nicht immer einfach ist – außerdem büßt sie dabei etwas an Größe ein.

Bild 6.13: Mit einem Paste-Extruder kann man u. a. auch Keramik drucken. © Richard Horne.

6.2 Hotend

Das Hotend hat in einem 3-D-Drucker die Aufgabe, das Filament, das aus dem Extruder kommt, aufzuschmelzen und durch die kleine Düse am Ende auszugeben. Was zunächst trivial klingt, hat etliche Tücken, die sich gar nicht so leicht beherrschen lassen. Sehen wir uns zuerst einmal den Aufbau eines Hotends an.

Aufbau

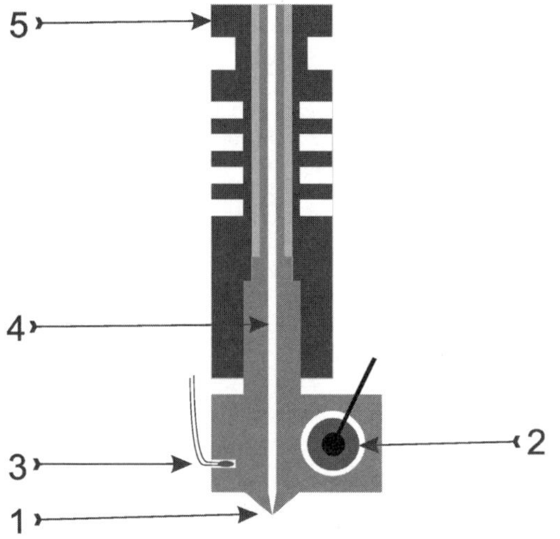

Bild 6.14: Ein Hotend besteht aus einer feinen Düse (1) sowie Heizelement (2), Temperatursensor (3), Filamentführung (4) und Isolator (5).

Das Filament wird aus dem Extruder in das Hotend gepresst und gelangt dort durch die Filamentführung in den unteren Teil des Hotends, wo die Temperatur immer weiter ansteigt, je tiefer das Filament rutscht. Es wird immer mehr aufgeheizt und beginnt irgendwann auf diesem Weg zu schmelzen. Da die Filamentführung recht eng das Filament umschließt, wird das aufgeschmolzene Material nach unten zur Düse herausgedrückt. Um die notwendigen Temperaturen zu erreichen, gibt es innerhalb des Heizblocks ein Heizelement, das den Block erwärmt. Dieses Heizelement ist im Prinzip eine Spule mit einem gewissen elektrischen Widerstand, die durch Strom aufgeheizt wird. Die günstigen Hotend-Varianten verwenden dabei einen normalen Leistungswiderstand aus dem Elektronikbereich, der zweckentfremdet wird. Das klingt zunächst abenteuerlich, ist aber erstaunlich wirkungsvoll und reicht in den meisten Fällen vollkommen aus.

Bild 6.15: Ein normaler Leistungswiderstand kann als Heizelement dienen.

In letzter Zeit werden auch immer häufiger sogenannte Heizpatronen verwendet, die in ihrer Heizleistung deutlich leistungsfähiger sind und das Hotend schneller auf die gewünschte Temperatur bringen können. Sie sind zwar verglichen mit den Widerständen deutlich teurer, absolut gesehen aber für unter 10 Euro durchaus erschwinglich. Da man aber sowohl mit Widerstand als auch mit Heizpatrone deutlich höhere Temperaturen erzeugen kann, als das Druckmaterial verkraftet, und man zudem noch genaue Temperaturen erreichen möchte, muss die Temperatur des Hotends ständig überwacht werden. Diese Aufgabe übernimmt ein Temperatursensor, meist in Form eines sogenannten *Thermistors*, ein spezieller elektrischer Widerstand, der seinen Widerstandswert mit der Temperatur ändert.

Bild 6.16: Ein Thermistor verändert seinen Widerstand und misst dadurch die Temperatur.

Heizelement und Thermistor sind beide eng nebeneinander im Heizblock des Hotends verbaut und mit diesem fest verbunden. Um die Wärmeleitfähigkeit zwischen dem Heizelement und dem meist aus Messing bestehenden Heizblock zu erhöhen, wird häufiger eine Wärmeleitpaste verwendet. Damit Heizelement und Thermistor während des Betriebs nicht aus dem Hotend herausfallen, sind sie oftmals mit einem speziellen hitzebeständigen Klebeband (Kapton Tape) oder mit Feuerzement (wird beim Kaminbau verwendet) befestigt. Die Geräte, die aus Thermistor und Heizelement heraustreten, werden ebenso wie der Heizblock selbst während des Betriebs des Druckers warm und sollten daher einige Zentimeter in der Luft schweben, bevor sie an einem Plastikteil befestigt werden. So kann die Umgebungsluft diese Kabel kühlen. Auch die Isolation an diesen Kabeln sollte hitzebeständig sein und daher beispielsweise aus Silikon bestehen.

Eine andere Variante ist, Schrumpfschlauch zu verwenden, der sich unter Wärmeeinwirkung zunächst zusammenzieht und sich eng um das Kabel schmiegt (daher der Name), dann aber relativ unempfindlich gegen weitere Wärmeeinwirkung ist. Auch das Gehäuse des Hotends selbst kann eine Temperatur erreichen, die höher liegt als die des Materials, das es festhält. Um das zu vermeiden, sind in Hotends normalerweise Kühllamellen eingearbeitet, die die Temperatur absenken, sodass das Hotend im oberen Bereich nur noch akzeptable Werte erreicht. Entscheidend für die Druckqualität ist natürlich die Düse bzw. deren Durchmesser. Je größer der Durchmesser der Düse, desto gröber wird auch der Ausdruck. Auf den ersten Blick mag es daher erstrebenswert sein, eine möglichst kleine Düse für seinen Drucker zu nutzen. Aber es hat auch Nachteile, eine kleine Düse zu verwenden:

Bei einer kleinen Düse von vielleicht 0,2 mm Durchmesser kann der Ausdruck deutlich länger dauern als beispielsweise bei 0,5 mm Durchmesser. Hier spielen mehrere Faktoren eine Rolle. Zum einen hat ein Strang von 1 m Länge bei 0,5 mm Düsendurchmesser ein Volumen von 0,196 cm³. Ein 1-m-Strang aus einer 0,2-mm-Düse hat dagegen nur 0,031 cm³, also 6 mal weniger. Zudem kommt noch hinzu, dass man bei einem kleineren Düsendurchmesser eine höhere Anzahl von Schichten benötigt, um das Objekt auszudrucken. Druckt man mit einer 0,5-mm-Düse, genügt eine Schichthöhe von ca. 0,4 mm Höhe – bei 0,2 mm sollte man nicht über 0,16 mm gehen. Sie benötigen also 2,5-mal mehr Schichten. Außerdem sollten Sie bedenken, dass Sie einen höheren Druck benötigen, um Material aus einer 0,2-mm-Düse zu pressen, als das bei 0,5 mm der Fall ist. Auch wenn der Extruder sogar in der Lage ist, diesen Druck aufzubauen, wirkt der Druck innerhalb des gesamten Hotends und kann dazu führen, dass das Material an Stellen austritt, an denen es das nicht sollte.

Ein weiterer Nachteil einer dünnen Düse sollte noch erwähnt werden, nämlich dass auch der restliche Drucker äußerst genau arbeiten muss, will man mit einer 0,2-mm-Düse brauchbare Ergebnisse erzielen. Beispielsweise muss das Druckbett äußerst exakt justiert werden, die Toleranz sollte nicht höher als 0,05 mm betragen – ein Wert, der auch bei erfahrenen Druckerbauern nicht mal eben locker aus dem Handgelenk geschüttelt wird. Ein letzter durchaus erwähnenswerter Nachteil ist, dass feinere Düsen viel eher dazu neigen, zu verstopfen. Schon ein kleines Staubkorn kann eine Düse von 0,2 mm Durchmesser verstopfen. Die Reinigung ist dann ebenfalls um einiges schwieriger, denn Sie werden kaum etwas finden, mit dem Sie von außen durch die Düse durchstechen können, um sie zu reinigen.

Der Vorteil einer dünnen Düse liegt darin, feinere Strukturen in der X- und Y-Achse generieren zu können. Man ist also in der Lage, feinere Wände zu drucken und die Zacken eines Zahnrads genauer abzubilden. Doch in den allermeisten Fällen möchten Sie vermutlich eher Elemente drucken, die weniger filigran sind – Wandhaken, Stiftebehälter oder Blumentöpfe haben keine feinen Strukturen, dafür möchte man diese vielleicht in akzeptabler Zeit in Händen halten können. Sie sehen also, dünne Düsen sind wirklich etwas für Profis, die sich auf besonders feine Strukturen spezialisiert haben. Für den normalen Hausgebrauch ist daher eine Düse von 0,35 mm Durchmesser als Kompromiss zwischen zu feiner und zu dicker Düse empfehlenswert.

Funktionsweise

Wie bereits angedeutet, ist die Funktionsweise eines Hotends einerseits relativ einfach – das Filament wird aufgeschmolzen und zur Düse hinausgedrückt. Andererseits muss man zum genauen Verständnis des Hotends die Thermodynamik beherrschen, will man exakte Temperaturen erhalten, den Materialfluss sicher im Griff haben und die notwendige Kraft zum Betreiben des Hotends möglichst gering halten. Warum ist das so?

Wenn man ein Material aufheizt, beispielsweise PLA, geht es nicht sofort von der festen in die flüssige Form über, sondern es nimmt zwischen diesen beiden Extremen einen Zustand an, der weder flüssig noch fest ist. Es ist dann verformbar bis zähflüssig und hat die für Hotends nicht so praktische Eigenschaft, besonders klebrig zu sein. Wird also das Filament innerhalb des Hotends ganz langsam vom festen in den flüssigen Zustand versetzt, gibt es immer einen Bereich im Filament, der die sogenannte Glastemperatur erreicht und besonders gut an den Wänden des Hotends haftet. Je größer diese Schicht ist, desto mehr Kraft muss der Extruder aufwenden, um das Filament vorwärtstreiben zu können. Bei schwachen Extrudern oder bei Extrudern, die einen Bowdenzug beinhalten, kann diese Kraft dann schon zu groß für den Motor werden.

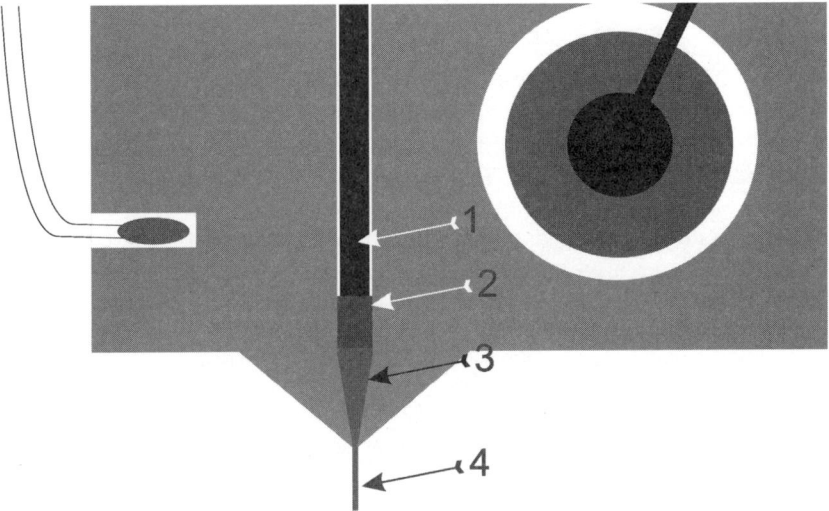

Bild 6.17: Filament (1) wird in den Heizblock geschoben, wird erst weich und bildet einen Pfropf (2), schmilzt (3) und tritt letztlich aus der Düse aus (4).

Man ist also bestrebt, den Übergang vom festen in den flüssigen Zustand bzw. von heiß zu kalt im Hotend möglichst kurz zu halten. Das erreicht man einerseits durch ein spezielles Design des Hotends, sodass Heizung und Kühlung möglichst eng beisammenliegen, vor allem aber durch die Kühllamellen, die in die meisten Hotends eingearbeitet sind. Die genauen Methoden zur Funktionsweise von Kühlungen sind von Hotend zu Hotend sehr unterschiedlich und eine Wissenschaft für sich. Der durchschnittliche 3-D-Drucker-Besitzer und -Erbauer besorgt sich üblicherweise im Internet ein gutes, ausgetestetes Hotend. Wir haben recht gute Erfahrungen mit dem J-Head Mk V-B gemacht, das mittlerweile bereits in der siebten Version vorliegt.

Bild 6.18: Der J-Head ist ein zuverlässiges und gut ausgetestetes Hotend.

Natürlich kann man ein Hotend auch selbst bauen, eine Auswahl von Hotends nebst Bauanleitung ist unter *RepRap.org/wiki/Category:Hot_End* zu finden.

Hacks, Tipps und Tricks

Reinigung der Düse – ABS

Man kann eine Düse, die zuvor mit ABS-Filament betrieben wurde, auf chemischem Weg mit Aceton reinigen. Aceton ist eine farblose Flüssigkeit mit süßlichem Geruch, die man sicherlich schon von diversen Klebstoffen kennt. Sie kann ABS auflösen und so die Düse auch im kalten Zustand reinigen. Allerdings kann Aceton auch eine ganze Zahl von anderen Kunststoffen auflösen, sodass man genau aufpassen muss, welche anderen Kunststoffe im Hotend verwendet wurden, bevor man die Düse darin über Nacht einlegt. Die häufig verwendeten Stoffe PEEK und PTFE sind gegen Aceton beständig, anders sieht es wahrscheinlich mit den Isolierungen der Heizelement- und Thermistorkabel aus.

Diese Methode funktioniert leider nicht bei der Verwendung von PLA, da dieses sich nicht in Aceton auflösen lässt. Natürlich könnte man theoretisch für PLA ein geeignetes Lösungsmittel suchen und es dann anstelle des Acetons zur Reinigung der Düse einsetzen. Das Problem ist aber, dass viele Lösungsmittel von PLA sehr gesundheitsschädlich sein können. Dichlormethan gilt als gesundheitsschädlich und ist aufgrund dessen für Privatpersonen in Europa gar nicht erhältlich, bei Trichlormethan kann man allein anhand des wesentlich bekannteren Trivialnamens schon erahnen, warum sich der Gebrauch verbietet: Chloroform. Natürlich ist auch Aceton nicht ungefährlich, es wirkt reizend, kann aber vom Körper kaum verarbeitet werden und wird deshalb meist über die Lunge wieder abgegeben. Größer ist hier die Gefahr, dass das Aceton in Brand gerät, daher sollte man zum einen die Flasche immer gut verschlossen halten und es zudem fern von Feuerquellen verwenden und lagern.

Reinigung der Düse von PLA und andere Materialien

Glücklicherweise gibt es für die Reinigung von Hotends, die mit PLA, aber auch anderen Stoffen, verstopft sind, noch eine Methode, die ohne giftige Chemie auskommt. Sie beginnt damit, dass das Hotend komplett mit dem darin befindlichen Material auf Betriebstemperatur (190 bis 210 °C bei PLA) aufgeheizt wird. Dann wird die Heizung im Hotend abgeschaltet, und die Temperatur wird über den angeschlossenen PC oder das angeschlossene Display beobachtet. Erreicht sie einen Wert um die 70 bis 80 °C, zieht man das PLA zügig per Hand aus dem Hotend heraus. Da es bei dieser Temperatur noch zäh ist, ist es verformbar und lässt sich so gut entfernen. Das Schöne daran ist, dass der Dreck aus der Düse an diesem Pfropfen festklebt und gleich mitgenommen wird. Spätestens wenn Sie diese Methode ein paar Mal wiederholt haben, sollte das Hotend sauber sein.

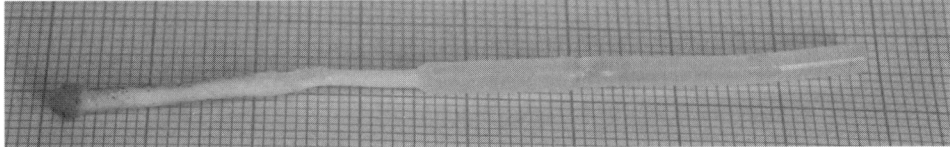

Bild 6.19: Halb weiches Material aus dem Hotend zu ziehen, reinigt die Düse.

Dünne Düsen durchstoßen

In einigen Fällen können diese beiden Methoden aber nicht mehr ausreichen, um den gesamten Schmutz aus dem Hotend zu entfernen. Dann kann es helfen, mit einem sehr dünnen Gegenstand in die Düse des Hotends zu stechen und den Schmutzpfropfen zu durchstoßen. Doch womit?

Während man bei einer 0,5-mm-Düse eventuell noch eine Möglichkeit im Haushalt findet – vielleicht eine besonders dünne Nadel –, ist es bei einem Durchmesser von 0,35 mm oder gar 0,2 mm deutlich schwieriger, überhaupt etwas zu finden, das passen könnte. Nicht optimal, aber immerhin machbar, ist die Verwendung von Elektronikkabeln, die aus vielen kleinen Einzeldrähten bestehen, sogenannten *Litzen*. Bei 0,2-mm-Düsen ist schon ein solcher Einzeldraht vollkommen ausreichend, um die Düse aufzustechen, bei 0,35 mm können mehrere solcher Einzeldrähtchen miteinander verdrillt und verwendet werden. Der Nachteil hierbei ist, dass solche Litzen normalerweise aus Kupfer gefertigt sind, das nicht sehr steif ist, wodurch das Durchstechen der Düse damit sehr schwerfällt – einmal davon abgesehen, dass es ohnehin sehr schwierig ist, ein Loch von 0,2 mm zu treffen. Dazu kommt, dass das Hotend bei dieser Operation sinnvollerweise natürlich heiß sein sollte und man sich zusätzlich leicht die Finger verbrennen kann. In der Apotheke bekommen Sie vielleicht auch Akupunkturnadeln, die kleiner als der Durchmesser Ihrer Düse sind. Diese sind aus wesentlich steiferem Stahl gefertigt und eignen sich besser, sind aber nicht in jeder beliebigen Dicke verfügbar.

Verstopfung der Düse vorbeugen

Natürlich kann man etwas unternehmen, um einer Verstopfung der Düse vorzubeugen. Die häufigste Ursache für eine verstopfte Düse ist normaler Hausstaub, der dem statisch aufgeladenen Filament anhaftet und sich dann über einige Zeit hinweg in der Düse ansammelt. Hier hilft es, einen einfachen Schaumstoffschwamm mit einer Schere zurechtzuschneiden und ihn mit einem Kabelbinder so um das Filament herumzulegen, dass der Schwamm den Staub vom Filament wegwischt. Diese Konstruktion findet kurz vor dem Extruder Platz, sodass der Hausstaub gar nicht erst in den Extruder oder das Hotend gelangt.

Aktive Kühlung des Hotends

In einigen Fällen kann es vorkommen, dass das Hotend in einer Halterung sitzt, die beispielsweise aus PLA besteht. Wenn sich nun das Hotend bei einem längeren Druckauftrag immer mehr aufheizt, kann es passieren, dass die Halterung weich wird und sich unter dem Druck, der vom Extruder kommt, zu verformen beginnt. Um dem vorzubeugen, kann ein aktiver Lüfter am Hotend dafür sorgen, dass die Kühllamellen stets mit kühlerer Luft versorgt werden und die Hitze vom Hotend abgegeben wird. Ein Nebeneffekt eines solchen Lüfters kann darin bestehen, dass der Übergang des Druckmaterials vom festen in den flüssigen Zustand in einem kleineren Bereich stattfindet und so weniger Reibung auftritt, die der Extruder ausgleichen muss. Erkauft wird das natürlich durch einen höheren Geräuschpegel des Druckers – je nach verwendetem Lüfter kann das von unangenehm bis kaum wahrnehmbar sein.

Aktive Kühlung des Materials

Das Material, das aus der Düse austritt, ist zunächst flüssig und wird dann bei Abkühlung nach und nach fest. Dieser Vorgang benötigt aber etliche Sekunden, bis er abgeschlossen ist. Nun kann es sein, dass – gerade zum Ende des Drucks – sehr kleine, dünne Strukturen gedruckt werden, für die der Drucker nur wenige Sekunden benötigt – beispielsweise das Dach einer Kirche oder die Ohren eines Hasen. In solchen Fällen passiert es häufig, dass das Material nicht die Gelegenheit hat, vollständig auszukühlen, bevor die nächste Schicht aufgetragen wird. In der Folge ist der Untergrund, auf den der Drucker druckt, noch recht weich und verformt sich durch die Bewegungen des Druckkopfs. Dadurch erhält man ein unsauberes Druckbild, das nicht so recht zum Rest des übrigen Ausdrucks passen will. Abhilfe kann hier ein Lüfter schaffen, der das Material kühlt, das gerade aus der Düse ausgegeben wird.

Durch die erhöhte Luftzirkulationsfunktion setzt die Abkühlung des Materials wesentlich schneller ein, und der Drucker ist in der Lage, auch bei kleineren Strukturen wieder auf festen Untergrund zu drucken. Natürlich hat ein Lüfter auch den Nachteil, dass er das Hotend abkühlt und Geräusche verursacht. Moderne Firmware (zum Beispiel Marlin) und Slicing-Programme (Slic3r) unterstützen daher die Möglichkeit, einen Materialventilator stufenlos anzusteuern. Hierzu wird der Anschluss einer Hotend-Heizung dafür zweckentfremdet, einen Lüfter anzusteuern – wenn jetzt auch noch das Slicing-Programm spezielle Lüfterbefehle in den G-Code einbaut, lässt das Programm den Lüfter nur dann anlaufen, wenn das Erstellen einer Druckschicht eine gewisse Mindestzeit unterschreitet – und das dann auch nur so stark, wie es notwendig ist, um das Material zu kühlen. Die genaue Ansteuerung eines Lüfters ist natürlich abhängig von der Elektronik und der verwendeten Firmware, lässt sich aber in den meisten Fällen recht unkompliziert einbauen. Halterungen für solche Materiallüfter finden sich für viele Extruder-Typen unter *thingiverse.com*.

Materialstau bei hoher Geschwindigkeit oder kleinen Düsen

Wenn man seinen Drucker mit einer hohen Geschwindigkeit betreibt (zum Beispiel 100 mm/s) oder besonders feine Düsen verwendet, kann es sein, dass es während des Drucks zu einem Materialstau kommt, obwohl das Material problemlos austritt, wenn der Drucker im Ruhezustand ist. In diesem Fall ist der Extruder nicht in der Lage, das Material im Druckbetrieb durch die dünne Düse zu drücken, da das Filament zu lange braucht, um die Temperatur für den flüssigen Zustand zu erreichen. Das zähflüssige Material kommt zwar bei der Düse an, verbraucht aber sehr viel Kraft, und nur eine begrenzte Menge kann aus der Düse gepresst werden. Ähnlich verhält es sich, wenn mit größerem Düsendurchmesser eine zu große Menge an Material durch die Düse ausgegeben werden soll, beispielsweise bei hohen Druckgeschwindigkeiten. Abhilfe schafft hier eine Erhöhung der Temperatur des Hotends um 10 oder 20 °C. Das Hotend wird hierdurch stärker aufgeheizt und ist so in der Lage, größere Mengen an Material zu schmelzen bzw. eine höhere Viskosität des Materials zu erreichen. Gerade PLA ist da sehr gutmütig: 190 bis 230°C sind ohne Probleme machbar, die Viskosität lässt sich hier besonders einfach steuern.

6.3 Bowden-Extruder

Auch die Masse eines Druckkopfs hat Auswirkungen auf die Druckqualität. Ist der Druckkopf sehr schwer, kann es vorkommen, dass der Druckkopf an einer Position, an der er eigentlich stoppen sollte, über das Ziel hinausschießt und an einer Position sein Material ausgibt, die so gar nicht geplant war. Auch wenn diese Verschiebungen nur einige Zehntelmillimeter betragen, kann man sie doch im Druckergebnis deutlich erkennen, und vor allem Genauigkeitsfanatiker geraten so an den Rand der Verzweiflung. Der schwerste Teil des Druckkopfs ist in den meisten Fällen der Extruder mit seinem Motor – rund ein halbes Kilo ist schon für einen einfachen Wade-Extruder fällig, während ein Hotend allein oft weniger als 150 Gramm wiegt. Es würde den Druckkopf also deutlich leichter machen, wenn der Extruder extern gelagert wäre und das Hotend auf dem Druckkopf läge. Das ist tatsächlich möglich, die Technik dahinter nennt sich Bowdenzug, und sie funktioniert relativ einfach.

Der Aufbau eines Bowdenzugs

Der Extruder wird vom Hotend getrennt und an einer beliebigen Position am Druckerrahmen befestigt. Zwischen Hotend und Extruder wird nun ein steifer Schlauch – meist aus Polytetrafluorethylen – gelegt, der am Extruder und Hotend durch eine Halterung befestigt wird.

Die Funktionsweise

Da der Schlauch sehr steif ist und sich in der Länge weder ziehen noch stauchen lässt, ist der Abstand zwischen Extruder und Hotend also immer gleich, auch wenn die Kräfte des Extruders einwirken. Ist zudem der Innendurchmesser dieses Schlauchs nahe dem Durchmesser des verwendeten Filaments, kann auch das Filament, das vom Extruder durch den Schlauch geschoben wird, keinen anderen Weg nehmen als den, der ihm vorgegeben wird. In der Folge lässt sich das Filament annähernd genauso präzise durch den Bowdenzug schieben, als wenn dieser nicht vorhanden wäre. Das Schöne ist, dass der PTFE-Schlauch gebogen werden kann. Es ist also möglich, den Schlauch in einem größeren Bogen vom Extruder hin zum Hotend laufen zu lassen, sodass der Druckkopf genügend Bewegungsspielraum hat, seine Bahnen zu ziehen. All diese Umstände ermöglichen es also tatsächlich, den Extruder vom Hotend zu trennen und separat aufzuhängen. Die Vorteile sind vor allem durch den leichteren Druckkopf gegeben: Nun können mit gleich starken Motoren höhere Geschwindigkeiten erreicht werden, und auch das Abbremsen und das Beschleunigen des Druckkopfs werden nicht mehr durch die Masse des Extruder-Motors behindert.

Natürlich erkauft man sich das durch einige Nachteile: Die Materialzufuhr zum Hotend lässt sich zwar immer noch recht gut steuern, ist aber nicht mehr so exakt, als wenn der Extruder direkt auf dem Hotend aufsetzen würde. Während das beim normalen Ausdruck nur wenig ins Gewicht fällt, funktioniert ein Retract, also das Zurückziehen des Materials zum Leeren der Düse, nicht mehr so optimal und muss größer ausfallen. Außerdem reibt das Filament natürlich innerhalb des Schlauchs, sodass der Extruder mehr Kraft aufwenden muss, um das Filament vorwärtszutransportieren. Ein Direct-Drive-Extruder ist bei 3-mm-Filament schnell überfordert und liefert keine brauchbaren Druckergebnisse mehr. Trotz dieser Nachteile ist ein Bowdenzug eine sinnvolle Erweiterung, der die Qualität und die Druckgeschwindigkeit deutlich steigern kann. Mit einigen Tricks lassen sich die Nachteile eines Bowdenzugs beherrschen.

6.3 Bowden-Extruder

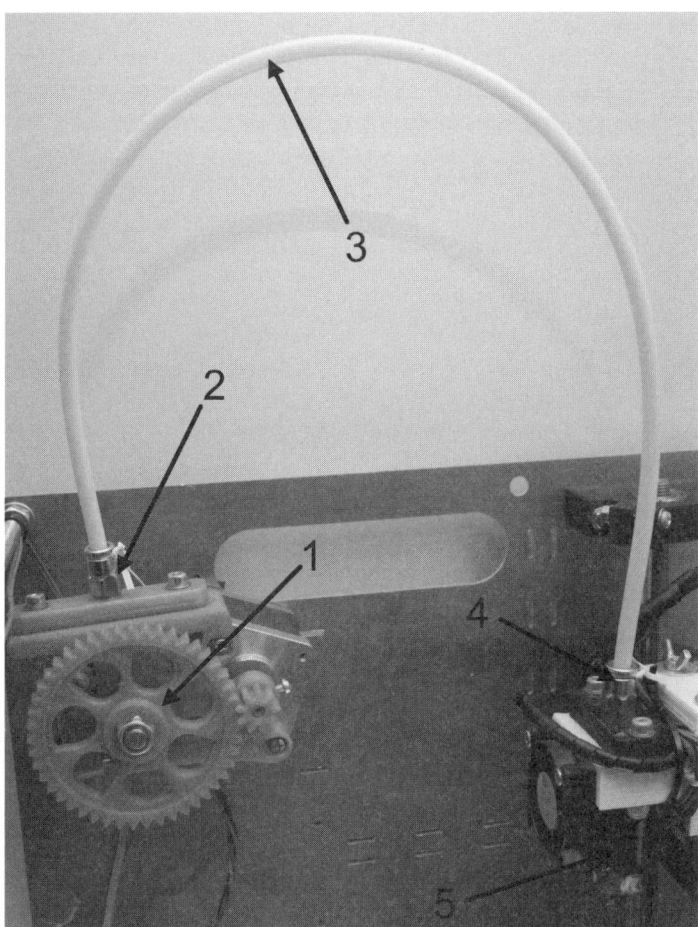

Bild 6.20: Der Extruder (1) drückt das Filament durch den Bowdenzug (3), der über Pneufits (2 + 4) befestigt ist, zum Hotend (5).

Hacks, Tipps und Tricks

Befestigung des Bowdenzugs

Es ist nicht einfach, einen PTFE-Schlauch mit Hausmitteln am Extruder oder Hotend zu befestigen. Das Material hat eine geringe Reibung zu anderen Stoffen und lässt sich kaum richtig fassen. Es ist also bereits eine Kunst, eine Fassung für den PTFE-Schlauch herzustellen. Es gibt in der RepRap-Szene etliche Varianten, wie man das angeblich gut lösen kann – von der Verwendung von Heißklebepistolen bis hin zum Schneiden eines Gewindes direkt in den Schlauch. Auch wenn einige Methoden durchaus funktionieren mögen, können wir nur den dringenden Rat geben, sich die Arbeit zu sparen und sogenannte Pneufit-Verbindungen zu verwenden. Diese kleinen Verbindungsstücke kosten pro Stück gerade mal 2 bis 2,50 Euro, sind sehr zuverlässig und halten den Schlauch bombenfest. Zur Befestigung am Extruder oder Hotend muss nur ein Teil gedruckt werden, das ein Loch für die Halterung aufweist, in die dann ein 1/8x27-Gewinde geschnitten werden muss. Einen Gewindeschneider findet man für wenig Geld im Baumarkt, und entsprechende Gewinde halten im Plastik der Extruder- oder Hotend-Halterung ausgesprochen gut.

Bild 6.21: Pneufits halten den rutschigen PTFE-Schlauch verlässlich fest.

Auch das Lösen eines Schlauchs aus einer dieser Verbindungen ist mit nur einem einzigen Handgriff getan.

Spielverringerung für Pneufits

Verwendet man Pneufits in seinem Bowdenzug, wird man feststellen, dass sich bei einem Retract die Pneufits um ca. 1,5 mm bewegen, bei zwei Pneufits also um ca. 3 mm. Das liegt an der Konstruktionsweise dieser Verbindungsstücke, die auch das Entfernen des Schlauchs durch Herunterdrücken des abschließenden Rings ermöglichen. Diese Funktion ist aber bei einem Bowdenzug nicht wirklich wünschenswert. Natürlich kann man den Retract nun einfach um 3 mm länger machen und diese Bewegung akzeptieren, alternativ ist es aber auch möglich, sich eine Art Unterlegscheibe für die Pneufits auszudrucken und diese in den Spalt zu drücken. Damit ist das Spiel der Pneufits deutlich reduziert, und will man den Schlauch doch einmal vom Pneufit abziehen, muss zuvor nur diese Unterlegscheibe entfernt werden.

Einstellungen im Slicing-Programm

Während ein einfacher Ausdruck, bei dem Material kontinuierlich aus dem Hotend austritt, auch mit einem Bowdenzug meist gut funktioniert, gibt es bei Ausdrucken, bei denen häufige Retracts stattfinden, mehr Probleme. Da die Retracts länger als ohne Bowdenzug ausfallen und aufgrund des hohen Spiels des Filamenttransports auch weniger schnell ausgeführt werden, geschieht es bei Bowdenzügen wesentlich schneller, dass das Hotend Fäden zieht und der erneute Ansatz nach dem Retract unsauberer wird.

Natürlich kann man versuchen, sein Bowdenzugsystem immer weiter zu verbessern, was man durchaus auch tun sollte, aber irgendwann ist eine Grenze erreicht, die man nur noch schwer überschreiten kann. Wesentlich schneller kommt man zum Ziel, wenn man die Anzahl der Retracts verringert. Da die Retracts durch G-Code-Befehle in der Druckdatei ausgelöst werden und diese vom Slicer-Programm erstellt wird, müssen wir auch dort nach einer Lösung suchen. Das von uns favorisierte Slic3r bietet dazu ein paar Einstellungen, die Sie unbedingt aktivieren sollten, um die Qualität bei Bowdenzügen deutlich zu verbessern:

- *Avoid crossing perimeters*: Vermeidet, so möglich, dass der Druckkopf Perimeter überquert, wozu ein Retract nötig wäre.
- *Only retract when crossing perimeters*: Retracts werden nur dann ausgeführt, wenn ein Perimeter überquert werden muss. Bei Füllungen wird beispielsweise kein Retract ausgeführt.
- *Retract on layer change*: Wird diese Einstellung ausgeschaltet, wird auch bei einem Schichtwechsel kein Retract ausgeführt.
- *Wipe before retract*: Verbessert die Qualität eines Retracts, indem beim Retract die zuvor gedruckte Bahn rückwärts abgefahren wird.

Das Druckmaterial

Das Material, mit dem man auf einem 3-D-Drucker nach dem Fused-Deposition-Verfahren druckt, ist normalerweise ein Plastikdraht, der entweder 3 mm oder 1,75 mm Durchmesser hat. Er ist üblicherweise auf einer Rolle aufgewickelt und es gibt ihn in Handelsgrößen von 1 kg oder 2,3 kg.

Bild 7.1: Eine 1-kg-Rolle mit 3-mm-Filament.

Im Englischen wird dieser Plastikdraht *Filament* genannt, was Draht, Faser oder Faden bedeutet und auch im Deutschen ein Fachausdruck für eine einzelne Faser beliebiger Länge ist. Das Material des Plastikdrahts oder Filaments ist üblicherweise ABS oder PLA, es gibt aber auch eine ganze Reihe weiterer Materialien, die für den 3-D-Druck verwendet werden können. Dabei ist natürlich interessant, bei welchen Temperaturen das Material zu schmelzen beginnt, denn auf diese Temperatur muss das Hotend des Druckkopfs ausgelegt und eingestellt werden. Für das beheizte Druckbett ist die Glastemperatur des Filaments interessant, also jener Bereich, bei dem das Material anfängt, weich zu werden und gut auf dem Untergrund zu haften.

7.1 Materialarten

Es gibt mittlerweile eine ansehnliche Anzahl von verschiedenen Druckmaterialien, die für den 3-D-Druck genutzt werden können. Die bekanntesten sind nach wie vor ABS und PLA, aber auch andere Materialien treten immer mehr in den Vordergrund, und es werden immer mehr.

ABS-Filament

Das bekannteste Material ist ABS. Die Abkürzung ABS steht für den Kunststoff Acrylnitril-Butadien-Styrol, der, wie der Name schon erraten lässt, aus drei verschiedenen Grundbausteinen zusammengesetzt wird. Wie alle Druckmaterialien ist dieser Kunststoff als Thermoplast eingestuft, was bedeutet, dass er sich durch Erhitzen verflüssigen lässt – Kunststoffe, die sich nicht verflüssigen lassen, nennt man Duroplaste. ABS wird bereits seit Jahrzehnten in vielen Haushaltsprodukten eingesetzt, sei es als Verpackung für Lebensmittel, als Plastikschüssel, Spielzeug oder als Bestandteil von Möbeln. Es schmilzt bei einer Temperatur von 220 bis 250 °C, abhängig von der genauen Mischung der verschiedenen Einzelteile und der Herstellung. Die Temperatur für das Heizbett sollte zwischen 100 und 120 °C liegen. ABS haftet kalt gut auf Acryl, bei höheren Temperaturen auf PET (z. B. Scotch 2090) oder Polyimid (z. B. Kapton-Klebeband). Im Gegensatz zu PLA hat ABS beim Ausdruck den Vorteil, dass es weniger Kraft seitens des Extruders benötigt, da es weniger gut an Oberflächen haftet. Diesen Vorteil erkauft man sich jedoch teuer mit einem sehr starken Warping-Effekt, bei dem sich das Druckobjekt sehr stark verbiegt und sich beispielsweise von der Druckoberfläche löst. Diesen Effekt kann man nur durch ein beheiztes Druckbett und eventuell durch eine Heat Chamber lösen, bei der der gesamte Druckbereich verschlossen ist, sodass sich das Druckobjekt nicht zu schnell abkühlt. Beim Ausdrucken von ABS treten Dämpfe aus, die unangenehm riechen. Die Hersteller von ABS-Druckfilament beteuern zwar stets, dass diese ungefährlich seien, jedoch können sie bei Personen oder Tieren mit Atembeschwerden oder chemischer Sensibilität Reizungen hervorrufen.

PLA-Filament

Weite Verbreitung für den 3-D-Druck hat auch PLA gefunden. Polylactid oder auch Polymilchsäure sind Biopolymere, die zur Gruppe der Polyester gehören. Milchsäure ist ein ganz natürlicher Stoff, den Sie aus Buttermilch, Joghurt oder auch Sauerkraut kennen. Wie das *Poly* im Namen andeutet, sind bei diesem Kunststoff viele Milchsäuremoleküle aneinandergereiht, sodass sie zusammen einen neuen Stoff ergeben. PLA schmilzt bei 150 bis 160 °C und erreicht seine Glastemperatur, bei der es weich wird, bereits ab 45 bis 65 °C. Gerade diese niedrigen Temperaturen machen den Stoff zum fast optimalen Material für den heimischen 3-D-Drucker, denn die 180 bis 190 °C, bei denen PLA üblicherweise verarbeitet wird, lassen sich im Hotend verhältnismäßig leicht erreichen. Es hat zudem die Eigenschaft, sehr gut auf Glas zu haften, das auf 45 bis 65 °C erwärmt wurde – auch für ein Heizbett eine durchaus zu schaffende Temperatur. Es lässt sich schwer entzünden, hat eine geringe Feuchtigkeitsaufnahme und eine hohe UV-Lichtbeständigkeit. In den meisten Fällen wird es aus Maisstärke gewonnen, in einigen Fällen wird aber auch das Abfallprodukt Molke aus Molkereien verwendet. Da verwundert es nicht weiter, das PLA auch biologisch abbaubar ist, wenn auch nur in industriellen Kompostieranlagen. Da PLA zudem vom menschlichen Körper abgebaut werden kann, wird es manchmal für medizinische Implantate verwendet, die nur temporär im Körper verbleiben sollen, wie z. B. Nähfäden, Platten oder Schrauben. Der Vorteil ist hierbei, dass nur eine Operation für das Einsetzen der Implantate notwendig ist und keine zweite für das Entnehmen, da die Stoffe vom Körper über Monate oder Jahre hinweg abgebaut werden. Bekannter ist PLA allerdings für seine Verwendung für kompostierbare Plastiktüten, Teebeutel oder Sportbekleidung, Letztere aufgrund der geringen Feuchtigkeitsaufnahme und der hohen Kapillarwirkung.

PVA-Filament

Ein in der 3-D-Drucker-Szene relativ neuer Druckstoff ist der Polyvinylalkohol. Er schmilzt bei 200 bis 228 °C und hat seine Glastemperatur bei ca. 85 °C. Praktischerweise liegt er damit ziemlich genau in dem Bereich, den 3-D-Drucker abdecken, wodurch er sich gut in bereits bestehende Techniken integrieren lässt. Leider hat er derzeit[8] einen noch recht hohen Preis, der sich aber schnell relativiert, wenn man sieht, welche spezielle Eigenschaft dieser Stoff außerdem noch hat: Er löst sich vollkommen in Wasser auf und ist damit das optimale Material, mit dem man Stützstrukturen ausdrucken kann. Wer schon ein wenig mit 3-D-Druckern gearbeitet hat, kennt die lästigen Stützstrukturen zur Genüge und weiß, wie schwer sie manchmal vom eigentlichen Objekt zu lösen sind. Manche Objekte lassen sich gar nicht richtig ausdrucken, da ihre filigranen Strukturen vollkommen in der Stützstruktur untergehen oder beschädigt werden, sobald man diese entfernen will. Wie schön ist es dann, wenn man sein Objekt einfach einige Zeit in ein warmes Wasserbad stellt und sich diese Stützstrukturen von ganz allein auflösen! Auch aus Umweltsicht ist das nicht

---

[8] Februar 2014.

weiter dramatisch, da das Material in der Kläranlage gut ausgefällt werden kann. Man kennt das Material übrigens schon von Maschinengeschirrspülmittel-Tabs mit wasserlöslicher Hülle, von Klebstoffen und von Kunstdärmen für Wurstware, und natürlich ist es auch ungiftig bei der Aufnahme durch Mund und Haut.

Nylon-Filament

Ebenfalls relativ neu in der RepRap-Szene ist das Polyamid, landläufig eher bekannt als Nylon.

Polyamide sind für ihre hervorragende Festigkeit und Zähigkeit bekannt. Sie werden gern als Konstruktionswerkstoffe verwendet, halten Tischbeine an ihrem Platz und werden für Zahnräder und andere Mechaniken verwendet. Aber auch Alltagsgegenstände wie Zahnbürsten und die berühmten Nylonstrümpfe sind aus diesem Material. Es gibt recht viele verschiedene Arten von Polyamid, deshalb können sich die Schmelztemperaturen auch recht stark unterscheiden. Üblicherweise liegen sie zwischen 220 und 260 °C, die Glastemperatur liegt bei 60 bis 75 °C. Neben den mechanischen Vorteilen bietet Polyamid auch die Möglichkeit, das Material leicht einzufärben. Hierzu können normale Textilfärbestoffe verwendet werden, die auch beim Färben in der Waschmaschine zum Einsatz kommen. Da man es mit etwas Geschick durchaus hinbekommt, dieselbe Filament-Rolle mehrfach einzufärben und so verschiedene Bereiche mit unterschiedlichen Farben innerhalb des Filaments herzustellen, können sehr farbenfrohe Objekte mit Farbwechseln ausgedruckt werden. Da das Material recht neu ist, ist noch nicht so viel über die optimale Druckbettoberfläche bekannt. Der Hersteller des bekanntesten Nylon-Filaments, Taulman 3D, empfiehlt die Verwendung von unbehandeltem Pappelholz oder raues PET-Klebeband, die RepRap-Gemeinde erwähnt den Uhu-Alleskleber.

Holz-Filament

Natürlich kann nicht mit reinem Holz gedruckt werden, aber es gibt Filamente, die auf Holz basieren, dieselbe Farbe haben und beim Ausdruck auch wie leicht verbranntes Holz riechen. Es verzieht sich kaum beim Ausdrucken und wird ab 180 °C verarbeitet. Höhere Temperaturen färben das Holz dunkler, wodurch es möglich ist, durch eine Variation der Hotend-Temperatur Holzjahresringe zu simulieren. Die Druckergebnisse lassen sich ähnlich wie Holz verarbeiten, können also beispielsweise relativ einfach geschliffen werden. Ansonsten ist die Verarbeitung ähnlich wie PLA. Ein bekanntes Produkt ist Laywoo-3D.

Stein-Filament

Ebenso kann man natürlich auch mit Stein keinen 3-D-Ausdruck starten. Es gibt aber mit Laybrick ein Filament, das auf Mineralien basiert und ähnlich wie PLA verarbeitet wird. Es wirkt auf der Oberfläche wie Sandstein und ist damit gut für Architekturmodelle geeignet. Es wird im Temperaturbereich von 180 bis 200 °C verarbeitet, wobei 185 °C die normale Drucktemperatur ist. Für den Ausdruck wird kein Heizbett benötigt. Je heißer das Objekt gedruckt wird, desto rauer wird auch die Oberfläche – eine Beeinflussung des Druckergebnisses kann also leicht über die Temperatur des Hotends geregelt werden.

7.2 Beschaffenheit, Varianten und Qualität

Durchmesser

Üblicherweise kommt Filament für 3-D-Drucker in zwei verschiedenen Größen zum Einsatz: 3 mm und 1,75 mm.

Bild 7.2: 3-mm-Filament und 1,75-mm-Filament im Größenvergleich.

Während vor einigen Jahren noch häufiger 3-mm-Filament verwendet wurde, das damals leichter zu beschaffen war, verwendet man heute immer öfter 1,75-mm-Filament. Das hat vor allem damit zu tun, dass dieses dünnere Filament leichter zu dosieren ist als das mit 3 mm und zudem eine geringere Kraft benötigt wird, um es durch die Düse des Extruders zu pressen. Mittlerweile unterscheiden sich die Preise zwischen den beiden Arten von Filament kaum noch. Wenn Sie also noch vor der Entscheidung stehen, welches Hotend und damit welche Art von Filament Sie verwenden möchten, entscheiden Sie sich möglichst für das kleinere Format, da es deutlich leichter zu verarbeiten ist.

Beschaffung

Filament bekommt man am einfachsten in einschlägigen Internetshops in Deutschland und Europa. In Ladengeschäften oder Baumärkten findet man Filament derzeit überhaupt nicht – ein Umstand, der sich in den nächsten Jahren hoffentlich ändern wird. Da es noch keine einheitlichen Normen für 3-D-Drucker-Filament gibt, schwankt die Qualität zum Teil erheblich, sodass es sich auf jeden Fall lohnt, Internetforen nach Erfahrungsberichten zu durchsuchen. Tendenziell ist aber zu beobachten, dass die Qualität des Filaments allerorten zunimmt, sodass die Gefahr, ein gänzlich unbrauchbares Filament zu kaufen, immer geringer wird. Häufig ist es so, dass Einzelteile, gerade für den RepRap-Bedarf, günstig aus China zu beziehen sind. Bei Filament ist das leider anders, hier unterscheiden sich die Preise zu den lokalen Anbietern nicht so stark, was vor allem an den recht hohen Transportkosten und dem unvermeidlichen Gewicht der Filament-Rollen liegt. Oft wird Filament aus China eine schlechte Qualität nachgesagt. Wir können das aus unserer Erfahrung nicht bestätigen, bislang waren wir mit jedem Filament in der Lage, brauchbare Ausdrucke anzufertigen.

Woran erkennt man Qualität?

Die Qualität von 3-D-Drucker-Filament aus Internetangeboten allein aus den Angaben und den Fotos zu erkennen, ist nicht einfach. Es gibt jedoch ein paar Hinweise, die darauf hindeuten können, dass der Hersteller sein Handwerk versteht: Schon an der Verpackung des Materials trennt sich schnell die Spreu vom Weizen. Da Filament häufig wasserabsorbierend ist, was dann beim Ausdruck unschöne Blasen werfen kann, sollte es grundsätzlich in Folie verschweißt sein und ein Salztütchen beinhalten, das die im Beutel befindliche Feuchtigkeit bindet. Weiterhin sollte das Material auf einer Rolle aufgewickelt sein und nicht lose verpackt geliefert werden. Eine Rolle wird normalerweise so gewickelt, dass der Materialstrang leicht abgerollt werden kann und sich nicht verknotet, was bei einer losen Lieferung nicht gewährleistet ist. Damit das Material nicht mitten in einem Druckvorgang reißt, sollte darauf geachtet werden, dass im Material keine Risse zu sehen sind. Diese Risse entstehen meist durch zu starke Biegung im kalten Zustand, beispielsweise wenn das Material im kalten Zustand auf die Rolle aufgewickelt wird. Leider kann man das auf Fotos meist nicht erkennen, wohl aber, wenn das Material angekommen ist. Wenn Sie danach Ausschau halten, brauchen Sie eventuell das Material gar nicht erst auszupacken, sondern können es sofort an den Händler zurückschicken. Alle anderen Eigenschaften lassen sich leider erst durch Ausprobieren herausfinden. Daher lohnt sich wirklich ein Blick in die Kundenbewertungen in einschlägigen Foren, bevor man bei einem bestimmten Hersteller sein Material ordert.

Pigmente

Abgesehen vom eigentlichen Grundmaterial werden in die Filament-Rollen auch Farbpigmente eingearbeitet. Auf diese Weise bekommt man PLA und ABS meistens in sehr vielen unterschiedlichen Farbschattierungen. PVA wird meistens nur in Naturfarbe (ein leichtes, transparentes Gelb) ausgeliefert, da es ohnehin größtenteils in Wasser aufgelöst wird, Nylon erhält man derzeit nur in Weiß, weil man es selbst sehr leicht mit Textilfarben einfärben kann. Die Farbpigmente, die in ABS und PLA verwendet werden, haben in den meisten Fällen keine nennenswerten Auswirkungen auf das Druckergebnis. Bei hochpigmentierten Sorten, wie z. B. Weiß, Gold oder Silber, kann es vorkommen, dass das Material zähflüssiger wird als nicht pigmentiertes Filament. Je nach verwendeter Düse kann das dann auch zu Problemen führen, die sich vielleicht nicht mehr durch eine erhöhte Temperatur beheben lassen. Neben den üblichen Farben gibt es auch Spezialpigmente, die beispielsweise Lichtenergie aufnehmen und diese dann in der Dunkelheit abgeben. So gibt es sogenannte *Glow-in-the-Dark*-Filamente, die gut geeignet sind, um für die private Geisterbahn einige Objekte auszudrucken.

7.3   Gifte, Gesundheit und Umwelt

Üblicherweise werden beim 3-D-Druck Materialien verwendet, die im kalten Zustand absolut unbedenklich sind. Doch leider werden diese Materialien beim Ausdruck ja auch erhitzt und können so Stoffe abgeben, die vielleicht für den Körper nicht ganz gesund sind. Informationen darüber, welche Stoffe dabei genau austreten und ob diese gesundheitsschädlich sind, sind leider sehr schwer zu finden. Es gibt lediglich einige private Untersuchungen, die beruhigenderweise besagen, dass keine oder kaum Blausäure (HCN) bzw. Kohlenmonoxid austritt – bei normalen Drucktemperaturen und bei keinem der getesteten Materialien (ABS, PLA und Nylon). Repräsentativ sind diese Untersuchungen jedoch nicht. Sieht man sich allerdings einmal die Bestandteile von beispielsweise ABS an, kann einen schon das kalte Grausen erwischen:

Acrylnitril ist eine farblose Flüssigkeit mit stechendem Geruch, die bei −81 °C schmilzt und bei 77 °C siedet. Sie ist nach GHS und EU-Gefahrenstoffkennzeichnung leicht entzündlich, ätzend, giftig, gesundheitsgefährdend und umweltgefährdend. Styrol ist eine farblose, süßlich riechende und stark lichtbrechende Flüssigkeit, die bei −30 °C schmilzt und bei 145 °C siedet. Sie ist feuergefährlich und gesundheitsgefährdend. 1,3 Butadien ist ein farbloses Gas mit aromatischem Geruch, das bei −109 °C schmilzt und bei 4,5 °C siedet. Es ist hoch entzündlich und giftig. Das klingt natürlich erst einmal sehr erschreckend, man muss sich aber dabei vor Augen halten, dass aus diesen hoch reaktiven Stoffen ein komplett neuer Stoff hergestellt wird, der getrennt zu sehen ist. Dass beim Erhitzen von ABS genau diese Bestandteile austreten oder ausgasen, ist sehr unwahrscheinlich. Dennoch muss man sagen, dass bei der Herstellung von ABS zweifellos eine Reihe recht giftiger Stoffe verwendet wird – im industriellen

Rahmen und unter kontrollierten Bedingungen. Auch ist ABS in der Vergangenheit bei Hausbränden nicht sonderlich erwähnt worden, anders als das beispielsweise bei PVC der Fall war. Das professionelle Verbrennen von ABS in Müllverbrennungsanlagen scheint ebenfalls unbedenklich zu sein – dies aber mit hohen Temperaturen und geeigneten Luftfiltern.

Bei der Herstellung von PLA sieht es da wesentlich freundlicher aus: Als Rohstoff wird Maisstärke oder Molke verwendet, also gänzlich natürliche Materialien. Auch die weitere Verarbeitung ist nicht besonders umweltschädlich, im Wesentlichen werden nur ein Katalysator (zum Beispiel Zinnoxid) und Wärme verwendet. Bei der Verwendung von ABS treten unangenehm riechende Dämpfe aus, die in beim 3-D-Druck üblichen Mengen zwar im Allgemeinen nicht gesundheitsschädlich sind, aber bei chemiesensiblen Menschen oder Tieren durchaus Atemwegsreizungen hervorrufen können. Bei PLA treten keine solchen Dämpfe aus, meist wird der – kaum wahrnehmbare – Duft als angenehm empfunden.

Es gibt eine Studie des Illinois Institute of Technology (IIT) und des französischen National Institute of Applied Sciences, die besagt, dass beim 3-D-Druck nach dem Fused-Deposition-Verfahren sehr viele Feinpartikel abgegeben werden, die im Körper eingelagert werden, sich dort anreichern und die Gesundheit beeinträchtigen können. Die Anzahl der Partikel, die bei ABS abgegeben werden, ist dabei zehnmal höher als die, die bei PLA austreten. Leider ist der Studie nicht genau zu entnehmen, welche Druckertypen untersucht wurden – es gibt nämlich Drucker, die zwar nach einem Fused-Deposition-Verfahren arbeiten, aber anstelle der im Heimbereich üblichen Materialstränge einzelne Materialtröpfchen verwenden, die unter hohem Druck auf das Objekt gespritzt werden.

Leider wurden bislang zu wenige Untersuchungen der neuen Druckertechnik durchgeführt, um eine sichere Aussage darüber machen zu können, ob 3-D-Druck gesundheitsschädlich ist oder nicht. Wer auf Nummer sicher gehen möchte, verwendet PLA und druckt nur in gut belüfteten Räumen. Alternativ kann hierfür auch eine Heat Chamber verwendet werden, die den gesamten Drucker einschließt und die Entlüftung über einen Aktivkohlefilter vornimmt.

7.4 Tipps und Tricks

Gute Aufhängung für die Filament-Rolle

Vor allem wenn man den Drucker längere Zeit unbeaufsichtigt arbeiten lassen möchte, ist eine zuverlässige Einrichtung notwendig, die das Filament möglichst einfach abrollt. Da die Kraft, die zum Abrollen notwendig ist, vom Extruder kommen muss und dieser ohnehin schon genug zu leisten hat, sollte man darauf achten, dass sie nicht zu groß wird. Weiterhin sollte man beachten, dass sich der Abroller nicht selbstständig verstellt, sondern das Material immer an dieselbe Stelle liefert. Stellt man eine Filament-Rolle einfach nur auf den Boden, wird sie sich durch das Abrollen weiterbewegen und irgendwann einmal das Material in einem so ungünstigen Winkel an den Extruder liefern, dass dieser seine Arbeit nicht mehr ausführen kann. Es gibt Abroller, die den Rand der Rolle auf Kugellager betten, sodass die Rolle durch ihr Gewicht darauf festgehalten wird und gleichzeitig leicht abgerollt werden kann. Sobald aber die Rolle leichter wird, rutscht sie gern von der Halterung herunter und wird dadurch unzuverlässig.

Bild 7.3: Abroller auf Kugellagern – bei leichter Rolle unzuverlässig.

Besser sind Vorrichtungen, die einfach das Loch in der Mitte der Rolle ausnutzen und sie um eine einfache Stange drehen lassen. Das sieht vielleicht nicht schick aus, ist aber sehr zuverlässig. Der Reibungsverlust ist relativ gering, sodass dies auch vom Extruder erledigt werden kann.

Bild 7.4: Abroller mit einfacher Stange – zuverlässig und einfach.

CNC Fräsen

Enge Verwandte der 3-D-Drucker sind CNC-Fräsen. Sie sind verglichen zu den 3-D-Druckern ähnlich aufgebaut, leisten Vergleichbares, sind ebenso relativ erschwinglich und werden schon seit Jahren im Hobbybereich für den Modellbau, zum Gravieren von Gegenständen oder zur Produktion von Elektronik-Leiterplatten verwendet. Wie 3-D-Drucker besitzen sie eine X-, Y- und Z-Achse und einen Kopf, der sich mit Hilfe dieser Achsen frei im Raum bewegen kann. Der Kopf allerdings beherbergt eine Frässpindel, eine Art genau gefertigte Bohrmaschine, die mit hoher Drehzahl arbeitet, an der wiederum ein Fräskopf befestigt ist. Die Frässpindel erinnert passenderweise an einen Bohrer, hat aber nicht nur die Aufgabe, in das Material einzutauchen, sondern es auch seitlich abzuhobeln.

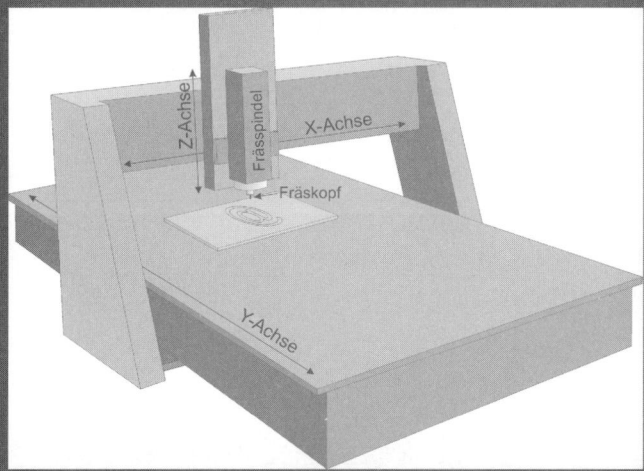

Eine CNC-Fräse kann ihren Kopf wie ein 3-D-Drucker auf drei Achsen bewegen, besitzt aber eine Frässpindel.

Dieser Kopf kann nun über die Achsen an jede beliebige Position bewegt werden und nimmt auf dem Weg dorthin das Material mit, was zuvor in die CNC-Fräse eingespannt wurde. Häufig sind dies günstige und leicht zu bearbeitende Werkstoffe wie Holz, Hartschaum oder Plastik, es können aber auch – schon im Hobbybereich – leichte Metalle wie Aluminium oder Messing verarbeitet werden. Da eine CNC-Fräse im Gegensatz zu 3-D-Druckern kein Material aufträgt, sondern dieses von einem größeren Werkstück abträgt, ordnet man sie den subtraktiven Verfahren zu. Eine CNC-Fräse ist gegenüber einem 3-D-Drucker deutlich stabiler gebaut. Häufig werden schwere und massive Metallteile zum Aufbau der Fräse verwendet, da diese erstens einen deutlich schwereren Kopf tragen muss, zweitens deutlich mehr Kraft für das Bewegen der Frässpindel im abzutragenden Material benötigt wird und drittens auch viel mehr Vibrationen toleriert werden müssen, als das bei 3-D-Druckern der Fall ist.

Da verwundert es wenig, dass auch deutlich stärkere Schrittmotoren benötigt werden, die diese Kräfte aufbringen können.

Die Elektronik zur Ansteuerung der Schrittmotoren unterscheidet sich wiederum kaum von der von 3-D-Druckern. Je ein Schrittmotortreiber pro Achse sowie Endstops müssen die Elektroniken von CNC-Fräsen aufweisen – wie auch beim 3-D-Drucker. Hinzu kommt lediglich eine Möglichkeit, die Spindel an- und abzuschalten. Da zudem die CNC-Fräse ebenso G-Codes wie ein 3-D-Drucker verarbeitet, gibt es in der RepRap-Szene einige Elektroniken und dazu passende Firmwares, die sich sowohl für den 3-D-Druck als auch für CNC-Fräsen eignen. Der größte Vorteil einer CNC-Fräse liegt vor allem an der Verarbeitung von Werkstücken, bei denen weniger weggenommen werden muss als übrig bleibt. So werden mit CNC-Fräsen gerne Holz- oder Plastik-Platten verarbeitet, aus denen kleinere Stücke herausgeschnitten werden. Da hier oft nur einmal die Konturen des Werkstücks abgefahren werden, stört die recht geringe Geschwindigkeit der CNC-Fräse kaum, kommt man doch trotzdem recht schnell zu einem schönen Ergebnis. Will man hingegen große Bereiche aus dem Material herausfräsen, nimmt die Geschwindigkeit, mit der ein Werkstück gefertigt wird, deutlich ab. Schneller als ein 3-D-Drucker, der vor allem große Objekte in sehr vielen Schichten aufbauen muss, ist eine CNC-Fräse allerdings meist immer noch. Schön an einer CNC-Fräse ist auch die große Materialvielfalt, mit der sie umgehen kann. Während 3-D-Drucker nur mit einigen wenigen Kunststoffen betrieben werden können, verarbeitet eine CNC-Fräse fast alles, was sich durch ihren Fräskopf schneiden lässt – bis hin zu Edelstahl bei professionellen Geräten. Zudem sind viele der verwendeten Materialien deutlich günstiger als das Filament der 3-D-Drucker – mit Hartschaum oder Holz lassen sich auch große Objekte fertigen, die mit Filament unbezahlbar wären.

Allerdings hat eine CNC-Fräse auch einen entscheiden Nachteil: Sie kann nur das Material entfernen, das auch durch den Fräskopf erreichbar ist. Während ein 3-D-Drucker problemlos Schicht für Schicht das Modell eines Hühnereis samt innenliegendem Embryo drucken könnte, wäre dieselbe Aufgabe für eine CNC-Fräse unmöglich, da sie bei der Fertigung des Innenraums des Eis unweigerlich dessen Schale durchbohren müsste. Auch Überhänge können mit einer Fräse mit nur drei Achsen nicht gefertigt werden, da der Fräskopf hier nur senkrecht von oben nach unten fahren kann. Daher spricht man einer Fräse mit drei Achsen lediglich die Fähigkeit zu, zweieinhalb Dimensionen bearbeiten zu können. Professionelle Fräsen haben vier oder gar fünf Achsen, mit denen man diese Einschränkung etwas aufweichen kann, dieselben Möglichkeiten wie ein 3-D-Drucker hat aber keine Fräse. Die vierte Achse einer CNC-Fräse ermöglicht übrigens meist eine Drehung des Werkstücks um eine Achse und die fünfte ein seitliches Kippen des Fräskopfes. Weitere Nachteile der CNC-Fräse sind deren enorme Lautstärke im Betrieb sowie der Umstand, dass immer Späne anfallen, die den Arbeitsbereich verschmutzen. Zudem müssen manchmal das Werkstück sowie Fräskopf mit Flüssigkeit gekühlt werden, da bei der Verarbeitung große Wärme entstehen kann. All dies macht eine CNC-Fräse vielleicht weniger geeignet für den Einsatz im heimischen Wohnzimmer – eine gute Möglichkeit, eine Vielzahl von Materialien schnell und genau zuzuschneiden, ist sie aber dennoch.

Die Elektronik

Bislang haben wir die Rahmenkonstruktion, die Achsen, das Druckbett, den Druckkopf und das Druckmaterial betrachtet. Alles zusammengenommen, ergibt bislang einen großen Haufen Hightechmaterial, aber ohne jegliche Funktion, da das verbindende Element fehlt. Diese Aufgabe übernimmt die Elektronik: Sie sorgt dafür, dass die Motoren funktionieren, der Druckkopf Material ausgibt und die Kommunikation mit dem PC stattfindet.

8.1 Die Aufgaben der Elektronik

Damit ein 3-D-Drucker korrekt arbeiten kann, muss die Elektronik viele unterschiedliche Aufgaben bewältigen:

- Eine der wichtigsten Aufgaben ist das Ansteuern der Schrittmotoren, sodass der Druckkopf frei in der X-, Y- und Z-Achse bewegt werden kann. Allein das Bewegen der Schrittmotoren ist eine anspruchsvolle Aufgabe, die exakte Positionierung des Druckkopfs, sodass das gewünschte Druckbild entsteht, eine noch schwierigere.

- Damit der Druckkopf nicht über sein Ziel hinausschießt, gibt es Schalter, die immer dann anschlagen, wenn der Druckkopf den Rand des Druckbereichs erreicht hat. Diese sogenannten *Endstops* müssen ebenso von der Elektronik berücksichtigt werden, damit diese die Bewegung des Druckkopfs rechtzeitig unterbrechen kann, bevor ein Schaden entsteht.

- Damit der Druckkopf Material ausgeben kann, muss die Elektronik den Extruder dazu veranlassen, Material in das Hotend zu pressen. Auch hier muss wieder ein Schrittmotor bewegt und die auszugebende Menge an Material berechnet werden.
- Natürlich muss das Hotend auch beheizt werden, was ebenso die Elektronik übernimmt. Analog dazu wird das eventuell vorhandene Heizbett angesprochen.
- Damit Hotend und Heizbett nur die gewünschte Temperatur erreichen und nicht überhitzen, müssen Temperaturfühler beim Beheizen der Elemente von der Elektronik berücksichtigt werden.
- Da der 3-D-Drucker in den meisten Fällen an einen Computer angeschlossen ist, muss auch die Kommunikation zwischen diesen beiden Geräten funktionieren. Das ist ebenfalls eine Aufgabe der Elektronik.
- Will man dann über das unbedingt notwendige Maß hinausgehen und seinen Drucker noch mit einem Display, einer SD-Karte und einer kleinen Tastatur ausstatten, müssen auch diese Elemente von der Elektronik verwaltet werden.

8.2 Der Bestandteile einer 3-D-Drucker-Elektronik

Sie sehen also, die Elektronik hat wirklich eine ganze Menge zu tun in einem 3-D-Drucker. Derart komplexe Vorgänge können nicht mehr mit einer einfachen diskreten Schaltung gelöst werden, und daher befindet sich in jeder 3-D-Drucker-Elektronik ein kleiner Prozessor. Ein solcher Prozessor ist im Prinzip ein – allerdings sehr kleiner – Computer, der ein eigenes Softwareprogramm beinhaltet, das all die komplexen Steuerungsaufgaben übernehmen kann.

Das Arduino-Herz

Da natürlich auch die RepRap-Szene immer darauf aus ist, sich Arbeit zu ersparen und möglichst schnell zum Ziel zu kommen, hat sie die Elektronik für die 3-D-Drucker nicht selbst erfunden, sondern auf einem anderen, ebenfalls sehr populären und erfolgreichen Open-Source-Projekt aufgebaut, der Arduino-Plattform.

Die Arduino-Plattform besteht im Wesentlichen aus einer kleinen Platine, die einen Prozessor beinhaltet, und einer Entwicklungsumgebung, mit der man diesen Prozessor beliebig programmieren kann. Da die Plattform frei für jeden verfügbar ist und damit keine Lizenzkosten anfallen, werden die Platinen von vielen Händlern mittlerweile sehr kostengünstig angeboten. Die Softwareentwicklungsumgebung ist sogar ganz kostenfrei. Die Arduino-Plattform befindet sich in der einen oder anderen Form in praktisch jeder 3-D-Drucker-Elektronik, wodurch sich der angenehme Nebeneffekt ergibt, dass sich praktisch jeder 3-D-Drucker, der derzeit auf dem Markt erhältlich ist, durch die Arduino-Entwicklungsumgebung programmieren lässt – wohlgemerkt auch die kommerziellen Drucker! Der Prozessor, der für die meisten 3-D-Drucker über die Arduino-Plattform verwendet wird, ist der ATMega2560. Er arbeitet mit einer

Spannung von 5 V, hat 256 kB Flash-Speicher (in denen das Programm abgelegt werden kann), ein kleines EEPROM (in dem dauerhaft Daten gespeichert werden können, auch über das Ausschalten des Geräts hinaus) und etwas RAM (in dem z. B. Variablen und andere temporäre Daten gespeichert werden können). Damit der Prozessor aber nicht nur ein Programm abarbeiten, sondern auch mit seiner Umwelt kommunizieren kann, verfügt er zusätzlich über insgesamt 54 digitale Input-Output-Pins sowie 16 analoge Eingänge.

Bild 8.1: Ein ATMega2560 übernimmt die Steuerung des 3-D-Druckers.

Jeden dieser Pins muss man sich als ein Beinchen eines Prozessors vorstellen, an das ein Element angeschlossen werden kann. Im Fall unseres 3-D-Druckers werden beispielsweise drei Beine für die Steuerung eines einzelnen Schrittmotors benötigt, bei vier Motoren macht das also allein schon mal zwölf Beinchen, auch digitale Input-Output-Pins genannt. So versteht man schnell, dass 54 Pins zwar eine stattliche Menge, aber nicht über die Maßen viel sind. Ganz ähnlich verhält es sich mit den 16 analogen Eingängen – es sind ebenso Beine des Prozessors, die sich wie die digitalen Input-Output-Pins verhalten können. Zusätzlich haben sie aber auch die Eigenschaft, die Höhe einer Spannung zu messen, die an eines dieser Beine angelegt wird. Bei einem 3-D-Drucker kann man an einen solchen analogen Eingang beispielsweise einen Temperatursensor für das Hotend oder das Heizbett anschließen.

Die Arduino-Platine verfügt weiterhin über einen USB-Anschluss, über den sie an einen PC oder Macintosh angeschlossen werden kann. Damit kann die Arduino-Platine Strom vom angeschlossenen Computer beziehen, sodass nicht unbedingt ein Netzteil notwendig ist. Allerdings benötigt man bei 3-D-Druckern für Hotend und

Heizbett ganz sicherlich ein Netzteil, wodurch diese Funktion hier nicht weiter ins Gewicht fällt. Wesentlich relevanter ist die Möglichkeit der Arduino-Platine, mit dem Computer zu kommunizieren. Diese Kommunikation wird beim 3-D-Drucker verwendet, um Bewegungsdaten für den Druckkopf zwischen Computer und Elektronik des Druckers auszutauschen. Sie basiert im Prinzip auf auch von Menschen lesbarem Text – dem sogenannten G-Code – und funktioniert in beide Richtungen, also vom Computer hin zur Elektronik und von der Elektronik zum Computer. Da die Kommunikation über USB direkt mit dem Computer relativ kompliziert für den kleinen Mikroprozessor des Arduino ist, wird eine ältere, aber einfacher zu benutzende Schnittstelle simuliert und über das Protokoll des USB-Anschlusses emuliert. Das klingt auf den ersten Blick noch komplizierter, aber da es bereits Chips gibt, die einen Datenstrom von USB auf die ältere serielle Schnittstelle RS232 vollautomatisch konvertieren können, ist dieser Weg für die Arduino-Entwicklungsplattform letztendlich doch einfacher zu beschreiben. Bei einem Blick auf eine Arduino-Platine werden Sie also neben dem eigentlichen Prozessor auch meist einen weiteren Chip finden, der nur für die Kommunikation über USB zuständig ist.

> **Neuer serieller Anschluss**
> Sobald Sie eine Arduino-Platine an einen Computer anschließen und die entsprechenden Treiber installiert haben, werden Sie merken, dass Sie einen neuen seriellen Anschluss zur Verfügung haben, bei PCs *COM-Port* genannt. Über diesen läuft dann die Kommunikation mit der Arduino-Platine.

Die Schrittmotortreiber

Ein Prozessor kann über seine kleinen Beinchen nur sehr wenig Strom schalten. Ein Schrittmotor hingegen braucht aber eine recht große Menge an Strom. Würde man Prozessor und Motor direkt verbinden, wäre der Prozessor sofort überlastet und damit unwiederbringlich zerstört. Um das zu vermeiden, muss es eine Schaltung geben, die speziell für Schrittmotoren ausgelegt ist und eine Brücke zwischen Prozessor und Schrittmotor schlagen kann. In der RepRap-Szene wird hierfür üblicherweise eine kleine Platine der Firma Pololu verwendet, die auf dem Chip A4988 basiert. Der Chip sorgt dafür, dass die Signale, die vom Prozessor kommen, aufbereitet und so verstärkt werden, dass sie für einen Schrittmotor ausreichend sind. Doch diese kleine Platine, die man in RepRap-Kreisen schlicht nur *Pololu* nennt, macht noch mehr: Sie nimmt dem Prozessor logische Arbeiten ab und ist zudem in der Lage, den Schrittmotor nicht nur mit Halb- oder Viertelschritten anzusteuern, sondern auch mit Achtel- oder gar Sechzehntelschritten. Hierfür muss der Prozessor keine weiteren Arbeiten erledigen, er gibt lediglich an, in welche Richtung sich der Schrittmotor um wie viele Schritte voranbewegen soll – unabhängig davon, ob diese Schritte halbe oder Sechzehntelschritte sind. Da sehr viel Strom durch einen Schrittmotor fließt und damit auch durch die kleine Pololu-Platine, passiert es schnell, dass der Chip auf dieser Platine sehr heiß wird. Er besitzt daher immer einen Kühlkörper, der diese Hitze schnell an die Umgebungsluft ableiten kann. Doch auch dieser Kühlkörper allein reicht oft nicht aus, die Platine ausreichend zu kühlen, daher wird in vielen Fällen die Elektronik des 3-D-Druckers aktiv mit einem zusätzlichen Lüfter gekühlt.

Sollte diese Kühlung jedoch einmal nicht richtig funktionieren oder ausfallen, wäre die Pololu-Platine schnell unbrauchbar und müsste ersetzt werden. Dankenswerterweise hat sie aber einen Hitzeschutz, der dafür sorgt, dass der Chip seine Arbeit einstellt, wenn er zu heiß geworden ist. Zwar bewegt sich der Schrittmotor bei einer Überhitzung nicht weiter, und der 3-D-Drucker verliert einige Schritte, was dann wahrscheinlich den aktuellen Ausdruck zerstört, durch diesen Schutz sind aber die Pololus sehr robust und müssen selten gewechselt werden. Da Schrittmotoren ja auch im Stillstand von Strom durchflossen werden und sich daher im Betrieb beständig aufheizen, ist man bestrebt, den Strom, der den Motor antreibt, möglichst gering zu halten. Das hat auch Vorteile für die Pololu-Platine selbst, denn wenn weniger Strom fließt, heizt sie sich auch weniger stark auf. Jede Pololu-Platine hat daher ein kleines Einstellrad, über das man die Stromstärke regeln kann, die der Motor vom Pololu erhält.

Das Einstellen des richtigen Stroms ist oft eine Gefühls- und Erfahrungssache. Stellt man ihn zu niedrig ein, bringt der Schrittmotor eventuell nicht genügend Kraft auf, den Druckkopf richtig zu bewegen, und man verliert während des Drucks Schritte, sodass sich die Position des Druckkopfs verändert und der Ausdruck misslingt. Stellt man ihn zu hoch ein, bewegen sich die Motoren auch im Stillstand hin und her, geben recht laute Geräusche von sich und erwärmen sich deutlich. Außerdem kann die Bewegung unregelmäßig oder unmöglich werden, was ebenso den Ausdruck misslingen lässt. Leider ist das richtige Einstellen des Motorstroms alles andere als einfach, da das Einstellrad äußerst empfindlich ist und nur in einem sehr kleinen Bereich brauchbare Werte liefert. Wir haben bei uns recht gute Erfahrungen damit gemacht, im laufenden Betrieb – allerdings im Stillstand des Druckers – mit einem isolierten Schraubenzieher dieses Einstellrad zu bewegen. Ausgehend von der Anschlagposition ganz links, haben wir das Rädchen immer weiter nach rechts gedreht, bis das für einen zu hohen Strom typische Rattern einsetzte, und haben es dann wieder ein kleines bisschen nach links gedreht, bis das Rattern wieder verschwand. Beim anschließenden Testdruck haben wir diese Einstellung meistens dann noch das eine oder andere Mal verringert, bis wir ein brauchbares Ergebnis bekamen. Geduld, viele Versuche, ein ruhiges Händchen und Drehungen am Schraubenzieher, die nur wenige Grad betragen, führen über kurz oder lang zu einem brauchbaren Ergebnis.

Endstop

Wenn der Drucker gerade erst eingeschaltet wurde, weiß die Elektronik zunächst nicht, wo sich der Druckkopf befindet, denn es gibt ja keine Sensoren, mit denen sich diese Position feststellen lässt. Bevor der Druck beginnt, muss also der Druckkopf zuerst einmal in die Ausgangsposition gefahren werden, damit von dort ausgehend die Schritte gezählt werden können, die sich der jeweilige Schrittmotor vorwärts- oder zurückbewegt. Dieses Anfahren der sogenannten Home-Position ist also für den Prozessor der Drucker-Elektronik von elementarer Bedeutung – aber wie weiß er, dass diese Home-Position erreicht wurde?

Für diesen Zweck gibt es bei jedem 3-D-Drucker die sogenannten *Endstops*. Im Grunde genommen sind das einfache Schalter, die immer dann ausgelöst werden, wenn der Druckkopf eine bestimmte Position erreicht hat. Nehmen wir einmal an, der Druckkopf bewegt sich auf der X-Achse nach links. Irgendwann erreicht er diesen Schalter und drückt ihn, sodass er auslöst und damit der Elektronik zu verstehen gibt, dass der Druckkopf jetzt die Endposition der X-Achse erreicht hat. Diese stellt sofort die Bewegung des Druckkopfs ein und weiß fortan, dass sich der Druckkopf in der Minimalposition befindet. Nun wiederholt die Elektronik des Druckers diese Prozedur noch für die Y- und die Z-Achsen und weiß dann, dass sich der Druckkopf in der Home-Position befindet. Anschließend kann der Druck beginnen, denn jetzt, da die Position des Druckkopfs der Elektronik bekannt ist, kann durch einfaches Zählen der durch die Schrittmotoren geleisteten Schritte die Position bestimmt werden. Es gibt unterschiedliche Arten von Endstops, die alle ihre Vor- und Nachteile haben.

Mikroschalter

Die einfachste Variante eines Endstops ist ein Mikroschalter, der durch eine sehr geringe mechanische Berührung ausgelöst wird. Er wird so an den Drucker gebaut, dass er vom Druckkopf dann berührt wird, wenn dieser in die Minimalposition der jeweiligen Achse gefahren wird.

Bild 8.2: Ein Mikroschalter ist ein einfacher, aber ausreichender Endstop.

Ein Mikroschalter-Endstop ist sehr robust und verlässlich, einfach zu verstehen und unkompliziert im Einbau. Der Nachteil ist allerdings, dass er nicht sonderlich genau ist, das wiederholte Anfahren der Position also unterschiedliche Werte ergibt. Im Allgemeinen ist dieser Umstand nicht weiter dramatisch, da es nicht so sehr darauf ankommt, ob der Ausdruck auf dem Drucker genau auf der gewünschten Position liegt oder 1/10 mm daneben.

Optische Endstops

Genauer arbeiten optische Endstops. Sie bestehen aus einer kleinen Platine, die eine Lichtschranke beinhaltet. Wird ein lichtundurchlässiges Objekt in den Strahl der Lichtschranke gelenkt, löst der optische Endstop aus und signalisiert der Elektronik das Erreichen der gewünschten Position. Der Vorteil eines solchen optischen Endstops besteht darin, dass er zum einen genauer ist als der Mikroschalter und zum anderen berührungsfrei arbeitet. Es muss also keine Kraft aufgewendet werden, um den Schalter auszulösen, es genügt, ein kleines Fähnchen oder ein anderes Objekt in den Strahl der Lichtschranke zu lenken.

Bild 8.3: Ein optischer Endstop ist genauer und arbeitet berührungslos.

Magnetische Endstops

Während für die X-und Y-Achsen magnetische oder auch optische Endstops vollkommen ausreichend sind, muss der Endstop für die Z-Achse wesentlich genauer arbeiten. Da die Z-Achse für die Schichthöhen verantwortlich ist und diese ja oft nur Zehntelmillimeter oder weniger betragen, sind die Anforderungen an den Endstop hier in puncto Genauigkeit deutlich höher. Da sich zudem beim Versagen dieses Endstops bei den meisten Druckern das Hotend in das Druckbett bohrt und es damit beschädigt werden kann, wird man schnell einsehen, dass man beim Endstop für die Z-Achse nicht sparen sollte. Hier empfiehlt sich der Einsatz eines magnetischen Endstops, der mit einem Hallsensor ausgestattet ist. Dieser ist in der Lage, einen Magneten zu erkennen, der wenige Millimeter über ihm schwebt. Ebenso wie ein optischer ist auch ein magnetischer Endstop auf einer kleinen Platine aufgebaut, die den besagten Sensor beinhaltet. Am Schlitten der Z-Achse wird nun ein möglichst starker Magnet befestigt. Genau darunter wird die Platine mit dem Sensor an einer geeigneten Stelle am Drucker montiert, sodass beim Erreichen der Z-Home-Position der Magnet noch 1 bis 2 mm über dem Sensor schwebt.

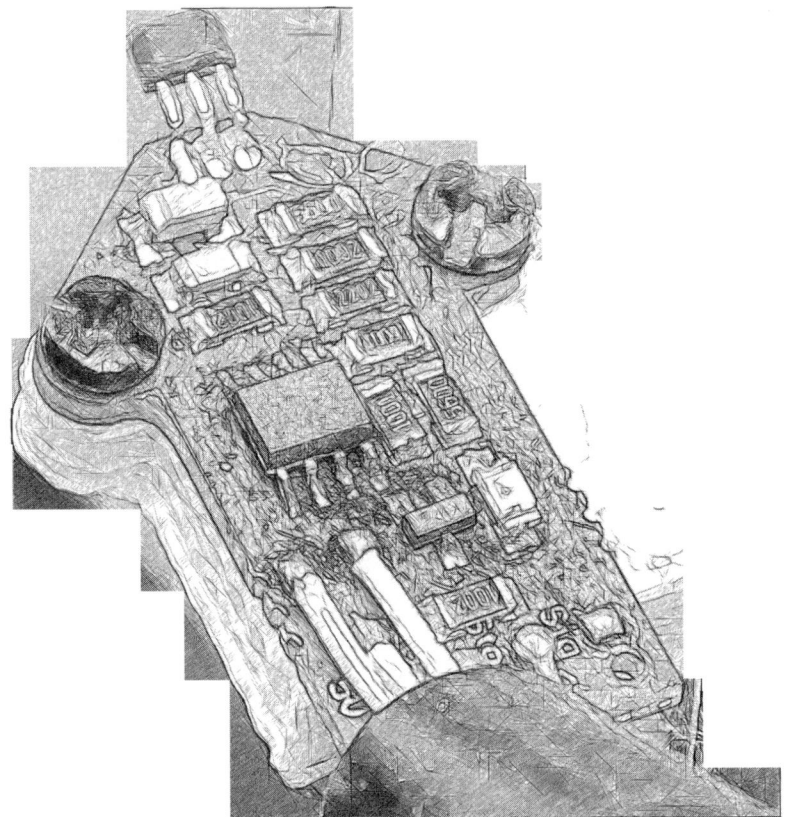

Bild 8.4: Ein magnetischer Endstop mit seinem Hallsensor an der Spitze.

Genauer muss diese erste Justage auch gar nicht sein, denn der große Vorteil eines magnetischen Endstops ist, dass er ebenso wie die Pololus über ein Einstellrad genau justiert werden kann. Platzieren Sie also über die manuelle Steuerung Ihres Host-Programms (siehe Seite 163) Ihren Druckkopf genau so, dass er das Druckbett gerade noch berührt. Drehen Sie dann am Potenziometer Ihres magnetischen Endstops, bis es auslöst – was meistens durch eine kleine Leuchtdiode angezeigt wird. Sollten Sie einmal der Meinung sein, dass sich der Druckkopf zu weit oben oder unten befindet, können Sie die Einstellung leicht am Potenziometer nachstellen. Bei unserem Drucker Heidi haben wir das Potenziometer des Endstops sogar extern herausgeführt und mit einem großen Drehknopf ausgestattet, sodass wir die Justage der Z-Achse jederzeit leicht von Hand nachkorrigieren können.

Bild 8.5: Magnetische Endstops lassen sich elektronisch justieren – auch extern.

Die Heizungssteuerung

Sowohl Hotend als auch ein eventuell beheiztes Druckbett müssen bei einem 3-D-Drucker exakte Temperaturen einhalten, damit das Material optimal aus dem Hotend fließen kann und auf dem Druckbett haftet. Das Aufbauen und Einhalten dieser Temperaturen ist nicht ganz einfach und erfordert ein gut abgestimmtes Zusammenspiel verschiedener Komponenten. Beginnen wir mit dem Sensor für die Temperatur. Ein

Thermistor ist ein spezieller Widerstand, der seinen Wert mit zunehmender Temperatur verändert. Er ist zwischen der Stromquelle und einem Analogeingang des Prozessors geschaltet und lässt, je nach Temperatur, mehr oder weniger Strom zum Beinchen fließen. Der Prozessor ist in der Lage, die Spannung zu messen, und erhält so Informationen über die Temperatur, die im Hotend oder im Heizbett herrscht. Die Elektronik ist hiermit also in der Lage, die Temperatur des Hotends oder des Druckbetts zu messen. Aber schon beim Einschalten der Heizung gibt es das nächste Problem:

Der Prozessor der Elektronik kann über seine Ausgänge nur sehr wenig Strom leiten, ohne dass er beschädigt wird. Schon beim Betreiben der Schrittmotoren müssen die Pololu-Platinen eine Brücke zwischen Prozessor und stromhungrigem Motor schlagen. Der Strom, den eine Heizung verbraucht, ist noch einmal um ein Vielfaches höher, und so muss natürlich wiederum eine Brücke zwischen Prozessor und Heizung geschlagen werden. Diese kann aber im Gegensatz zur Motoransteuerung wesentlich einfacher ausfallen und besteht bei den meisten 3-D-Drucker-Elektroniken aus einem einfachen MOSFET-Baustein. Im Prinzip ist dieser MOSFET ein spezieller Transistor, der im Normalfall keinen Strom durchlässt. Legt aber der Prozessor der Elektronik eine kleine Spannung an einen Pin des MOSFET an, lässt dieser zwischen seinen anderen Pins den Strom durch. Da er zudem noch auf hohe Leistung ausgelegt ist, kann dieser Strom wesentlich höher liegen als der Strom, der zur Schaltung verwendet wird.

Damit ist die Elektronik in der Lage, den großen Strom einer Heizung durch den kleinen Strom des Prozessors an- und abzuschalten. Benötigt aber das Hotend eine bestimmte Temperatur, beispielsweise 190 °C, ist diese sehr schwer zu erreichen, wenn man die Heizung nur stupide ein- oder ausschalten kann. Schaltet man sie ein, wird die Temperatur über kurz oder lang zu hoch, schaltet man sie aus, wird die Temperatur zu gering. Die Lösung liegt in der sogenannten Pulsweitenmodulation, abgekürzt auch PWM genannt. Bei diesem Verfahren wird die Heizung immer wieder ein- und ausgeschaltet, beispielsweise jeweils für eine Sekunde. Da Heizungen sehr träge reagieren, ergibt sich im Laufe der Zeit eine Temperatur, die entstünde, wenn man die ganze Zeit über nur halb so viel Strom zur Heizung schicken würde wie beim vollen Einschalten. Lässt man die Heizung eine Sekunde an und schaltet sie dann für zwei weitere Sekunden ab, erhält man ein Drittel der Maximalleistung. Sie sehen schon, mit diesem Verfahren lässt sich jede beliebige Temperatur einstellen, wenn man nur oft genug die Heizung ein- und ausschaltet. Der Mikroprozessor in der Drucker-Elektronik ist dazu schnell genug und kann zudem noch die Temperatursensoren auslesen. Mithilfe dieser Information kann er dann außerdem die Stromimpulse, die er an die Heizung sendet, nach Bedarf anpassen und so beispielsweise das Aufheizen beschleunigen oder auf veränderte Situationen, wie ein beschleunigtes Drucken, reagieren.

Stromversorgung und Netzteil

Wie bereits erwähnt, wird der Mikroprozessor der Arduino-Platine mit 5 V betrieben. Die Schrittmotoren und die Heizung arbeiten aber mit 12 V besser als mit 5 V, daher werden diese mit 12 V betrieben. Unsere Elektronik braucht also sowohl 5 V als auch 12 V Betriebsspannung. Wer sich einmal mit PC-Technik beschäftigt hat, wird schnell gewisse Parallelen finden: Netzteile aus handelsüblichen PC-Computern liefern genau diese Spannungen. Neben den Spannungen muss aber auch die Leistung der Motoren und Heizungen berücksichtigt werden, denn diese sind nicht unerheblich. Wie ja schon auf Seite 57 berechnet, verbraucht ein Heizbett gern einmal 75 W, ein Hotend bringt es auf Werte zwischen 20 und 40 W. Wie es der Zufall will, sind auch PC-Netzteile dazu durchaus in der Lage, wenn man nicht gerade die allerschwächsten ihrer Art verwendet. So verwundert es auch nicht weiter, dass für viele 3-D-Drucker eben diese Netzteile verwendet werden, die zudem noch praktischerweise über eine aktive Kühlung verfügen. Damit ein PC-Netzteil aber verwendet werden kann, muss ihm erst einmal vorgegaukelt werden, dass ein Computer angeschlossen ist. Das ist zum Glück relativ leicht und wird durch eine einfache Drahtbrücke zwischen den Pins 14 und 15 des ATX-Steckers realisiert.

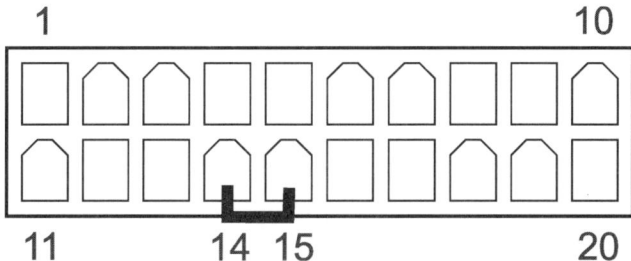

Bild 8.6: Eine Drahtbrücke weckt das ATX-Netzteil auf.

Die vierpoligen Molex-8981-Stecker kann man dann für die Stromversorgung der Heizungen und der Motoren verwenden. Die schwarzen Kabel stehen für die Masse, die gelben liefern 12 V und die roten 5 V.

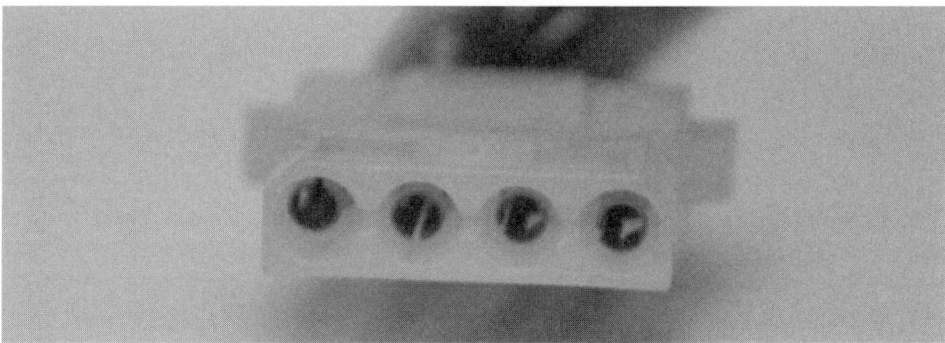

Bild 8.7: Ein Molex-Stecker eines ATX-Netzteils liefert 12 V und 5 V.

Wer ein PC-Netzteil auf diese Weise mit einer Drahtbrücke verwendet, ist aber gezwungen, den Stecker dann jedes Mal zu ziehen, wenn der Drucker ausgeschaltet wird, oder aber den Hauptschalter des Netzteils zu verwenden. Wer es etwas eleganter möchte, kann die Drahtbrücke durch einen kleinen Schalter ersetzen, der ebenso zwischen den Pins 14 und 15 des großen ATX-Steckers gesetzt wird. Auch wenn das nicht unbedingt umweltfreundlich ist, weil so das Netzteil ständig am Stromnetz hängt und Strom verbraucht, kann dieser kleine Schalter an einer bequemer zu erreichenden Stelle platziert und genutzt werden.

Display, Tastatur und SD-Kartenleser

In den meisten Fällen wird ein 3-D-Drucker direkt an einen Computer angeschlossen und bekommt von dort seine Befehle. Wenn der Rechner in den Energiesparmodus übergeht, herunterfährt oder man schlicht und einfach über das USB-Kabel stolpert, ist der Ausdruck oftmals unvollständig und nicht mehr zu retten. Es gibt aber Methoden, mit denen man die »Hundeleine« zwischen Computer und Drucker überflüssig und den Ausdruck zuverlässiger machen kann, denn es ist möglich, an vielen der auf dem Markt befindlichen 3-D-Drucker-Elektroniken Displays, Tastaturen und SD-Kartenleser anzuschließen. Über eine so direkt an die Drucker-Elektronik angeschlossene Tastatur kann der Drucker bedient werden, ein Display gibt Auskunft über die vorgenommenen Einstellungen, und Druckdaten können von einer SD-Speicherkarte eingelesen werden, die zuvor von einem Computer gefüllt wurde. Damit wird der Drucker eigenständig, und ein Computer ist für den Betrieb nicht mehr notwendig – wenn die Firmware der Elektronik diese Möglichkeiten unterstützt. Bei unserem eigenen Drucker Heidi haben wir diese drei Elemente eingebaut und sind seither sehr zufrieden, denn kaum ein Ausdruck schlägt noch fehl, nachdem wir die Verbindung zwischen Drucker und Computer vollständig getrennt haben. Da wir zudem noch alle drei Elemente in ein externes Gehäuse eingebaut haben, das über ein langes Kabel mit der Elektronik verbunden ist, können wir den Drucker sogar aus einigen Metern Entfernung bedienen.

8.2 Der Bestandteile einer 3-D-Drucker-Elektronik

Bild 8.8: Eine externe Konsole ermöglicht das Bedienen ohne Computer.

Wie das Display, die SD-Karte und die Tastatur angeschlossen werden, hängt stark von der verwendeten Elektronik ab. In einigen Fällen besitzt diese bereits Anschlüsse für die Elemente, in anderen müssen sie von Hand unter Einsatz von Lötkolben und Seitenschneider eingesetzt werden. In jedem Fall aber kann man diese Erweiterung als sehr sinnvoll weiterempfehlen. Professionelle Geräte haben sie daher in den meisten Fällen gleich ab Werk mit eingebaut. Noch ein kurzes Wort zur Tastatur: Auch wenn eine Tastatur mit möglichst vielen Schaltern allein optisch den Schluss nahelegt, besonders viel zu können, muss doch gesagt werden, dass sich in der Welt der 3-D-Drucker ein System durchgesetzt hat, das auf einem sogenannten Encoder basiert. Ein Encoder ist ein spezieller Schalter, der ohne Limit um seine eigene Achse gedreht werden kann und dabei an verschiedenen Stellen einrastet. Zudem können viele Encoder auch noch wie ein Tastschalter verwendet werden und durch Druck darauf eine Aktion auslösen. Tastaturen, die auf einem solchen Encoder basieren, sind vollkommen ausreichend, sehr platzsparend und werden von einem Großteil der Firmware gut unterstützt.

8 Die Elektronik

Bild 8.9: Ein Dreh-Encoder und ein Display sind zusammen sehr platzsparend und ausreichend, um einen Drucker komplett zu bedienen.

Bluetooth

Wie ja bereits erwähnt, kommuniziert die Arduino-Platine mit dem PC über ein USB-Kabel und die entsprechende Schnittstelle. Darüber wird dann eine serielle RS232-Verbindung simuliert. Diese RS232-Schnittstelle kann aber auch über die Bluetooth-Schnittstelle simuliert werden. Es ist damit also möglich, die Drucker-Elektronik nicht über USB, sondern über Bluetooth mit dem PC zu verbinden, was ja bekanntlich über Funkwellen und damit kabellos funktioniert. Besonders häufig wird das noch nicht umgesetzt, es gibt aber eine Anleitung für die weitverbreitete Ramps-1.4-Platine, die sich sicherlich auch auf die eine oder andere andere Drucker-Elektronik adaptieren lässt (*reprap.org/wiki/RAMPS_1.4*).

24-Volt-Technik

Wer einen 3-D-Drucker schon längere Zeit benutzt, wird vielleicht bemängeln, dass das Heizbett zu langsam warm wird oder die Motoren zu schwach sind, um die gewünschten Geschwindigkeiten zu erreichen. In diesem Fall kann es sinnvoll sein, statt der 12 V eines PC-Netzteils die 24 V eines speziellen Industrienetzteils zu verwenden. Die höhere Spannung sorgt für eine Vervierfachung der Heizbett- oder Hotend-Leistung, und auch die Motoren können höhere Kräfte aufbringen. Was auf den ersten Blick als sehr erstrebenswert erscheint, hat aber auch Nachteile, die man unbedingt berücksichtigen sollte.

Zum einen sind nicht alle derzeit verfügbaren Elektroniken auf die höheren Spannungen und Leistungen ausgelegt und müssen entweder in Eigenregie umgearbeitet oder ganz ersetzt werden – keinesfalls sollte man ungeprüft einfach 24 V in die auf 12 V ausgelegte Elektronik schicken! Zum anderen bedeutet eine Vervierfachung der Heizbett-Leistung auch eine erhebliche Erhöhung der Brandgefahr, denn statt 75 W werden nun satte 300 W in Hitze umgewandelt. Wenn das Heizbett aus Glas besteht, kann es gut sein, dass es diese Temperatur nicht verkraftet und springt. Auch das Hotend wird deutlich schneller aufgeheizt als zuvor, was beispielsweise den als Heizung missbrauchten Leistungswiderstand in die ewigen Jagdgründe schicken kann. Alles in allem kann ein solcher Umbau sehr wohl deutliche Verbesserungen liefern, er sollte aber auf jeden Fall nur dann ausgeführt werden, wenn man sich mit der Materie ausreichend auskennt und auch die damit verbundenen Gefahren abschätzen und minimieren kann.

8.3 Auswahl der Elektronik

Legt man sich einen neuen Drucker zu, muss man sich auch die Frage stellen, welche Elektronik man hierfür verwenden möchte. Leider ist diese Frage alles andere als leicht zu beantworten, denn fast monatlich kommen neue Elektroniken auf den Markt, die das eine vielleicht besser als ihre Vorgänger machen, aber das andere vielleicht wegrationalisiert haben. Der beste Weg, die geeignetste Elektronik für den eigenen Drucker auszuwählen, ist, möglichst genau zu wissen, was sie können muss. Wenn Sie einen relativ einfachen Drucker haben möchten, der nur ein Hotend besitzt, benötigen Sie keine Elektronik, die drei Hotends unterstützt (z. B. Rumba). Möchten Sie auf jeden Fall ein Display, eine SD-Karte und eine Tastatur an die Elektronik anbringen, sollte diese auch die zusätzlichen Elemente bedienen können oder gleich selbst mitbringen. Auch die Auswahl der Firmware, die auf dieser Elektronik arbeiten soll, ist für die Entscheidung wichtig. Wird die Elektronik von der Firmware nicht unterstützt, muss sie von Hand selbst angepasst werden, was in den meisten Fällen ein fast unlösbares Problem darstellt. Auch die Kosten können natürlich eine wichtige Rolle spielen. Möchten Sie die Platine fertig aufgebaut von einem Händler beziehen, dabei aber nicht zu viel Geld ausgeben? Dann ist eine Platine, die in großen Stückzahlen in der Industrie gefertigt wird, vielleicht genau das Richtige. Wenn Sie sie selbst aufbauen und löten möchten, ist es wahrscheinlich praktischer, wenn Sie nur eine einseitige Platine verwenden, die Sie leicht selbst ätzen können. Leider kann Ihnen auch dieses Buch die Entscheidung darüber nicht abnehmen, welche Elektronik für Sie die beste ist. Sie sollten aber bei Ihrer Wahl zumindest die folgenden Punkte berücksichtigen:

Checkliste

- Wie viel Geld möchte ich ausgeben? (Viele oder wenige Funktionen?)
- Wie viele Druckköpfe will ich (jemals) an meinem Drucker anschließen? (Anzahl Extruder-Motoren, Hotend-Heizungen und Temperatursensoren.)
- Wird mein Drucker ein beheiztes Druckbett haben? (Druckbettheizung und Temperatursensor?)
- Wie viele Endstops möchte ich unterstützen?
- Mit welcher Spannung sollen Motoren und Heizbetten betrieben werden?

- Möchte ich ein Display mit Keyboard/Encoder anschließen?
- Möchte ich eine SD-Karte anschließen?
- Lege ich Wert auf besonders schnelle Berechnung? (20 statt 16 MHz Prozessor-Taktfrequenz oder 32-Bit-Prozessor?)
- Welche Firmware möchte ich einsetzen?
- Möchte ich die Platine selbst ätzen und bestücken? (Layer-Anzahl und Komplexität des Aufbaus.)

Einige Elektroniken

Eine kleine Auswahl an 3-D-Drucker-Elektroniken finden Sie in diesem Kapitel – es gibt aber erheblich mehr auf dem Markt, und gerade auf den Crowd-Funding-Plattformen finden sich immer mal wieder neue Projekte, die einen Blick lohnen.

Ramps 1.4

Eine Elektronik, die schon seit Jahren im Einsatz ist und die sich gut bewährt hat, ist die Ramps 1.4-Elektronik. Sie ist im guten Mittelfeld angesiedelt und erlaubt es, einen 3-D-Drucker mit seinen drei Achsen sowie zwei Extruder inklusive entsprechender Hotends zu betreiben. Auch ein Heizbett wird unterstützt. Eine SD-Karte und ein Display samt Keyboard lassen sich ebenfalls anschließen, allerdings ist hierfür ein wenig eigene Lötarbeit notwendig – die Anleitungen dazu sind aber im Internet gut verfügbar und relativ leicht nachzuvollziehen.

Ramps 1.4 ist eine Erweiterung für eine Arduino-Mega-Platine und wird auf diese aufgesteckt, Sie benötigen also zusätzlich zu der Platine – die sich günstig im Internet bestellen lässt – noch einen Arduino Mega. Da die auf der Platine verwendeten Pololus ebenso nur aufgesteckt werden, hat die Elektronik den Vorteil, dass kritische Elemente jederzeit ausgetauscht werden können. Sollte also einmal Ihr Hauptprozessor den Geist aufgeben, können Sie ihn ebenso leicht austauschen wie einen der Motortreiber. Leider ist die Ramps-Elektronik nicht darauf ausgelegt, mehr als 12 V für Motoren und Heizbett zur Verfügung zu stellen. Zwar gibt es auch Anleitungen dazu, wie dies mit der Elektronik bewerkstelligt werden kann, sie können aber nur Experten empfohlen werden. Da die Elektronik schon recht betagt ist (jedoch nicht gleichzusetzen mit veraltet!), wird sie annähernd von jeder Firmware unterstützt, die es derzeit gibt. Wer sich also nicht abschrecken lässt, einen altgedienten Haudegen in seinem 3-D-Drucker zu verwenden, ist mit dieser Elektronik gut bedient.

Gen7

Die Gen7 kommt aus deutschen Landen und ist darauf ausgerichtet, möglichst günstig und einfach in der Herstellung zu sein. Die Platine hat nur eine Kupferseite und lässt sich so besonders einfach ätzen, es gibt sogar die Möglichkeit, sich die Platine durch eine CNC-Fräse anfertigen zu lassen. Sie ist darauf ausgelegt, einen 3-D-

Drucker mit einem Druckkopf und einem beheizten Druckbett bei normalen Spannungen (12 V) zu versorgen. Das sind zwar nicht übermäßig viele Funktionen, andererseits sind sie für einen einfachen 3-D-Drucker vollkommen ausreichend. Über sogenannte Extension Boards ist es zudem möglich, die Funktionalität der Elektronik zu erweitern – so gibt es beispielsweise ein Board, über das man nachträglich einen zweiten Druckkopf anschließen kann (das also eine Unterstützung für einen zusätzlichen Extrudermotor sowie Hotend-Heizung und Temperatursensor bietet), und ein weiteres Board, über das sich Display, Keyboard und SD-Karte anschließen lassen. Wenn Sie bereits eine Lötausrüstung haben und vielleicht sogar in der Lage sind, Platinen zu ätzen, ist diese Elektronik sicherlich eine gute Wahl. Durch die Erweiterungsfähigkeit der Platine können Sie auch relativ einfach nachträglich Funktionen hinzufügen, ohne die Platine ersetzen zu müssen.

Rumba

Eine recht neue Elektronik ist die Rumba-Platine. Sie bietet so ziemlich alles, was das Bastlerherz begehrt. Es werden bis zu drei Druckköpfe unterstützt – eine ungewöhnlich große Anzahl, die derzeit (noch) kaum praktische Verwendung findet. Fünf PWM-Ausgänge werden unterstützt, also neben den Hotends auch einer für das Heizbett und einer für einen Lüfter. Spannungen von bis zu 35 V können für Motoren und Heizbetten verwendet werden. Ein spezieller USB-Chip bietet Übertragungsraten von bis zu 2 MBit/s, und Display sowie SD-Karte lassen sich über separate Erweiterungen und einen speziellen Stecker besonders leicht anbringen. Für Firmwareentwickler gibt es spezielle Ausgänge, die das Auffinden von Fehlern deutlich erleichtern. Mit einer solchen Rumba-Platine bekommt man also so ziemlich alles, was derzeit die 3-D-Drucker-Szene zu bieten hat – und noch einiges mehr. Eine gute Lösung für 3-D-Druck-Fanatiker, die noch viel mit ihrem Gerät vorhaben.

Smoothie

Wer besonders schnell mit seinem 3-D-Drucker arbeiten möchte und dem es daher wichtig ist, dass der Prozessor sehr schnell arbeitet, sollte sich überlegen, sich das Smoothie-Board zuzulegen. Es bietet einen 32-Bit-Prozessor, der mit bis zu 120 MHz betrieben werden kann – genügend Rechenpower, um auch die kompliziertesten Berechnungen durchführen zu können. Es werden zwei Druckerköpfe und ein Heizbett unterstützt, die mit den Motoren mit bis zu 35 V angesteuert werden können. Einzigartig ist sicherlich auch die Ethernet-Unterstützung, die sonst keine andere Elektronik in der Szene anbietet. Da die Elektronik aber nicht auf dem sonst üblichen ATMega-Prozessor basiert, kann leider auch die übliche Firmware nicht verwendet werden. Zwar bietet das Projekt eine eigene Firmware an, aber diese wird sicherlich die einzige auf längere Sicht bleiben, man hat also keine Auswahl und kann nicht auf andere, erfahrene Projekte zurückgreifen.

Übersicht über einige Elektroniken

Name	Gen7	Rambo	Ramps	Rumba	Sanguino-lolu	Smoothie	STB
Motoren	4	5	5	6	4	5	4
PWM-Ausgänge*	2	6	3	5	2	4	3
Thermistoren	2	4	3	5	2	4	2
Endstops	3	6	6	6	3	6	3
Spannungen	12 V	12–24 V	12 V	12–35 V	7–35 V	Bis 35 V	12–24 V
Display	Erw.	Erw.	Erw.	Erw.	Nein	Erw.	STB
SD-Karte	Erw.	Erw.	Erw.	Erw.	Nein	Erw.	Erw.
Besonderheiten	20 MHz, ATX-Netzteilanschlüsse	Kompatibel zu Ramps	Ben. Arduino Mega	JTag, 2 MBit/s für USB		32 Bit, 120 MHz, Ethernet	Keyboard, Display, 20 MHz

*Pulsweitenmodulationsausgänge für Hotend-Heizung, Heizbett und Lüfter

8.4 Hacks, Tipps und Tricks

Hier noch einige allgemeine Tipps zum Umgang mit den Elektroniken innerhalb eines 3-D-Druckers.

Motorkabel nicht im Betrieb abziehen

Grundsätzlich sollten Sie die Kabel in Ihrem 3-D-Drucker nicht von der Elektronik abziehen oder aufstecken, wenn dieser gerade im Betrieb ist. Vor allem bei Motoren können sich durch Induktion Spannungen aufbauen, die dann die Motortreiber zerstören können. Zwar haben einige Elektroniken auch Schutzschaltungen hierfür integriert, aber allzu sehr verlassen sollte man sich darauf besser nicht.

Verbindungen am Hotend

Wenn Sie einen Thermistor oder einen Leistungswiderstand am Hotend anbringen, müssen Sie auch berücksichtigen, dass dieses erhebliche Temperaturen erreichen kann. Der Einsatz von Lötzinn ist deshalb an dieser Stelle nicht immer sinnvoll, denn es könnte sich durch die Hitze des Hotends verflüssigen oder zumindest weich werden. Um nun den Leistungswiderstand anzuschließen, empfiehlt sich die Verwendung von *Aderendhülsen*, die üblicherweise mit einer speziellen Quetschzange, notfalls aber auch mit einer normalen Zange, so zusammengequetscht werden, dass sie das (möglichst hitzebeständige Silikon-)Kabel und den Draht des Widerstands sicher verbinden. Da Schrumpfschlauch nach dem Zusammenschrumpfen relativ hitzebeständig ist, eignet er sich zur Isolation der dann offen liegenden blanken Drähte.

Schrumpfschlauch verwenden

Als besonders hilfreich im Umgang mit den vielen Kabeln, die innerhalb eines 3-D-Druckers verwendet und verlegt werden müssen, hat sich der Schrumpfschlauch erwiesen. Schrumpfschlauch ist ein gummiartiges Material, das als Schlauch um ein Kabel herumgelegt wird, dann unter Hitzeeinwirkung durch einen heißen Lötkolben oder ein Feuerzeug zusammenschrumpft und so eine Lötstelle verdeckt und isoliert oder mehrere Kabel zu einem zusammenfasst. Schrumpfschlauch ist besonders günstig im Sortiment zu bekommen, das mehrere Schlauchdurchmesser bietet. Er lässt sich mit einem Seitenschneider oder einer Schere gut kürzen und hat uns schon häufig vor unbeabsichtigten Kurzschlüssen bewahrt. Bei jeglichen Arbeiten an der Elektronik ist es uns schon fast zu einem Ritual geworden, Schrumpfschlauch einzusetzen – allein der Optik und der Ordnung wegen.

Kabelbinder verwenden

In einem 3-D-Drucker gibt es unzählig viele Kabel, die im schlimmsten Fall ungeordnet herumliegen und die sich bewegenden Teile behindern können. Um solche Kabelstränge zu ordnen, gibt es etliche Methoden, die Sie auch tatsächlich einsetzen sollten.

Die bekannteste Art, Kabel zu verbinden, sind *Kabelbinder*, die einmalig verwendet werden und Kabel sehr fest mit anderen Elementen des Druckers verbinden können. Sie haben aber den Nachteil, dass sie nicht oder nur sehr schwer wieder geöffnet werden können – wenn Sie also noch an Ihrem Drucker arbeiten, werden sich viele dieser Kabelbinder verbrauchen. Andere Kabelbinder bestehen ebenso aus Plastik, lassen sich aber nachträglich wieder öffnen – in diesem Fall sind sie sicherlich praktischer, wenn auch das Öffnen und Schließen etwas fummelig sein kann. Es gibt auch Kabelbinder, die aus Klettband bestehen, das sich besonders leicht öffnen und schließen lässt. Allerdings sind sie relativ groß und eignen sich eher für dicke Kabelstränge als für kleine Adern. Spiralschlauch ist ebenso eine sehr gute Methode, Kabelstränge zu bilden, die zudem noch ansprechend aussehen können. Sie lassen sich auch um Gewindestangen herumlegen, was ihren Einsatz am Gehäuse, aber auch an beweglichen Kabelsträngen, sehr sinnvoll macht. Leider haben sie den Nachteil, dass sie nachträgliche Änderungen an der Verkabelung nur sehr schwer zulassen, sie sollten also möglichst gegen Ende der Druckerentwicklung eingesetzt werden.

8 Die Elektronik

  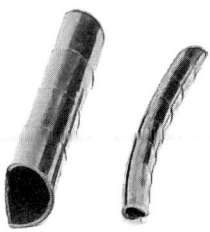

Bild 8.10: Feste und wiederverwendbare Kabelbinder sowie Spiralschlauch bringen Ordnung in das Kabelgewirr.

Die Firmware

9.1 Einleitung

Die Firmware ist das Gehirn eines 3-D-Druckers. Sie ist das Betriebssystem, das die Elektronik des Druckers betreibt und dem Mikroprozessor damit ermöglicht, den Druckkopf über seine drei Achsen zu lenken, den Extruder zu steuern, das Heizbett und das Hotend in seiner Temperatur zu kontrollieren sowie mit dem Computer zu kommunizieren. Obwohl man sie nicht anfassen oder sehen kann, steckt in der Firmware ein großer Prozentsatz des gesamten Entwicklungsaufwands für einen 3-D-Drucker. Geleistet wurde diese Arbeit von vielen freiwilligen Programmierern, die ihre Freizeit großzügig geopfert und ihre gemeinsame Arbeit unter einer Open-Source-Lizenz allen zur Verfügung gestellt haben. Herausgekommen ist dabei ein äußerst komplexes Gebilde, das fast die gesamte Logik beinhaltet, die zum Drucken von dreidimensionalen Objekten notwendig ist. Geschrieben wird die Firmware fast ausnahmslos mit dem Entwicklungssystem Arduino, das ebenso wie die Firmware unter einer Open-Source-Lizenz steht und daher von jedem kostenfrei zu nutzen ist.

Das Positive daran für Sie ist, dass Sie eine wirklich ausgereifte und gute Firmware völlig kostenfrei bekommen. Darüber hinaus können Sie aus einer stattlichen Auswahl an Firmwares wählen und bekommen obendrein noch in regelmäßigen Abständen Softwareupdates, die die Funktionalität Ihres Druckers ständig erweitern. Natürlich hat auch das wieder einen kleinen Haken: Die Installation einer Firmware ist nicht so einfach wie das Einlegen einer CD in einen Computer. Zum einen müssen Sie die Firmware anpassen und zum anderen auf Ihren Drucker hochladen. Aber eins vorweg: Programmieren können müssen Sie dazu nicht, und die beiden Schritte sind durchaus machbar.

9.2 Auswahl der richtigen Firmware

Wenn Sie vor der Entscheidung stehen, welche Firmware Sie für Ihren Drucker einsetzen sollten, läuft das in den meisten Fällen auf die Beantwortung zweier Fragen hinaus: *Wird meine Elektronik unterstützt? Was ist mir wichtig?*

Die erste Frage ist sicherlich die wichtigere. Eine Firmware muss in der Lage sein, mit der Elektronik des Druckers richtig zu arbeiten. Da sich die Elektroniken in einigen Punkten deutlich unterscheiden, muss das in der Firmware berücksichtigt sein. Ist das nicht der Fall, ist es für einen Laien unmöglich, die Firmware so anzupassen, dass sie auf der Elektronik arbeitet, und für einen Experten ist es immer noch sehr schwer und arbeitsintensiv. Da an den Firmwares kontinuierlich gearbeitet wird, werden ständig neue Elektroniken unterstützt, und die Unterstützung für ältere Elektroniken wird wieder abgeschafft. Diesem ständigen Wandel können wir mit einem Buch nicht folgen, daher sollten Sie auf den entsprechenden Homepages der Firmwares nachsehen, ob Ihre Hardware unterstützt wird. Die unterschiedlichen Firmwares verfolgen auch verschiedene Ziele. Wenn Sie auf Geschwindigkeit Wert legen, werden Sie vielleicht eine andere Firmware wählen, als wenn Sie einen großen Funktionsumfang bevorzugen. Neben diesen beiden Aspekten spielen auch Emotionen eine größere Rolle, denn in den meisten Fällen ist der Besitzer eines 3-D-Druckers hochgradig davon überzeugt, die beste Firmware überhaupt zu benutzen. Hitzige Diskussionen sind die Folge, und eine definitive Antwort darauf, welche Firmware die beste ist, scheint nicht absehbar.

Vorstellung gängiger Firmwares

Sprinter

Die Sprinter-Firmware ist mittlerweile eine Art Urvater in der Firmwareszene. Sie wurde aus der Firmware Klimentkip entwickelt, und aus dieser sind wiederum einige andere Firmwares hervorgegangen, wie zum Beispiel Marlin oder Repetier. Sie ist nicht besonders umfangreich, aber immer noch aktiv. Sie unterstützt Heizbetten und SD-Kartenleser sowie eine stattliche Anzahl von Druckerelektroniken.

Teacup

Teacup wurde von Grund auf neu entwickelt, wobei besonderes Gewicht auf Effizienz, Flexibilität und einen ordentlichen Programmaufbau gelegt wurde. Sie ist nicht sehr groß und kommt daher auch mit kleineren Mikroprozessoren klar. Besonders zu erwähnen sei, dass man damit auch CNC-Fräsen betreiben kann, die einen relativ ähnlichen Aufbau wie 3-D-Drucker haben.

Repetier

Repetier wurde aus Sprinter heraus entwickelt, obwohl mittlerweile anscheinend nicht mehr sehr viel vom Quellcode des Original-Sprinter vorhanden ist. Repetier präsentiert sich als als Komplettpaket, neben der Firmware gibt es auch eine sehr gute Host-Software, die unter anderem dazu in der Lage ist, sich mit der Firmware über Binary-G-Code zu unterhalten, was die Datenübertragung beschleunigt und den Puffer des Druckers besser ausnutzt.

Marlin

Marlin ist derzeit die wohl umfangreichste Firmware. Nahezu alle aktuellen Entwicklungen finden Einzug in diese Firmware, seien es Delta-Drucker, schnelle Kurvenberechnung oder ein sehr brauchbares LC-Display mit Tastatur. Wenn man auf nichts verzichten möchte, sollte man Marlin wählen, muss aber dafür in Kauf nehmen, dass auch mehr zu konfigurieren ist.

Firmwarefunktionen im Überblick

Die unterstützten Druckerelektroniken und die wichtigsten Funktionen finden Sie in der folgenden Tabelle:

	Marlin	Repetier	Sprinter	Teacup
Funktionen				
Grundfunktionen	Ja	Ja	Ja	Ja
Heizbett	Ja	Ja	Ja	Ja
Lüfter	Ja	Ja	Ja	Ja
EEPROM[9]	Ja	Ja	Nein	Ja
Multi-Extruder	Ja	Ja	Nein	Nein
ARC[10]	Ja	Ja	Ja	Nein
LC-Display[11]	Ja	Ja	Nein	Nein
Tastatur	Ja	Ja	Nein	Nein

---

[9] EEPROM-Unterstützung: Die Firmware kann verschiedene Parameter im EEPROM des Mikrocontrollers speichern, sodass sie nach dem Abschalten nicht verloren gehen.
[10] ARC-Unterstützung: Eine Firmware beherrscht ARC, wenn der Ausdruck von Bogen unterstützt wird, während ansonsten nur Linien unterstützt werden.
[11] LC-Display & Tastatur: Die Firmware kann über ein angeschlossenes LC-Display ein Menü darstellen, mit dem dann der Anwender über die Tastatur verschiedene Funktionen des Druckers ausführen kann.

	Marlin	Repetier	Sprinter	Teacup
SD-Kartenleser[12]	Ja	Ja	Ja	Ja
Delta-Drucker[13]	Ja	Ja	Nein	Nein
Motherboards				
Ramps	Ja	Ja	Ja	Ja
Sanguinololu	Ja	Ja	Ja	Ja
Gen 3	Nein	Ja	Ja	Ja
Gen 7	Ja	Ja	Ja	Ja
Gen 6	Ja	Ja	Ja	Ja
Teensylu	Ja	Ja	Ja	Ja
Printrboard	Ja	Ja	Ja	Nein
Rumba	Ja	Ja	Nein	Nein
Rambo	Ja	Ja	Nein	Nein
Melzi	Ja	Nein	Nein	Nein
STB	Ja	Nein	Nein	Nein
Ultimaker	Ja	Nein	Nein	Nein
Brainwave	Ja	Nein	Nein	Nein
Megatronics	Ja	Nein	Nein	Nein

9.3 Kurzanleitung Arduino

Wenn man sich mit dem Thema Firmware beschäftigen möchte, kommt man in den meisten Fällen nicht um den Einsatz von Arduino herum. Arduino ist eine Entwicklungsumgebung für Mikrocontroller, also kleine Ein-Chip-Computer, die alles mitbringen, was man für einen – sehr einfachen – Computer benötigt: einen Prozessor, Speicherplatz und einige Möglichkeiten, Daten einzulesen (zum Beispiel für Sensoren) und auszugeben (um damit Motoren anzusteuern, Lichter brennen zu lassen etc.). Außerdem bringt Arduino auch eine Entwicklungsumgebung für die Software mit, die auf dem Mikroprozessor arbeitet. Falls Sie noch nie zuvor programmiert haben und auch von Mikroprozessoren herzlich wenig Ahnung haben, verzweifeln Sie nicht, denn die Schritte, die Sie für das Einrichten einer Firmware benötigen, können Sie auch ohne Programmiererfahrung durchführen.

---

[12] Die Firmware kann einen SD-Kartenleser ansteuern, sodass sich Ausdrucke statt vom Computer direkt am Gerät starten lassen.

[13] Es können Delta-Drucker wie z. B. Rostock damit gesteuert werden.

Arduino wurde im Jahr 2005 von italienischen Studenten ins Leben gerufen und sollte Bastlern, Künstlern und Designern den Einstieg in die Mikrocontroller-Technik so weit erleichtern, dass sie das technische Wissen für ihre Projekte selbstständig aus einem Buch lernen könnten. Über die Jahre ist das Projekt gewachsen, und immer mehr Erweiterungen (sogenannte Shields) wurden entwickelt, mit denen man Motoren ansteuern, Stromquellen an- und abschalten, WLAN und sogar Mobilfunknetze nutzen kann. Da die Software und auch die Baupläne für die Arduino-Hardware unter einer Open-Source-Lizenz stehen, ist die Softwareentwicklungsumgebung gänzlich kostenfrei, und auch die Hardware ist sehr günstig zu bekommen. Da wundert es wenig, dass die 3-D-Drucker-Gemeinde diese Entwicklungsumgebung dankbar aufgenommen und in ihren Projekten verwendet hat. Fast alle 3-D-Drucker-Steuerungen bauen in der einen oder anderen Weise auf Arduino auf, sodass auch die Steuerungselektronikentwicklung günstig in der Hardwarebeschaffung und kostenfrei in der Software ist.

Herunterladen und Installieren von Arduino

Arduino können Sie kostenfrei unter der Internetadresse *http://arduino.cc* im Bereich *Download* für Ihr Betriebssystem herunterladen. Windows, Macintosh und Linux werden unterstützt, und die Installationsprozedur richtet sich nach dem üblichen Standard des jeweiligen Betriebssystems. Exemplarisch gehen wir kurz einmal die Installation unter Windows durch: Nach dem Download des Installationsprogramms (es wird auch eine Zip-Version angeboten, die wir nicht verwenden) starten Sie dieses. Nun erscheint das erste Fenster:

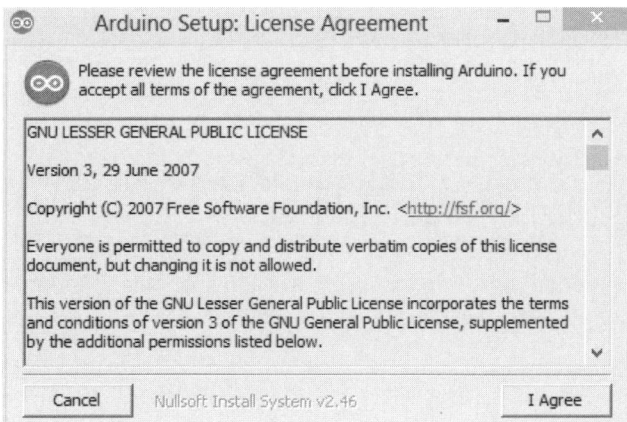

Bild 9.1: Lizenz bestätigen und *I Agree* anklicken.

Es wird die Open-Source-Lizenz angezeigt, der Sie zustimmen müssen, wenn Sie das Produkt verwenden möchten. Klicken Sie hier auf *I Agree*. Nun erscheint das zweite Fenster:

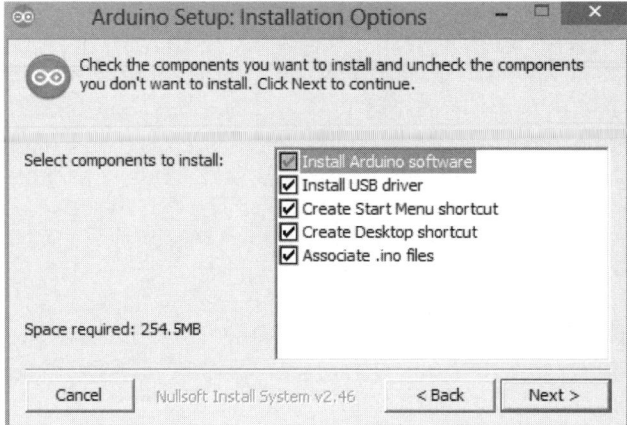

Bild 9.2: Alles unverändert lassen und auf *Next* klicken.

Hier wird eine Auswahl verschiedener Installationsoptionen angeboten, die Sie zwar auch ändern könnten, aber nicht sollten – wir benötigen alle Punkte. Klicken Sie anschließend auf *Next*.

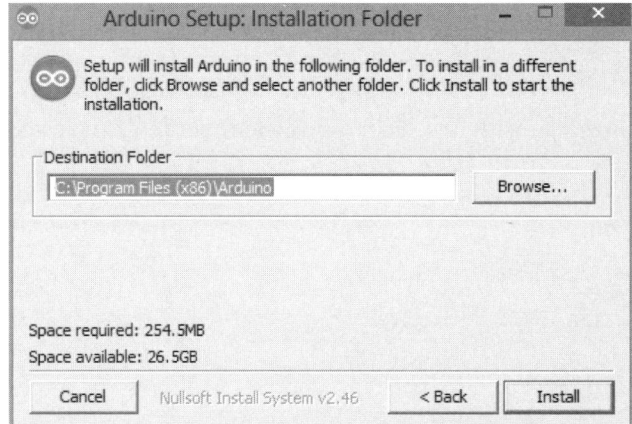

Bild 9.3: Installationsort wählen.

Nun können Sie angeben, wohin das Programm installiert werden soll – die Standardeingaben sind dabei durchaus brauchbar. Klicken Sie jetzt auf *Install*.

9.3 Kurzanleitung Arduino

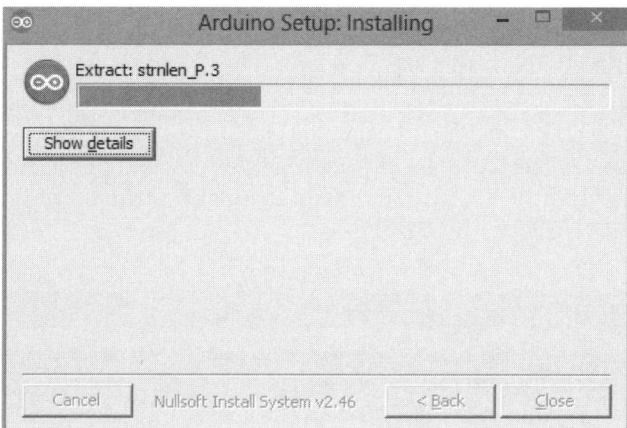

Bild 9.4: Arduino wird installiert.

Das Programm wird auf Ihrem Rechner installiert, was einige Sekunden in Anspruch nehmen kann. Anschließend wird Ihnen die erfolgreiche Installation bestätigt:

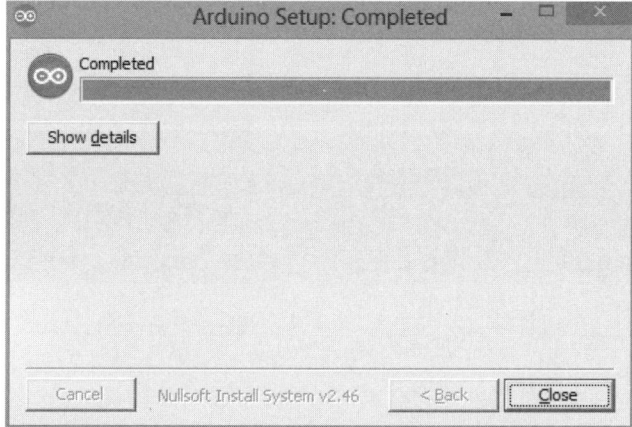

Bild 9.5: *Close* anklicken.

Wenn Sie jetzt noch auf den Schalter *Close* klicken, ist die Installation erfolgreich durchgeführt worden.

Eine Firmware installieren

Nachdem die Arduino-Entwicklungsumgebung auf dem Rechner installiert ist, können wir damit beginnen, eine Firmware aus dem Internet herunterzuladen und diese auf unserem 3-D-Drucker zu installieren. Natürlich können wir in diesem Buch nicht auf alle Firmwares eingehen, daher werden wir exemplarisch die Marlin-Firmware installieren und anpassen. Sie ist derzeit eine der umfangreichsten Firmwares und daher für fast alle Drucker verwendbar. Die Marlin-Firmware finden Sie unter der folgenden Internetadresse: *github.com/ErikZalm/Marlin/releases*.

Laden Sie die Zip-Datei herunter und einpacken Sie sie in ein Verzeichnis auf Ihrem Rechner, beispielsweise in *Eigene Dokumente/Arduino*. Starten Sie nun die Arduino-Oberfläche. Sie sehen jetzt ein grünes Fenster, mit dem Sie vermutlich noch nicht allzu viel anfangen können – macht nichts, wir kümmern uns gleich um die Praxis. Rufen Sie über das *Datei*-Menü den *Öffnen*-Befehl auf.

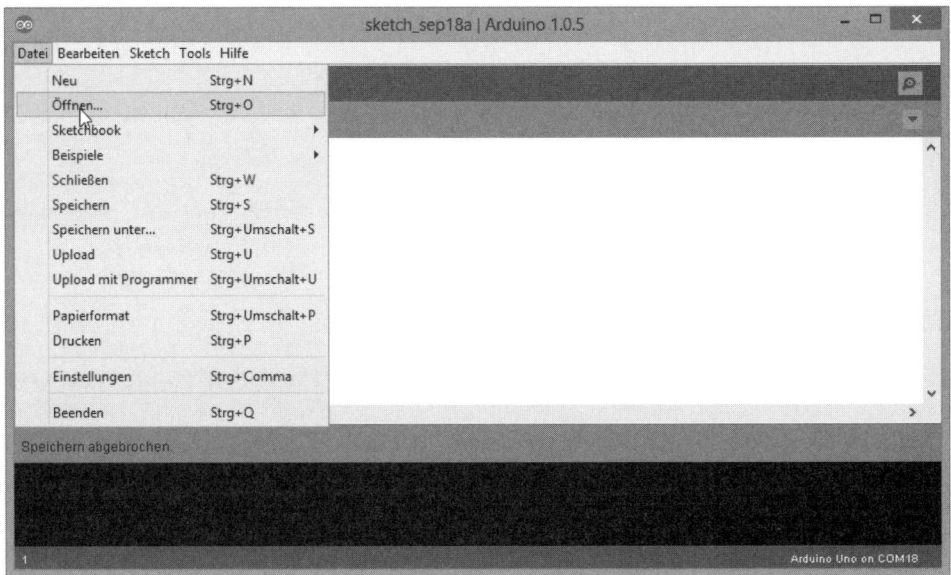

Bild 9.6: *Datei* → *Öffnen* anwählen ...

9.3 Kurzanleitung Arduino

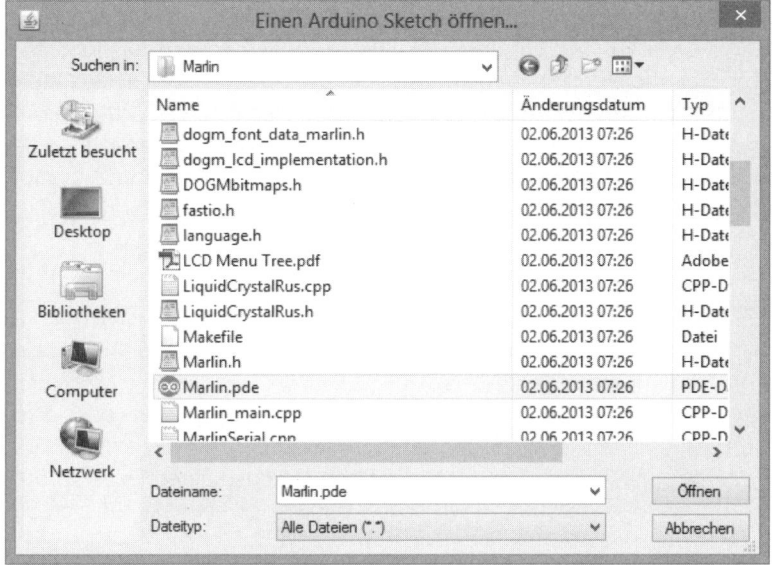

Bild 9.7: ... und *die Marlin.pde* auswählen.

Wählen Sie dann im Datei-Requester die Datei *Marlin.pde* aus und klicken Sie auf *Öffnen*. Jetzt wird Marlin in Arduino geladen und in einem neuen Fenster dargestellt:

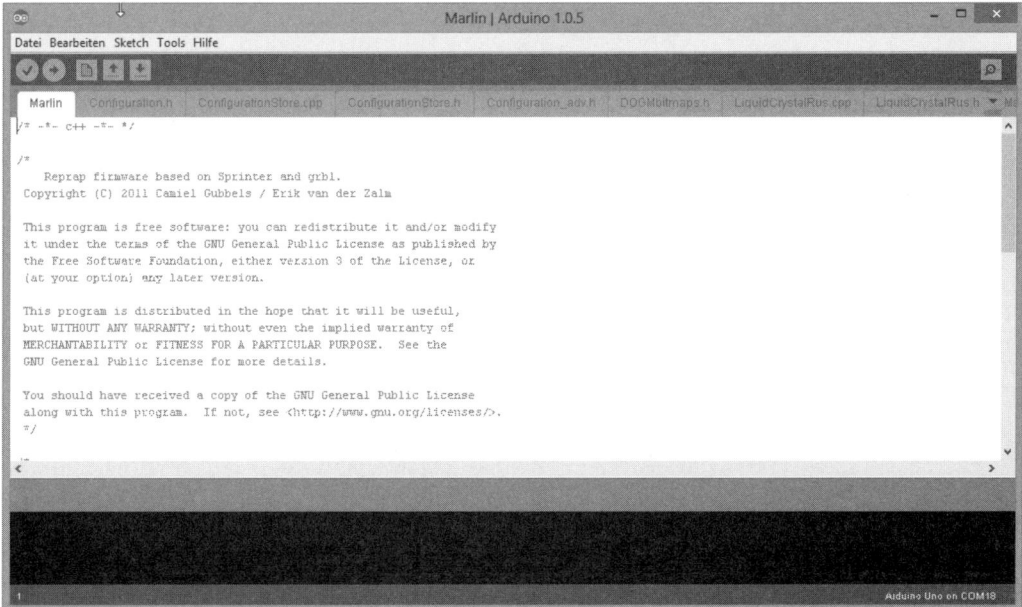

Bild 9.8: Jetzt können Sie die Firmware bearbeiten.

Oberhalb des weißen Bereichs können Sie verschiedene Register sehen, die jeweils eine einzelne Datei der Marlin-Firmware anzeigen. Klicken Sie jetzt auf das Register, das den Namen *Configuration.h* trägt. Alle Änderungen, die Sie an der Firmware für Ihren Drucker durchführen müssen, absolvieren Sie auf dieser Registerkarte. Das ist auch bei vielen anderen Firmwares so: Es gibt eine einzelne Datei, in der alle Konfigurationen für die jeweilige Firmware vorgenommen werden können, sodass auch weniger bewanderte Personen die Firmware für ihren Drucker anpassen können.

Eine Firmware abändern

Die große Kunst ist es nun, die Konfiguration vorzunehmen – das behandeln wir aber erst im nächsten Kapitel. In allen Fällen ist es aber so, dass Sie in dieser *Configuration.h*-Datei entweder gewisse Funktionen ein- oder ausschalten müssen oder aber Zahlen eintragen müssen – mehr ist nicht notwendig. Betrachten wir dazu drei kleine Beispiele: Wollen Sie beispielsweise einstellen, dass die X-Achse einen Endstop hat, der invertiert werden muss (dazu kommen wir später auch noch einmal), müssen Sie zuerst einmal die die folgende Zeile suchen:

```
const bool X_ENDSTOPS_INVERTING = false;
```

Für Sie interessant ist dabei immer nur der Wert, der hinter dem Gleichheitszeichen steht, also `false`. Dieser Wert steht für *falsch* oder auch *aus*, wir wollen aber an dieser Stelle, dass der Wert *an* oder *wahr* ist. Der entsprechende Wert dazu, den Sie jetzt einsetzen, lautet `true`.

```
const bool X_ENDSTOPS_INVERTING = true;
```

Sie sehen, es ist ganz einfach. Auch bei Zahlenwerten ist eine Änderung nicht sonderlich kompliziert. Nehmen wir an, Sie möchten die Firmware auf Ihre Steuerungselektronik (Motherboard) anpassen, dann müssen Sie die Zeile

```
#define MOTHERBOARD 7
```

suchen und die hier angegebene Zahl `7` durch die Zahl Ihrer Steuerungselektronik ersetzen. Die Kommentare darüber zeigen Ihnen, welche Zahl zu welcher Elektronik gehört – für eine Ramps-Elektronik setzen Sie die 33 ein, für eine Sanguinololu die Zahl 62. Manchmal kommt es auch vor, dass Sie Kommazahlen (rationale Zahlen) verwenden müssen, beispielsweise in dieser Zeile:

```
#define DEFAULT_XYJERK 20.0
```

Hierbei ist zu beachten, dass Arduino rationale Zahlen nicht mit einem Komma, sondern nach englischer Schreibweise mit einem Punkt erwartet. Statt rationaler Zahlen können Sie auch Formeln aufschreiben, die dann vom Compiler ausgerechnet werden. Statt `20.0` können Sie also beispielsweise `10*2` oder `(3+7)*2` eingeben. Erlaubt sind dabei unter anderem das Pluszeichen (`+`), das Minuszeichen (`-`), das Multiplikationszeichen (`*`) und das Divisionszeichen (`/`) sowie runde Klammern (`()`). Manchmal kann es auch vorkommen, dass Prozentzahlen angegeben werden. Diese werden aber, nicht wie bei Menschen üblich, von 0 bis 100 angegeben, sondern vielmehr von 0 bis 255. Das hängt damit zusammen, dass ein Computer nicht wie wir Menschen im Zehnersystem rechnet, sondern im binären System, durch ihn bis 255 zählen lässt. Die Prozentangabe ist aber relativ leicht umzurechnen: Multiplizieren Sie einfach Ihre gewünschte Prozentzahl mit 2,55, und schon sind Sie beim richtigen Ergebnis – aus 20 % wird also die Zahl 51. In der Firmware findet man manchmal auch Parameter, die gar keine Werte aufweisen. Steht in der Firmware beispielsweise

`#define PREVENT_DANGEROUS_EXTRUDE`

ist das vollkommen ausreichend, denn so wird dem Compiler mitgeteilt, dass die Funktion schlicht und einfach aktiviert sein soll. Es kann auch vorkommen, dass ein Parameter im Quelltext zwar enthalten ist, aber deaktiviert wurde. In solch einem Fall ist der Parameter auskommentiert, d. h., er wird von der Entwicklungsumgebung als Kommentar interpretiert und nicht als gültiger Befehl. Um einen solchen inaktiven Parameter zu aktivieren, müssen Sie die der Zeile vorangestellten beiden Schrägstriche (`//`)entfernen. Aus `//#define PIDTEMPBED` wird also `#define PIDTEMPBED`.

In jedem Fall sollten Sie aber bei Änderungen im sogenannten Sourcecode der Firmware darauf achten, dass Sie keine anderen Zeichen löschen oder hinzufügen – Arduino und die hier verwendete Programmiersprache C sind da sehr empfindlich. Nehmen wir einmal an, Sie haben alle Einstellungen an Ihrer Software vorgenommen. Sie möchten jetzt die Firmware auf Ihre Druckerelektronik hochladen. Dazu müssen Sie in einem ersten Schritt Ihre Steuerungselektronik über den USB-Port an Ihren Rechner anschließen. Sobald Sie das machen, installiert sich auf dem Rechner automatisch der passende USB-Treiber für das Arduino-Board. Das kann ein paar Sekunden dauern, führen Sie die folgenden Schritte also nicht zu schnell danach aus. Nun müssen Sie der Arduino-Software mitteilen, welche Art von Arduino Sie an den Rechner angeschlossen haben. Dazu sollten Sie das Handbuch der Elektronik studieren, die Sie in Ihrem 3-D-Drucker verbaut haben. Irgendwo in der Dokumentation muss stehen, zu welchem Arduino-Board Ihre Elektronik kompatibel ist.

Angenommen, Sie haben eine Ramps 1.4 mit einem Arduino Mega 1280. Gehen Sie jetzt mit der Maus in der Arduino-Oberfläche auf das Menü *Tools* und wählen Sie dort im Untermenü *Board* den Eintrag *Arduino Mega (ATMega 1280)* aus. Dieser Schritt ist notwendig, damit die Softwareentwicklungsumgebung von Arduino weiß, für welchen Mikroprozessortyp sie das Programm schreiben soll, denn es gibt mehrere Arduino-Motherboards mit unterschiedlichen Mikroprozessoren darauf. Ist das geschehen, gehen Sie noch einmal in das Menü *Tools* und wählen diesmal im Untermenü *Serieller Port* den Port aus, der für das Arduino-Board steht. Normalerweise sind serielle Ports an heutigen PCs relativ selten, sodass Sie in den meisten Fällen nur einen Port zum Auswählen vorfinden. Sollten mehrere Ports zur Verfügung stehen, prüfen Sie nach, welche anderen seriellen Geräte an Ihrem Rechner angeschlossen sind, und verwenden Sie den Port, der übrig bleibt oder erst vor Kurzem hinzugekommen ist. Sie können aber auch schlicht und einfach die verschiedenen Ports im nächsten Schritt (Upload) so lange ausprobieren, bis es funktioniert – Schäden können dabei nicht auftreten. Sollten Sie hingegen keinen Port zur Auswahl haben und das ganze Untermenü *Serieller Port* deaktiviert sein, hat die Arduino-Oberfläche die gerade eben angeschlossene Elektronik noch nicht erkannt. In diesem Fall schließen Sie die Arduino-Oberfläche und starten kurz darauf noch einmal – dann sollte der serielle Port sichtbar sein. Reicht das nicht aus und ist der Menüeintrag immer noch deaktiviert, sollten Sie Ihre Verkabelung und die Installation des Arduino-Treibers untersuchen. Haben Sie Ihr Board und Ihren seriellen Port eingetragen, müssen Sie jetzt in der Lage sein, die Firmware auf Ihre Elektronik hochzuladen. Das geht ganz einfach durch einen Klick auf den Rechtspfeil in der Arduino-Oberfläche:

Bild 9.9: Upload kompiliert die Firmware und sendet sie an Ihre Elektronik.

Wenn Sie diesen Schalter drücken, beginnt die Arduino-Entwicklungsoberfläche damit, die Firmware in Maschinensprache zu übersetzen. Haben Sie zuvor wirklich nur Zahlen und Wahrheitswerte in der *Configuration.h* abgeändert, sollten hier eigentlich keine Fehler auftreten, und dieser Schritt wird anstandslos funktionieren. Falls doch ein Fehler auftaucht, sollte Ihnen die Arduino-Oberfläche anzeigen, in welcher Zeile er aufgetreten ist. Kontrollieren Sie noch einmal, ob Sie nicht aus Versehen zusätzliche Zeichen eingefügt oder welche gelöscht haben. Wird der Kompilierungsvorgang dagegen problemlos durchgeführt, folgt automatisch sofort der nächste Schritt – das Hochladen des kompilierten Maschinencodes in Ihre Druckerelektronik. Hier müssen Sie eigentlich nichts tun, außer einige Sekunden zu warten – eine Firmware ist relativ groß und benötigt daher eine Weile für die Übertragung. Während dieser Zeit sehen Sie auf Ihrer Elektronik vermutlich einige LED-Lampen flackern – sie zeigen an, dass eine Übertragung im Gang ist. Wenn der Upload abgeschlossen ist, haben Sie es geschafft und zum ersten Mal eine Firmware auf die Elektronik Ihres Druckers geladen.

9.4 Wichtige Parameter

Wenn Sie jetzt die zuvor installierte Firmware auf Ihrem Drucker starten, werden Sie vielleicht unangenehme Effekte bemerken – denn die Firmware wurde ja noch nicht wirklich für Ihren Drucker angepasst. Das holen wir jetzt in diesem Kapitel nach und konfigurieren die Firmware speziell für Ihren Drucker. Leider gibt es derart viele Firmwares, dass wir wiederum nicht in der Lage sind, alle zu behandeln. Die hier besprochenen Parameter sind aber durchaus vergleichbar und tauchen in den meisten Firmwares auf, eventuell unter einem anderen Namen. Hier empfiehlt es sich, die meistens reichhaltigen Kommentare in der Konfigurationsdatei durchzulesen und im Notfall das Internet zu befragen. Andere Druckerbesitzer in einschlägigen Foren helfen Ihnen sicher weiter, zum Beispiel das deutschsprachige Forum von RepRap.org, das Sie unter der Internetadresse *http://forums.RepRap.org/index.php?236* finden können. Wie schon in den vorherigen Kapiteln werden im Folgenden die wichtigsten, aber nicht alle Parameter der Firmware Marlin besprochen.

Allgemeines

Der Parameter Motherboard

Dies ist sicherlich eine der wichtigsten Einstellungen, die Sie in der *Configuration.h* vornehmen müssen. Hier müssen Sie auswählen, welche Druckerelektronik Sie besitzen, damit die Firmware sich auf die Bauweise Ihrer Elektronik einrichten kann. In den Kommentaren darüber stehen die diversen Motherboards, die von der Firmware unterstützt werden. Haben Sie eine Ramps-Elektronik, setzen Sie hier also beispielsweise den Wert 33 ein.

Sollte Ihre Elektronik nicht in der Liste enthalten sein, schauen Sie am besten einmal nach, ob sie zu einer anderen kompatibel ist, und verwenden dann den entsprechenden Namen dieser Elektronik. Ist das nicht der Fall, unterstützt Marlin Ihre Elektronik nicht, und es wird ungleich schwerer, diese Firmware für Ihren Drucker zu verwenden, denn hierzu müssten Sie die komplette Pinbelegung der Elektronik in Marlin einpflegen, und das erfordert selbst für einen erfahrenen Programmierer einiges an Arbeit. Es ist in diesem Fall sicherlich leichter, eine andere Firmware für den Drucker zu verwenden.

Der Parameter Extruders

Hier geben Sie die Anzahl der Extruder bzw. Hotends für Ihren Drucker ein. Wenn Sie also zwei Austrittsdüsen an Ihrem Drucker haben, geben Sie eine 2 ein, ansonsten nur eine 1.

Die Achsen und der Extruder

Die drei Achsen eines 3-D-Druckers sind für die Bewegung des Druckkopfs zuständig. Neben den möglichen Fahrwegen und den Geschwindigkeiten sind auch Beschleunigungswerte einzutragen, die für jeden Drucker individuell angefertigt werden müssen. Zum besseren Verständnis der folgenden Parameter empfiehlt es sich, vorher das Kapitel über Schrittmotoren durchzulesen.

Die Parameter DISABLE_X, Y und Z

Wenn Sie einen Spezialdrucker konstruiert haben, der weniger als drei Achsen hat, können Sie hier einzelne Achsen durch den Wert **true** abschalten.

Die Parameter INVERT_X_DIR, INVERT_Y_DIR und INVERT_Z_DIR

Je nachdem, wie Ihr Drucker konstruiert ist, kann es notwendig sein, die Bewegungsrichtung des jeweiligen Stepper-Motors umzukehren. Haben Sie die Firmware hochgeladen und festgestellt, dass sich der Motor in die falsche Richtung bewegt, sollten Sie den Parameter der jeweiligen Achse umkehren, also aus `true` ein `false` oder aus einem `false` ein `true` machen. Wenn Sie, oder der Erbauer des Druckers, allerdings die Anschlusskabel der Stepper-Motoren intelligent angelegt haben, genügt es manchmal auch, das Kabel zum Motor hin verkehrt herum einzustecken. Bevor Sie das machen, sollten Sie aber noch einmal die Anschlussbelegung der Druckerelektronik überprüfen!

Die Parameter X, Y und Z_HOME_DIR

Bei diesen drei Parametern können Sie angeben, wo die Endstops Ihres 3-D-Druckers liegen. Messen Sie beim absoluten Nullpunkt, wie es bei den meisten Druckern der Fall ist, tragen Sie hier eine –1 ein, was bedeutet, dass der Druckkopf so weit zurückfahren muss, bis er den Endstop erreicht. Haben Sie den Endstop bei irgendeiner Achse an das Maximum gesetzt, müssen Sie hier eine 1 eintragen, damit der Druckkopf so weit die Achse entlangfährt, bis er das Maximum und damit den Endstop erreicht.

Der Parameter HOMING_FEEDRATE

Wann immer der Drucker den Druckkopf in die Home-Position fährt, tut er das mit einer gewissen Geschwindigkeit, die Sie mit dem Parameter `HOMING_FEEDRATE` frei einstellen können. In diesem speziellen Fall sollten Sie beachten, dass Sie nicht nur eine Zahl abändern, sondern gleich vier. Sie stehen – auch in dieser Reihenfolge – für die Achsen X, Y und Z sowie für den Extruder, wobei Letzterer aufgrund fehlender Home-Position immer auf `0` stehen sollte. Die Einheit ist *Millimeter pro Minute*, was etwas ungewöhnlich ist, weshalb in der unveränderten Marlin-Standardkonfiguration auch

```
#define HOMING_FEEDRATE {150*60, 150*60, 4*60, 0}
```

angegeben wird – 150 mm/s * 60 = 9000 mm/min.

Der Home-Prozess läuft grundsätzlich dann so ab: Die Firmware fährt den Druckkopf in die Home-Position, bis der entsprechende Endstop auslöst. Danach fährt der Druckkopf einige Millimeter zurück und nähert sich erneut dem Endstop, allerdings diesmal mit halber Geschwindigkeit. Das soll bewirken, dass die Home-Position mit höherer Genauigkeit angefahren wird. In den meisten Fällen ist es aber gar nicht so wichtig, dass die Home-Position derart genau gemessen wird, man kann sich schon trauen, hier eine höhere Geschwindigkeit als die vorgegebene einzustellen.

Der Parameter DEFAULT_AXIS_STEPS_PER_UNIT

Dies ist einer der wichtigsten Parameter überhaupt in der gesamten Firmware. Er gibt für jede Achse an, wie viele Schritte notwendig sind, um den Druckkopf bzw. den Extruder um eine Einheit (1 Millimeter) zu bewegen. Wie schon zuvor werden bei diesem Parameter insgesamt vier Werte eingetragen – in der Reihenfolge X-, Y- und Z-Achse sowie Extruder. Während das Eintragen sicherlich keine Probleme bereitet, ist das Herausfinden dieser Werte ungleich komplizierter. Im Wesentlichen gibt es zwei Methoden, diese Werte zu ermitteln: ausrechnen und ausmessen.

Die Justage der Z-Achse
Das Ausrechnen klappt beispielsweise recht gut für die Z-Achse, die in den meisten Fällen mit einer Gewindestange realisiert wird. Nehmen wir einmal an, es wurde eine M8-Gewindestange verwendet, die direkt auf einem Schrittmotor mit 200 Schritten pro Umdrehung aufliegt. Die Steigung einer M8-Gewindestange beträgt 1,25 Millimeter pro Umdrehung, der Schrittmotor wird mit einem 16-fachen Microstepping angefahren. Also müssen wir rechnen:

$$\frac{1\,mm}{1{,}25\,mm} * 200\ Schritte * 16\ Mikroschritte = 2560\ Mikroschritte$$

Leider funktioniert das Ausrechnen nicht so gut für die X- und die Y-Achse und erst recht nicht für den Extruder, da hier unterschiedliche Zahnräder oder Zahnriemen eingesetzt werden, die sich zum einen relativ schwer berechnen lassen und zum anderen deutlichen Schwankungen unterliegen. Hier wird man nicht umhinkommen, diese Werte experimentell herauszufinden und auszumessen.

Die Justage der X- und Y-Achse
Für die X- und Y-Achse empfiehlt es sich, eine Stecknadel kurzfristig am kalten Hotend zu befestigen. Fahren Sie dazu die Z-Achse einige Zentimeter in die Höhe und befestigen Sie dann die Nadel beispielsweise mit einem Klebeband. Sie sollten nur darauf achten, dass die Nadel relativ fest bleibt und sich nicht bei einer Bewegung des Druckkopfs verschiebt.

Bild 9.10: Über eine Nadel am Druckkopf kann man recht gut Entfernungen bei der Justage messen.

Legen Sie jetzt ein Millimeterpapier auf das Druckbett und befestigen Sie es mit Klebestreifen so, dass Sie möglichst die gesamte Breite bzw. Höhe des Druckbereichs mit der Nadel damit abfahren können. Lassen Sie den Drucker über eine Host-Software wie Repetier-Host oder Pronterface in die Home-Position fahren. Bitte achten Sie darauf, dass Sie nur die X- und Y-Achse homen, die Z-Achse müssen Sie wegen der angeklebten Nadel mit der Host-Software stückchenweise so weit herunterbewegen, bis sie ganz knapp über dem Millimeterpapier bzw. der Kalibrierseite schwebt. Nun markieren Sie auf dem Papier die Stelle, über der die Nadel schwebt. Weisen Sie dann über Ihre Host-Software den Drucker an, relativ langsam einige Zentimeter entlang der X-Achse zu fahren. Auch wenn die Einstellungen noch nicht stimmen, sollte der Drucker sich doch bewegen. Fahren Sie stückchenweise und langsam, so weit Sie können, entlang der X-Achse, ohne den eventuell vorhandenen Endstop oder das Ende der Achse zu berühren. Wir benötigen einen möglichst großen Fahrweg, um unsere Berechnungen so genau wie möglich zu machen. Je größer unser Fahrweg ist, desto weniger fällt die Messungenauigkeit ins Gewicht, die wir automatisch bei diesem Verfahren haben werden. Wichtig bei der Bewegung des Druckkopfs durch die Host-Software ist, dass Sie sich notieren, wie viele Zentimeter Sie für die Bewegung des Druckkopfs in der Host-Software angegeben haben. Je weniger Zwischenstopps Sie dabei einlegen, desto besser – durch wenige Beschleunigungsvorgänge und eine langsame Bewegung des Druckkopfs soll ein Schrittverlust des Motors vermieden werden. Markieren Sie jetzt auf dem Millimeterpapier die Endposition des Druckkopfs und messen Sie diesen Abstand möglichst genau aus. Nehmen wir einmal an, Sie haben den Druckkopf tatsächlich um 19,6 cm, in der Host-Software jedoch um 21,0 cm bewegt. Dann hinkt Ihr Drucker den

Wunschwerten hinterher, und Sie müssen die derzeitige Einstellung in der Firmware abändern. Der Korrekturfaktor beträgt in diesem Fall:

$$\frac{21{,}0\ cm}{19{,}6\ cm} = 1{,}0714$$

Hat sich der Drucker hingegen tatsächlich 19,8 cm bewegt, während Sie in der Host-Software nur 16,7 cm eingegeben haben, ist der Korrekturfaktor 0,8434. Messen Sie jetzt noch nach demselben Verfahren die Y-Achse aus und berechnen Sie auch hierfür den Korrekturfaktor. Mit diesen Werten korrigieren Sie dann die Angaben in der *Configuration.h* von z. B.:

```
#define DEFAULT_AXIS_STEPS_PER_UNIT { 78.7402, 78.7402, 2560, 760}
```

in:

```
#define DEFAULT_AXIS_STEPS_PER_UNIT { 78.7402*1.0714, 78.7402*1.0634, 2560, 760}
```

Nachdem Sie die Firmware danach wieder neu auf den Drucker hochgeladen haben, sollten Sie diese Einstellungen auf jeden Fall erneut überprüfen und gegebenenfalls durch Berechnung eines neuen Korrekturfaktors noch einmal verfeinern.

Die Justage des Extruders
Grundsätzlich funktioniert die Justage ähnlich wie bei der X- und Y-Achse: Man lässt eine ungewisse Menge Filament durch den Extruder laufen und misst nach, wie viel Filament tatsächlich durchgeflossen ist. Das lässt sich am leichtesten bewerkstelligen, wenn das Hotend nicht montiert ist und das Filament einfach nur durch den Extruder transportiert wird. In diesem Fall lassen Sie das Filament mit einer Host-Software so weit zurückfahren, bis das Ende des Filaments genau am Ende des Extruders steht. Lassen Sie nun mit Ihrer Host-Software ein gutes Stück des Filaments herausfahren – 50 cm oder mehr machen die Messung genau. Merken Sie sich wiederum, wie viele Zentimeter Sie in der Host-Software angeben mussten, bis Sie in der Realität tatsächlich 50 cm erreicht hatten. Auch hier ist es sinnvoll, das Filament relativ langsam herausfahren zu lassen, sodass Sie sicher sein können, dass der Schrittmotor des Extruders keine Schritte übersprungen hat. Sobald Sie die Filament-Menge herausgefahren haben, messen Sie nach, wie viele Zentimeter tatsächlich herausgekommen sind. Nehmen wir einmal an, Sie haben in der Host-Software 100 cm angegeben, während in der Realität nur 83,2 cm herausgekommen sind. Dann errechnet sich Ihr Korrekturfaktor wie folgt:

$$\frac{100\ cm}{83{,}2\ cm} = 0{,}832$$

In die *Configuration.h* schreiben Sie also:

```
#define DEFAULT_AXIS_STEPS_PER_UNIT { 78.7402*1.0714, 78.7402*1.0634, 2560,
760*0,832}
```

Bei angeschraubtem Hotend ist die Justage des Extruders leider deutlich ungenauer, denn der Extruder ist dann Einbahnstraße und Sackgasse zugleich, in der das Filament nur in eine Richtung fließt und nicht mehr herausgezogen werden kann. Wenn man also nachsehen möchte, wie viel Filament der Extruder transportiert, muss man dieses auch gleichzeitig mehr oder weniger vernichten – aber immerhin geht es. Mit angeschraubtem Hotend müssen Sie so vorgehen: Markieren Sie mit einem Stift oder einem Klebestreifen auf dem Filament eine Stelle, die ungefähr 5 cm vor dem Eintritt des Filaments im Extruder liegt. Nun messen Sie mit einem Lineal oder einer Schublehre möglichst genau aus, wie weit diese Stelle vom Eintritt des Filaments in den Extruder entfernt ist.

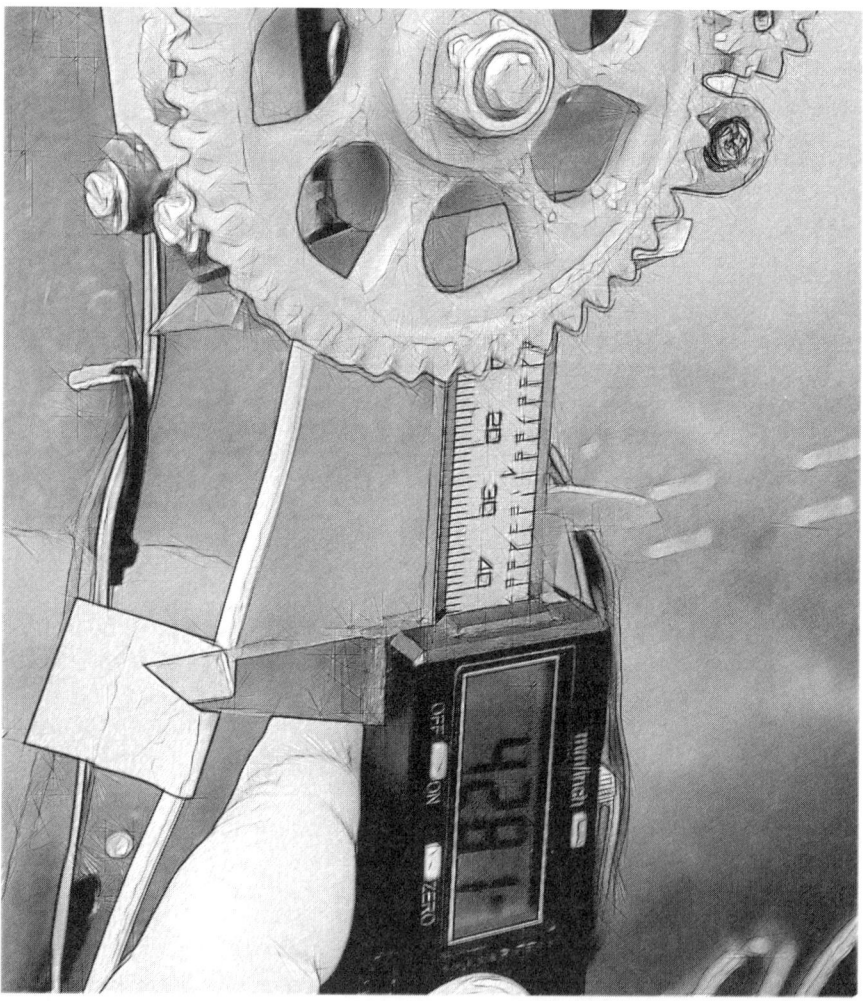

Bild 9.11: Messen des relativen Abstands vor und nach einem Filament-Einzug.

Lassen Sie dann über eine Host-Software bei eingeschaltetem Hotend sehr langsam einige Zentimeter des Filaments im Extruder verschwinden und merken Sie sich, wie viele Zentimeter Sie für diese Aktion in der Host-Software angegeben haben. Nehmen wir an, Sie haben 5,4 cm vor dem Extruder die Markierung gesetzt und haben dann 4 cm in der Host-Software zum Extrudieren angegeben. Nun liegt die Markierung 0,8 cm vom Extruder entfernt. Dann berechnen Sie den Korrekturfaktor wie folgt:

$$\frac{4\,cm}{5,4\,cm - 0,5\,cm} = 1,225$$

Diesen Korrekturfaktor können Sie wie folgt an die vierte Stelle des Parameters `DEFAULT_AXIS_STEPS_PER_UNIT` setzen.

Der Parameter DEFAULT_MAX_FEEDRATE

Ein 3-D-Drucker hat für seine drei Achsen und für den Extruder stets eine Maximalgeschwindigkeit, die von seiner mechanischen Stabilität, der Reibung an den Achsen, der Kraft der Motoren und anderen Faktoren abhängt. Diese Maximalgeschwindigkeit kann mit einer Host-Software leicht ermittelt werden, indem man den Druckkopf immer wieder eine längere, aber sichere Strecke mit immer höheren Geschwindigkeiten entlangfahren lässt. Irgendwann schaffen die Motoren die Geschwindigkeiten nicht mehr, geben laute Geräusche von sich und fahren nicht mehr die gesamte Strecke. Das klingt zwar schrecklich, ist aber für einige Sekunden sowohl den Motoren als auch der Elektronik zuzumuten. Wenn Sie den Wert berechnet haben, haben Sie die Maximalgeschwindigkeit Ihres Druckkopfs ermittelt, was aber noch nicht bedeutet, dass der Drucker auch tatsächlich in der Lage ist, in dieser Geschwindigkeit Filament in ausreichender Menge zu erhitzen und in brauchbarer Form auszugeben. Letztendlich werden Ihre Erfahrungen mit Ihrem Drucker die tatsächliche Maximalgeschwindigkeit des Druckkopfs und des Extruders zeigen. Auf jeden Fall können Sie die ermittelte oder geschätzte Maximalgeschwindigkeit über den Parameter `DEFAULT_MAX_FEEDRATE` in der Firmware hinterlegen, sodass diese darauf achtet, dass auch bei irrtümlichen Fehleingaben die Maximalgeschwindigkeit des Druckers nicht überschritten wird. Wie auch schon bei dem Parameter `DEFAULT_AXIS_STEPS_PER_UNIT` werden die Maximalgeschwindigkeiten für die X-, Y- und Z-Achse sowie den Extruder in genau dieser Reihenfolge angegeben.

Die Parameter DEFAULT_MAX_ACCELERATION, DEFAULT_ACCELERATION und DEFAULT_RETRACT_ACCELERATION

Ebenso wenig, wie ein Auto aus dem Stand sofort in der nächsten Sekunde 100 km/h erreichen kann, kann ein Druckkopf sofort die maximale Geschwindigkeit erreichen. Er muss ebenso wie das Auto erst langsam beschleunigt werden. Die Beschleunigung wird in

$$\frac{mm}{s^2}$$

angegeben, eine Einheit, die man sich leider relativ schwer vorstellen kann. Vielleicht genügt es aber, zu wissen, dass 9000 mm/s² eine hohe Beschleunigung ist, 3000 mm/s² eine mittlere und 1000 mm/s² eine recht geringe.

Wenn Sie ein schweres Druckbett mit Heizung und Glasbett bewegen möchten, werden Sie sicherlich eine geringere Beschleunigung verwenden wollen als für einen leichten Druckkopf, der mit einem Bowdenzug ausgestattet ist. Wann immer Sie merken, dass Sie auf der einen oder anderen Achse Schritte verlieren, sollten Sie zuerst einmal die Beschleunigungswerte dieser Achse reduzieren. Auch wenn der Drucker stark vibriert, recht laut und hart klingt, sollten Sie überlegen, diese Werte herunterzusetzen. Über den Parameter DEFAULT_ACCELERATION können Sie angeben, wie stark Ihr 3-D-Drucker im Maximalfall für normale Druckkopfbewegungen Gas geben soll. Dieser Wert wird für die drei Achsen und den Extruder gemeinsam verwendet. Die maximale Beschleunigung für schnelle Druckkopfbewegungen können Sie, diesmal getrennt nach den Achsen – wieder in der üblichen Reihenfolge X-, Y- und Z-Achse sowie Extruder –, im Parameter DEFAULT_MAX_ACCELERATION angeben. Für Retracts kann man die maximale Beschleunigung im Parameter DEFAULT_RETRACT_ACCELERATION eintragen, wiederum gilt dieser Wert für alle drei Achsen und den Extruder.

Die Parameter DEFAULT_XYJERK, DEFAULT_ZJERK und DEFAULT_EJERK

Gerade bei höheren Geschwindigkeiten kommt es vor, dass in einem Ausdruck bei einer 90°-Ecke der Ausdruck unsauberer wird. Der Druckkopf kommt mit hoher Geschwindigkeit an die Ecke heran und sollte dann eigentlich die Richtung wechseln. Aufgrund der großen Masse des Druckkopfs schießt er aber über das Ziel hinaus und beschreibt eine Kurve, bevor er wieder auf den richtigen Kurs kommt. Um diesen und anderen Verhaltensweisen bei harten Übergängen vorzubeugen, an denen ein Ruck im Druckkopf entsteht, kann man den Parameter DEFAULT_XYJERK reduzieren. Normalerweise steht er bei Marlin bei 20 mm/s, niedrigere Werte sind je nach Druckgeschwindigkeit, Qualität der Mechanik des Druckers und Beschaffenheit des Objekts manchmal sinnvoll. Um einen Ruck an der Z-Achse oder im Extruder zu vermeiden, gibt es auch die entsprechende Parameter DEFAULT_ZJERK und DEFAULT_EJERK. Diese sind aber meistens weniger relevant für den Ausdruck.

Die Parameter PREVENT_DANGEROUS_EXTRUDE und PREVENT_LENGTHY_EXTRUDE

Wenn Sie aus Versehen an den Drucker den Befehl senden, etwas auszudrucken, ohne dass das Hotend beheizt ist, würde das bedeuten, dass der Extruder Material in das Hotend schickt, ohne dass es dort wieder austreten kann. So kann entweder das Hotend beschädigt werden oder der Extruder selbst. Die Firmware kann das abfangen, indem der Parameter PREVENT_DANGEROUS_EXTRUDE definiert wird. Ist das geschehen, vermeidet die Firmware, dass der Extruder arbeitet, wenn das Hotend noch keine brauchbare Temperatur erreicht hat oder aber ungewöhnlich viel Material ausgegeben wird. Will man den letzten Punkt, die ungewollte Ausgabe von viel Material, erlauben, kann man das durch das Auskommentieren bzw. Entfernen des Parameters PREVENT_LENGTHY_EXTRUDE erreichen. Das geht aber nur, wenn auch der Parameter PREVENT_DANGEROUS_EXTRUDE definiert ist.

Der Parameter EXTRUDE_MINTEMP

Hier kann man angeben, wie hoch die Temperatur des Hotends sein muss, bevor der Parameter PREVENT_DANGEROUS_EXTRUDE die Ausgabe von Material zulässt.

Der Parameter EXTRUDE_MAXLENGTH

Dieser Parameter bestimmt, wie viel Materialausgabe der Parameter PREVENT_DANGEROUS_EXTRUDE maximal zulässt, bevor er den Druck abbricht.

Die Endstops

Die Endstops an einem 3-D-Drucker sorgen dafür, dass sich der Druckkopf oder das Druckbett nicht weiter bewegt, als es physikalisch möglich ist. Sie sind also dazu da, den Drucker vor Schäden zu bewahren, falls er einmal ein unvorhergesehenes technisches Problem hat und unbedingt meint, weiterfahren zu müssen, obwohl das Ende bereits erreicht ist. Die andere Funktion der Endstops ist es, dem Drucker anzuzeigen, wann er sich an der Home-Position befindet, also am absoluten Anfang des möglichen Druckbereichs. Im einfachsten und normalen Fall werden für Endstops einfache Mikroschalter verwendet.

Die Parameter X, Y und Z_ENDSTOPS_INVERTING

Endstops können auf zwei verschiedene Arten geschaltet werden. Zum einen kann der Mikroschalter dann ein Signal geben, wenn der Druckkopf ihn berührt, er also das Ende der Achse erreicht hat. In diesem Fall gibt der Mikroschalter Strom auf die Steuerleitung des Mikrocontrollers, wenn der Druckkopf ihn berührt, und keinen Strom, wenn keine Berührung stattfindet. Es geht aber auch andersherum: Der Mikroschalter gibt grundsätzlich immer ein Signal und Strom auf die Leitung des Mikrocontrollers. Nur wenn der Druckkopf den Mikroschalter berührt, wird das Signal unterbrochen, und es wird kein Strom an den Mikrocontroller geleitet. Beide Verfahren sind grundsätzlich für die Abfrage von Endstops geeignet, das zweite Verfahren hat aber einen Vorteil: Wenn der Drucker einmal einen Kabelfehler hat und der Mikroschalter von der Steuerungselektronik dauerhaft getrennt ist, nimmt die Steuerelektronik irrtümlich an, dass das Ende der Achse erreicht ist, und lässt den Druckkopf nicht mehr weiterfahren – der Drucker bewegt sich also auf der fehlerhaften Achse gar nicht mehr. Würde man hingegen das erste Verfahren verwenden, würde die Steuerungselektronik den Druckkopf weiterbewegen, unter Umständen auch über das physikalische Ende der Achse hinaus. Marlin nimmt im Normalfall an, dass das zweite

Verfahren genutzt wird. In der Firmware müssen Sie über die Parameter X_ENDSTOPS_INVERTING, Y_ENDSTOPS_INVERTING und Z_ENDSTOPS_INVERTING angeben, welche Achsen bei Ihrem Drucker welche Methode verwenden. Haben Sie eine Achse, die die zweite Methode nutzt, setzen Sie den entsprechenden Parameter auf false, verwenden Sie für eine Achse die erste Methode, setzen Sie hier true.

Die Parameter min_software_endstops und max_software_endstops sowie X, Y und Z_MAX_POS und Z_MIN_POS

Eine Achse kann an zwei Stellen über das Ziel hinausschießen – am Anfang und am Ende. Während am Anfang der Achse normalerweise ein Endstop zu finden ist, da auch hier die Home-Position festgestellt wird, ist bei sehr vielen Druckern kein Endstop am Ende der Achse installiert. Man hat ihn an dieser Stelle eingespart, da die Firmware in der Lage ist, anhand der Position festzustellen, ob der Druckkopf über das Ziel hinausschießt oder nicht. Über den Parameter max_software_endstops kann man die Firmware dazu anregen, keine Positionen anzufahren, die größer sind als die Position, die beispielsweise über den Parameter X_MAX_POS angegeben ist. Sie sollten also bei Ihrem Drucker hier angeben, wie viel Bewegungsspielraum der Druckkopf auf der X-Achse hat, gemessen von der Home-Position. Die Angaben werden in Millimeterwerten gemacht. Dementsprechend sollten Sie auch beim Parameter Y_MAX_POS den Bewegungsspielraum für die Y-Achse und beim Parameter Z_MAX_POS den der Z-Achse eintragen. Für den unwahrscheinlichen Fall, dass es einen Drucker gibt, der überhaupt keine Endstops aufweist, bietet Marlin noch die Funktion an, die andere Seite der Achse zu überwachen. Sie wird über den Parameter max_software_endstops aktiviert, und in die Parameter X_MIN_POS, Y_MIN_POS und Z_MIN_POS können Sie die gewünschte Minimalposition eintragen. Wenn Sie aber Endstops haben, sollten Sie diese Werte möglichst unangetastet lassen, da es sonst zu Widersprüchen innerhalb der Firmware kommen kann.

Temperatursensoren

Die folgenden Parameter beziehen sich auf die Temperatursensoren, die im Hotend oder Heizbett verbaut sind.

Die Parameter TEMP_SENSOR

Entscheidend für eine genaue Temperaturmessung ist es, dass in der Firmware der korrekte Sensor angegeben wird, der im Hotend oder im Heizbett verwendet wird. Diesen kann man über die Parameter bestimmen, die mit den Buchstaben TEMP_SENSOR beginnen. Wie üblich befindet sich in den Kommentaren oberhalb der Parameter eine ausführliche Erklärung. Sie listet verschiedene Sensoren auf, die üblicherweise verwendet werden. Um herauszufinden, welchen Sensor Sie haben, sehen Sie am besten in den Unterlagen Ihres Druckers nach, denn oftmals ist der Sensor bereits so verbaut, dass man die Beschriftung nicht mehr erkennen kann. Der gebräuchlichste ist sicherlich der 100-Kiloohm-Thermistor, der unter der 1 zu finden ist. Tragen Sie dann für das erste Hotend den Temperatursensor im Parameter TEMP_SENSOR_0 ein, für das zweite – so vorhanden – in TEMP_SENSOR_1. Für das Heizbett tragen Sie den Sensor unter TEMP_SENSOR_BED ein.

Der Parameter TEMP_RESIDENCY_TIME

Dieser Parameter gibt an, wie lange die Temperatur erreicht sein muss, bis die Firmware sicher sein kann, dass sich die Temperatur nicht mehr ändert, und mit dem nächsten Befehl fortfährt. Üblich sind hier 10 Sekunden, man kann aber diesen Wert durchaus noch etwas verringern.

Der Parameter TEMP_HYSTERESIS

Hier kann man eine Toleranz eingeben, in deren Bereich die tatsächliche Temperatur als Zieltemperatur erkannt wird. Üblich sind 3 °C.

Die Parameter HEATER_MINTEMP und HEATER_MAXTEMP

Aus Sicherheitsgründen ist es sinnvoll, eine Maximaltemperatur für die verschiedenen Heizelemente anzugeben. Die Firmware sorgt dann dafür, dass diese Schwelle nicht überschritten wird, und stellt den Betrieb daraufhin ein. Die Maximaltemperatur lässt sich zum Beispiel für das erste Hotend über den Parameter HEATER_0_MAXTEMP einstellen. Nicht ganz logisch erscheint es auf den ersten Blick, warum es auch eine Minimaltemperatur in der Firmware zum Einstellen gibt. Hintergrund ist, dass der Sensor mal kaputt sein könnte, dadurch eine falsche (vor allem zu niedrige) Temperatur anzeigt und damit das Hotend bis zum Brand erhitzt. Aus diesem Grund prüft die Firmware, ob das Hotend auch im ausgeschalteten Zustand eine Minimaltemperatur anzeigt – üblich sind hier 5 °C. Erst wenn das der Fall ist, wird das Hotend überhaupt beheizt.

Die Parameter BED_MINTEMP und BED_MAXTEMP

Analog verhält es sich mit den Parametern BED_MINTEMP und BED_MAXTEMP, nur dass diesmal die Minimal- und Maximalwerte für das Heizbett bestimmt werden.

Die Parameter BANG_MAX, PID_MAX und MAX_BED_POWER

Hier kann man angeben, wie viel Strom zum Hotend oder Heizbett geschickt werden soll, während es beheizt wird. Üblicherweise wird hier Vollgas gegeben, also 100 % des verfügbaren Stroms verwendet (Wert 255). Da normalerweise ATX-Netzteile verwendet werden, die mit ihren 12 V ohnehin nicht allzu viel Leistung abgeben können, ist das sicherlich ein sinnvoller Wert. Wenn Sie hingegen zum Beheizen Ihres Druckbetts und Hotends eine höhere Spannung verwenden, beispielsweise 24 V, kann es vorkommen, dass derart schnell aufgeheizt wird, dass Ihnen Ihre Glasplatte bricht oder die Elektronik nicht schnell genug steuern kann und so Überhitzungen auftreten. In diesem Fall kann es Sinn ergeben, diese beiden Werte auf einen niedrigeren Wert, beispielsweise 50 % (128), zurückzustellen.

Die PID-Parameter

Das Hotend und das Heizbett richtig zu beheizen, ist äußerst schwierig und nicht trivial. Stellen Sie sich einmal eine normale Herdplatte vor, auf der Sie Ihr Gulasch erhitzen. Es kocht, und da es nicht anbrennen soll, rühren Sie und stellen gleichzeitig die Temperatur herunter. Wenn Sie keinen Gas- oder Induktionsherd haben, müssen Sie aber noch eine ganze Weile weiterrühren, da das Gulasch nicht sofort zu kochen aufhört, denn die Restwärme der Platte heizt Ihren Topf weiterhin auf. Etwas Ähnliches passiert auch bei der Heizung im 3-D-Drucker: Das Hotend besteht beispielsweise häufig aus einigen Gramm Messing, und der Temperatursensor ist einige Millimeter von der eigentlichen Heizquelle entfernt. Hinzu kommt, dass der Sensor auch noch eine gewisse Trägheit besitzt und nicht sofort die korrekten Werte angibt. Wenn die optimale Temperatur im Hotend erreicht ist, benötigt der Sensor einige Zeit, um das korrekt zu erkennen. In dieser Zeit denkt die Firmware aber immer noch, dass die Temperatur nicht erreicht ist, und heizt weiter. Selbst wenn der Sensor den optimalen Wert an die Firmware meldet und diese den Strom für die Heizung abschaltet, ist immer noch das Messing da, das seine übermäßige Wärme weiterhin ausstrahlt. In der Folge wird eine deutlich höhere Temperatur erreicht, als eigentlich gewünscht ist. Wird aber beispielsweise ABS zu stark erhitzt, kristallisiert es und verstopft die Druckdüse. Um das zu vermeiden, ist in der Firmware ein recht komplexer Algorithmus verankert, der zum einen erreichen soll, dass die gewünschte Temperatur auf möglichst schnellem Weg erreicht wird, zum anderen aber eine Überhitzung auf jeden Fall vermeiden soll. Diese sogenannte PID-Regelung ist leider nicht ohne höhere Mathematik zu erklären, weswegen wir an dieser Stelle darauf verzichten. Dankenswerterweise hat aber die Marlin-Firmware eine sehr schöne Funktion, die die P-, D- und I-Parameter automatisch direkt auf Ihrem Drucker austestet und berechnet. Der Befehl lautet M303 und muss über eine Host-Software (wie z. B. Repetier-Host oder Pronterface) an den Drucker gesendet werden. Praktisch geht das so:

Starten Sie Repetier-Host, klicken Sie auf den Schalter *Verbinden* und gehen Sie in das Register *Manuelle Kontrolle*. Kontrollieren Sie, ob unter *Zeigen im Log* der Schalter *Infos* gesetzt ist, und geben Sie dann unter *G-Code* den folgenden Befehl ein:

```
M303 S210
```

Der Befehl setzt das sogenannte Autotuning in Gang, wobei eine Temperatur von 210 °C angestrebt wird. Die Temperatur, die hier im S-Parameter angegeben wird, sollte möglichst nah an den bei Ihnen sonst üblichen Drucktemperaturen liegen. Nun heizt der Drucker das Hotend mehrere Male auf und lässt es wieder abkühlen, um daraus die P-, I- und D-Parameter zu bestimmen. Nach einigen Minuten gibt dann der Drucker eine Meldung wie diese aus:

```
bias: 180 d: 75 min: 208.13 max: 211.88
Ku: 50.93 Tu: 27.13
Clasic PID
Kp: 30.56
```

```
Ki: 2.25
Kd: 103.64
```

Hier können Sie die P-, I- und D-Parameter ablesen. Diese Werte tragen Sie dann in die Parameter DEFAULT_Kp, DEFAULT_Ki und DEFAULT_Kd ein.

Wenn Sie nicht das Hotend, sondern das Heizbett ausmessen möchten, müssen Sie den folgenden Befehl verwenden:

```
M303 E-1 S55
```

Der E-Parameter definiert normalerweise das Hotend (0 = erstes Hotend, 1 = zweites Hotend ...), aber eben auch das Heizbett (-1 = Heizbett).

Auch hier erhalten Sie die P-, I- und D-Parameter für das Bett, die Sie dann in die Parameter DEFAULT_bedKp, DEFAULT_bedKi und DEFAULT_bedKd eintragen können. Allerdings ist die PID-Regelung für das Heizbett standardmäßig abgeschaltet und muss von Ihnen zuerst einmal aktiviert werden. Entfernen Sie dazu die vorangestellten Schrägstriche vor der Zeile mit dem Parameter PIDTEMPBED:

```
#define PIDTEMPBED
```

Parameter für das EEPROM

Der Mikroprozessor, der von Arduino bzw. den Elektroniken der üblichen 3-D-Drucker verwendet wird, besitzt einen besonderen Speicherbereich, in den ganz normal Daten abgelegt werden können, die aber auch nach dem Ausschalten der Elektronik erhalten bleiben. Dieser Speicher kann zwar nur eine begrenzte Anzahl an Schreibvorgängen verarbeiten und geht dann kaputt, aber da er durchaus einige Tausend Zyklen verkraftet, kann man in ihm wunderbar Druckereinstellungen ablegen. Vor allem wenn Sie ein LCD-Display und eine Tastatur an die Elektronik Ihres 3-D-Druckers angeschlossen haben, können Sie diesen Vorteil nutzen.

Der Parameter EEPROM_SETTINGS

Wenn dieser Parameter definiert und nicht auskommentiert ist, sind die Funktionen der Firmware für das EEPROM aktiviert und können fortan eingesetzt werden.

Die Parameter PLA_PREHEAT_HOTEND_TEMP, PLA_PREHEAT_HPB_TEMP und PLA_PREHEAT_FAN_SPEED

Haben Sie ein Display und eine Tastatur an Ihre Elektronik angeschlossen, können Sie Voreinstellungen definieren, die Sie später ganz einfach aufrufen können. Mit dem Parameter PLA_PREHEAT_HOTEND_TEMP können Sie eine Temperatur definieren, auf die das Hotend in Vorbereitung auf einen Druck aufgeheizt werden soll. Mit PLA_PREHEAT_HPB_TEMP können Sie die Temperatur definieren, auf die das Druckbett aufgeheizt werden soll, und mit PLA_PREHEAT_FAN_SPEED geben Sie an, in welcher Geschwindigkeit ein eventuell vorhandener Lüfter arbeiten soll – der Wert kann zwischen 0 und 255 liegen. Diese Funktion ist überaus praktisch, denn sie erlaubt es, mit nur wenigen Eingaben an der Tastatur der Elektronik den Drucker auf Betriebstemperatur für PLA zu bringen, was ja durchaus einige Minuten in Anspruch nehmen kann.

Die Parameter ABS_PREHEAT_HOTEND_TEMP, ABS_PREHEAT_HPB_TEMP und ABS_PREHEAT_FAN_SPEED

Wie im Abschnitt zuvor können hier Voreinstellungen definiert werden, die den Drucker auf Betriebstemperatur für ABS bringen können.

Parameter für SD-Karten

Es ist in vielen Fällen möglich, an eine Druckerelektronik auch eine SD-Speicherkarte anzuschließen. Das hat vor allem im Zusammenspiel mit einem LCD-Display und einer Tastatur den unschätzbaren Vorteil, dass der Drucker auch ohne angeschlossenen Computer arbeiten kann.

Der Parameter SDSUPPORT

Wird dieser Parameter in der Firmware aktiviert, ist die Firmware für die Nutzung von SD-Karten eingerichtet. Natürlich muss hierzu auch eine solche an die Elektronik angeschlossen sein.

Der Parameter SDSLOW

In einigen Fällen kann es vorkommen, dass der SD-Kartenleser nicht schnell genug arbeitet oder die Datenübertragung zwischen SD-Kartenleser und der restlichen Elektronik des 3-D-Druckers etwas unsauber läuft. Wir haben an unserem 3-D-Drucker das LCD-Display, das Keypad und den SD-Kartenleser in einem separaten Gehäuse angeschlossen, das über ein 1 m langes Kabel mit der restlichen Elektronik verbunden ist. Für den SD-Kartenleser sind die Signalleitungen in unserem Fall zu lang, um die Daten korrekt zu übertragen – es kam zu Lesefehlern. Durch das Definieren des Parameters SDSLOW kann man die Übertragungsgeschwindigkeit verringern, wodurch bei uns auch der Kartenleser im externen Gehäuse funktionierte.

Parameter für Displays und Keypads

Mittlerweile gibt es eine ganze Reihe von LCD-Displays und Keypads, die an die 3-D-Drucker-Elektronik angeschlossen werden können. Leider gibt es hier keinen eindeutigen Standard, wodurch das Konfigurieren von LCD-Displays und Keypads komplizierter wird. Ebenso ist die Entwicklung bei Marlin noch recht stark in Bewegung, wodurch sich viele Änderungen ergeben, sodass die Angaben in diesem Buch bereits veraltet sein können. Aus diesem Grund werden hier nur die gebräuchlichsten Parameter angegeben. Wenn Ihr Keypad und Ihr Display nicht dabei sind, lesen Sie am besten die Anleitung in den Kommentaren der Datei *Configuration.h*.

Der Parameter ULTRA_LCD

Mit diesem Parameter wird der Firmware gesagt, dass ein LC-Display an die Elektronik angeschlossen ist. Das ist die gebräuchlichste Einstellung, hierüber kann ein zwei- oder vierzeiliges Display angesteuert werden. Zu empfehlen sind 20 Zeichen auf 4 Zeilen.

Der Parameter NEWPANEL

Die einfachste Form der Tastatur für eine 3-D-Drucker-Elektronik ist ein sogenannter Encoder. Encoder lassen sich üblicherweise um 360° drehen, wobei eine Drehung in mehrere (meistens um die 20) Schritte unterteilt ist, die man auch deutlich beim Bewegen des Schalters spüren kann. Häufig, aber nicht immer, besteht die Möglichkeit, auf den Schalter zu drücken und dadurch eine Aktion auszulösen. Ist diese Möglichkeit nicht in den Schalter integriert, muss man noch einen separaten Mikroschalter hinzubauen – technisch ist das nicht allzu kompliziert. Um einen solchen Encoder anzusteuern, muss man in der Firmware den Parameter NEWPANEL setzen.

Sonstige Einstellungen

Der Parameter PHOTOGRAPH_PIN

Eine witzige und ganz nette Funktion steckt hinter dem Parameter PHOTOGRAPH_PIN: Wenn er definiert und ein freier Pin angegeben ist, an dem eine Infrarot-Leuchtdiode und ein passender Widerstand angeschlossen wurden, kann die Firmware Marlin ein Infrarot-Signal an eine Canon-Kamera schicken, das den Auslöser betätigt. Wenn Ihre Kamera von diesem Hersteller ist und Infrarot-Fernbedienungen unterstützt, können Sie damit ein Foto machen, wenn der Drucker eine Schicht des aktuellen Ausdrucks vollendet hat. Der Anschlussplan für solch eine Infrarot-Leuchtdiode ist denkbar einfach:

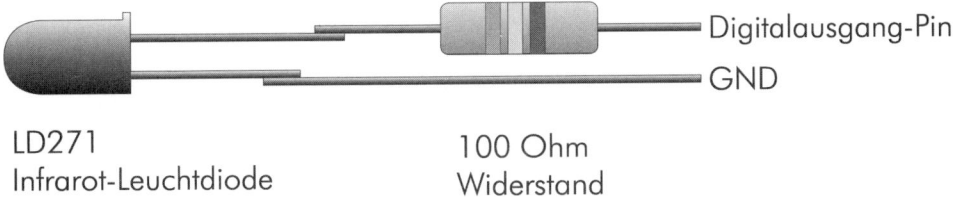

LD271
Infrarot-Leuchtdiode

100 Ohm
Widerstand

Bild 9.12: Anschlussplan für eine Infrarot-Diode.

Wir haben bei uns die Leuchtdiode LD271 verwendet, gefolgt von einem Widerstand mit 100 Ohm. Leider ist die LED so nicht allzu lichtstark, weshalb wir den Abstand zwischen Kamera und LED so kurz wie möglich gestaltet haben. Wenn Sie die LED so angeschlossen und den dabei verwendeten Pin beim Parameter PHOTOGRAPH_PIN angegeben haben, können Sie durch die Eingabe des Befehls M220 die Kamera auslösen. Diesen Befehl können Sie am einfachsten in den optionalen G-Code Ihrer Slicer-Software einbinden, beispielsweise beim Wechsel von einer Schicht zur nächsten.

Host-Software

Um den Druckkopf an einem 3-D-Drucker manuell zu bewegen, gibt es die folgenden drei Möglichkeiten:

❶ Falls der 3-D-Drucker über eine Stand-alone-Funktion und damit über ein Display und einen Eingabeschalter verfügt, kann man dies nutzen. Allerdings ist die Bedienung meistens relativ umständlich, denn man muss zuerst die Achse auswählen, die bewegt werden soll, und anschließend den Wert eintragen, um den verschoben werden soll.

❷ Leichter ist es da schon, den Drucker einfach auszuschalten und von Hand den Druckkopf in die gewünschte Ecke zu schieben – allerdings ist das weniger gut für die Mechanik, und einige Achsen lassen sich aufgrund ihrer Konstruktionsweise auf diese Art gar nicht bewegen.

❸ Man schließt den Drucker an einen Computer an und benutzt eine sogenannte Host-Software. Diese bietet ein recht komfortables Eingabefeld, mit dem Sie dann per Maus oder Tastatur den Druckkopf bewegen, die Heizung einstellen oder den Lüfter regeln können.

Neben dem manuellen Zurückfahren des Druckkopfs ist eine weitere, sehr wichtige Funktion einer solchen Host-Software, den von einem Slicer-Programm generierten G-Code an den Drucker zu senden und den Druck zu starten. Wenn man sich einen 3-D-Drucker als Menschen vorstellt, entspräche die Mechanik des Druckers dem menschlichen Körper und die Elektronik mit der Firmware dem Teil des Gehirns, der das Unterbewusstsein enthält. Die Host-Software würde dann die Teile des Gehirns darstellen, die das Bewusstsein beinhalten. So wie man nicht bewusst sagen kann, wie genau man einen Arm bewegt, weil das Unterbewusstsein das für einen erledigt, so weiß auch die Host-Software nicht wirklich, wie man den Druckkopf bewegt. Sie sendet lediglich einen G-Code an den Drucker, der besagt, dass sich der Druckkopf nach rechts bewegen soll – die Firmware empfängt diesen Befehl und setzt ihn dann um. Auch umgekehrt passt der Vergleich: Hat man einen heißen Kaffee, trinkt man bewusst zuerst einen ganz kleinen Schluck, um die Temperatur zu prüfen. Erst wenn das Unterbewusstsein uns sagt, dass die Temperatur akzeptabel ist, trinken wir normal weiter. Bei einem 3-D-Drucker ist das ähnlich – erst wenn die Firmware gemeldet hat, dass das Hotend eine geeignete Temperatur erreicht hat, startet die Host-Software den Druck. Eine Host-Software ist also der verlängerte Arm des Druckers auf dem heimischen Computer. Sie steuert die höheren Funktionen des Druckers und bildet eine Schnittstelle zum Benutzer. Diese kann mehr oder weniger komfortabel sein, ermöglicht aber in jedem Fall das Senden von G-Codes an den Drucker und das manuelle Verschieben des Druckkopfs. Mittlerweile gibt es einige gute Host-Software-Programme, die sich an unterschiedliche Zielgruppen richten, vom Anfänger bis zum Profi. Im Folgenden werden wir ein paar dieser Programme vorstellen, eines davon – die Software Repetier-Host – exemplarisch in einer deutlich ausführlicheren Weise.

10.1 Printrun und Pronterface

Printrun ist eine weitverbreitete Host-Software, die man in der sich schnell entwickelnden 3-D-Drucker-Szene schon zu den Veteranen zählen muss. Sie ist in der Programmiersprache Python geschrieben und läuft unter Linux, Macintosh und Windows. Das Programm besteht aus mehreren Teilen, die alle jeweils einen eigenen Namen haben. Der Name der Oberfläche ist *Pronterface,* und dieser wird im Internet irrtümlich gern als Name des Komplettpakets verwendet. Die grafische Benutzeroberfläche des Programms ist – vorhanden. Man kann nicht wirklich sagen, dass sie besonders gut oder schön ist, aber sie erfüllt ihren Zweck.

10.1 Printrun und Pronterface

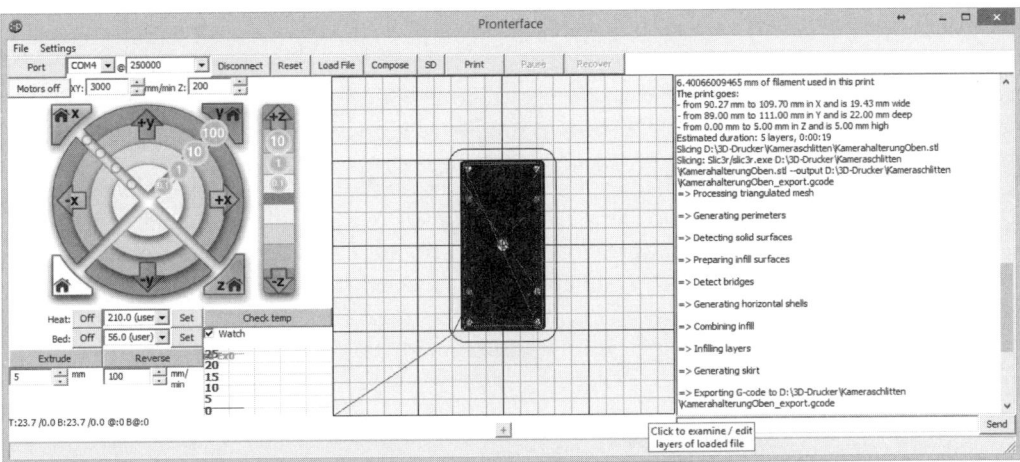

Bild 10.1: Die Oberfläche von Printrun.

Das formschöne und wirklich sehr praktische Element zur manuellen Steuerung des Druckkopfs befindet sich links oben im Programmfenster und lässt sich sehr einfach bedienen. Es bietet Möglichkeiten, die Temperaturen des Hotends und des Heizbetts einzustellen, und auch die kontinuierliche Überwachung dieser Werte ist mit einem Graph möglich. Lädt man einen G-Code oder eine STL[14]-Datei in das Programm, wird das Objekt im mittleren Bereich angezeigt, aber nur schichtweise – eine dreidimensionale Darstellung des Objekts gibt es hier nicht. Wenn man eine STL-Datei in das Programm lädt, wird automatisch ein beliebiges Slicer-Programm aufgerufen, das dann die dreidimensionalen Daten in G-Code umsetzt. Diese können relativ unkompliziert an den Drucker gesendet werden.

Auch das Zusammenstellen mehrerer Objekte zu einem einzigen Druckauftrag ist möglich. Druckaufträge können auch auf die SD-Karte des angeschlossenen Druckers kopiert werden, so dieser über einen Kartenleser verfügt. Eigentlich kann man nicht wirklich meckern, das Programm kann eigentlich alles, was man im täglichen Leben benötigt, zudem ist es recht zuverlässig und macht keinen Ärger. Auf der anderen Seite wird nicht besonders viel für das Auge geboten, die Schalter wirken etwas unmotiviert zusammengesetzt, die Farbwahl brennt ein wenig in den Augen – eine Schönheit ist das Programm sicherlich nicht. Hinzu kommt noch die relativ komplizierte Installation, die es erfordert, Python, Tkinter und andere Pakete zu installieren, was beispielsweise auf einem Windows-Rechner durchaus einiges an Ärger bereiten kann. Das kann man aber alles umgehen, wenn man eine vorkompilierte Version des Programms findet – beispielsweise auf der finnischen Seite *koti.kapsi.fi/~kliment/printrun/*. Eine solche Version lässt sich ohne Installation direkt starten und beinhaltet häufig auch ein geeignetes Slicer-Programm. Die offizielle Webseite des Programms findet sich unter *https://github.com/kliment/Printrun*.

---

[14] Surface Tesselation Language

10.2 Cura

Cura wurde in diesem Buch ja schon als Slicer-Programm vorgestellt. Neben seinen Slicer-Fähigkeiten hat es auch beschränkte Host-Eigenschaften, die sich vor allem an Einsteiger richten. Erwähnenswert ist hierbei, dass es keine Möglichkeit gibt, den Druckkopf manuell zu verschieben – ein etwas merkwürdiger Umstand, denn sicherlich muss man auch bei einem Ultimaker einmal die Düse reinigen und möchte hierzu vielleicht den Druckkopf bewegen können. Dadurch beschränkt sich die Host-Fähigkeit dieses Programms darauf, Dateien zum Drucker zu schicken und den Druckauftrag zu starten. Vielleicht ist das nicht besonders viel, aber da sich das Programm wirklich gut für Einsteiger eignet, kann man unter Umständen auf die fehlende Druckkopfsteuerung verzichten.

10.3 Resnapper

Auch das Programm Resnapper wurde bereits einmal vorgestellt. In Bezug auf die Host-Fähigkeiten ist es ähnlich limitiert wie Cura. Zwar bietet es grundsätzlich die Möglichkeit, G-Code an den Drucker zu senden und auch den Druckkopf zu bewegen, aber besonders komfortabel ist das nicht gelungen.

10.4 MakerWare

Natürlich bietet auch der bekannte 3-D-Drucker-Hersteller MakerBot eine eigene Host-Software an. Wie Cura ist auch sie auf Einsteiger ausgelegt und bietet eine ansprechende Oberfläche sowie eine einfache Bedienung.

Objekte lassen sich damit leicht auf der Druckfläche positionieren, skalieren und drehen, und auch das Slicen übernimmt das Programm. Eine Funktion zum manuellen Verschieben des Druckkopfs findet sich jedoch nicht. Der größte Nachteil ist aber, dass das Programm zwar kostenfrei ist, sich aber anscheinend nur für die MakerBot-eigenen Drucker einsetzen lässt. Das ist etwas schade, aber es gibt mit Repetier-Host eine gute, kostenfreie Alternative.

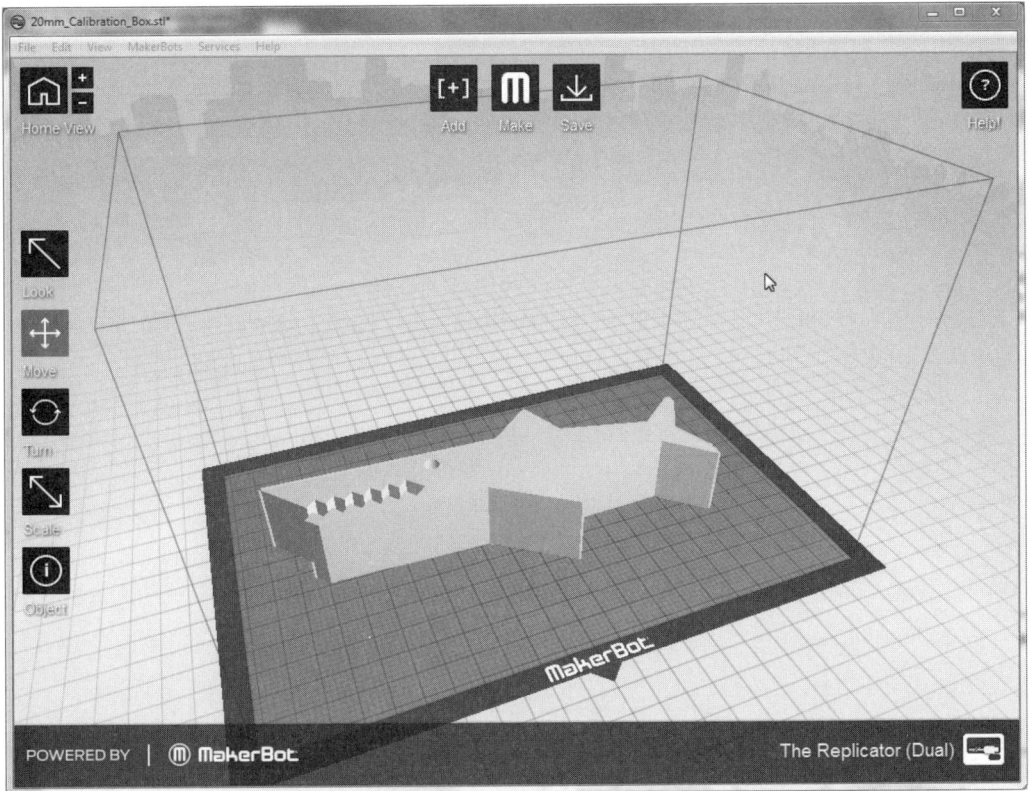

10.5 Repetier-Host

Aus deutschen Landen kommt ein hoch motiviertes Host-Programm, das kaum noch Wünsche offen lässt. Neben einer äußerst gelungenen manuellen Steuerung des Druckers gibt es auch einen einzigartigen G-Code-Editor, der bislang in anderen Programmen nicht zu finden ist und sogar in der Lage ist, den Code dreidimensional am Bildschirm darzustellen – viele Bilder dieses Buchs wurden mit diesem Programm erstellt. Selbstverständlich können auch normale 3-D-Objekte dargestellt werden, es gibt eine Möglichkeit, mehrere Objekte auf dem Druckbett anzuordnen, einen sehr ausführlichen Graphen, der die Temperaturen des Druckers anzeigt, umfangreiche SD-Kartenoperationen und sogar eine Möglichkeit, die Daten des EEPROM der Druckerelektronik zu editieren. Kleinere Funktionen, wie der Notstopp oder das schichtweise Anzeigen des G-Codes aus dem – selbstverständlich perfekt integrierten – Slic3r oder Skeinforge, runden das Bild ab. Repetier-Host ist damit eines der besten Programme, die es derzeit gibt – wenn nicht das beste überhaupt. Das Programm arbeitet unter Windows, Macintosh und Linux. Es ist kostenfrei und unter der Internetadresse *www.repetier.com* zu bekommen. Übrigens stellt dieselbe Firma auch die Repetier-Firmware her, die sich auf handelsüblichen RepRap-Elektroniken installieren lässt und ebenso kostenfrei zu beziehen ist wie die Host-Software. Sie ist vielleicht nicht ganz so ausgereift und umfangreich wie Marlin, aber durchaus einen Blick wert. Das sieht man auch daran, dass der deutsche Druckerhersteller iRapid seine Geräte mit diesem Softwaregespann ausstattet und damit nicht schlecht fährt.

Die Installation und Einrichtung von Repetier-Host

Wenn Sie Repetier-Host auf Ihrem System installieren möchten, benötigen Sie zuerst einmal die Installationsdateien. Diese finden sich unter der Internetadresse *www.repetier.com/download/*. Hier müssen Sie das entsprechende Paket für Ihr Betriebssystem herunterladen und anschließend systemüblich installieren – wir gehen exemplarisch einmal die Installation für Windows durch:

1. Nach dem Start des Installationsprogramms wählen Sie zunächst die gewünschte Sprache für die Installation aus und klicken dann auf *OK*.

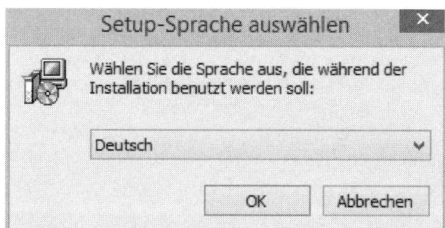

Bild 10.2: Auswahl der Sprache.

2. Im nun erscheinenden Fenster werden Sie zur Installation des Programms begrüßt und klicken auf die Schaltfläche *Weiter*.

3. Jetzt müssen Sie die Lizenzbestimmungen des Programms akzeptieren und anschließend erneut auf *Weiter* klicken.

10.5 Repetier-Host

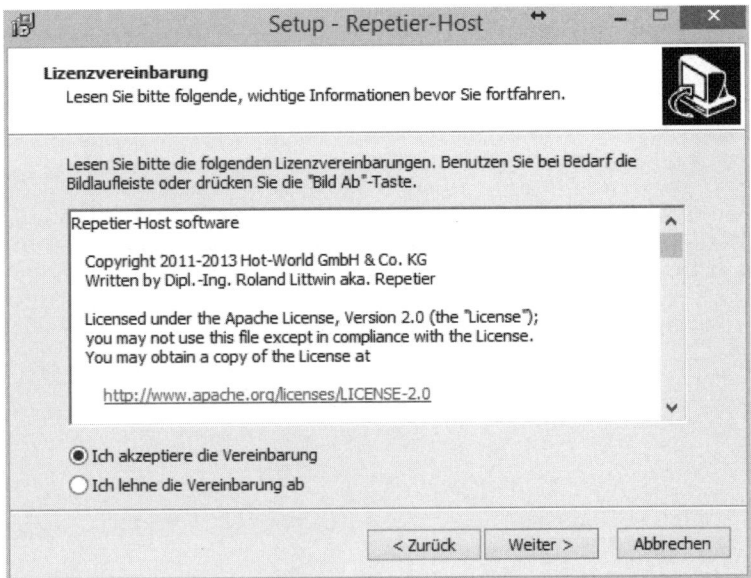

Bild 10.3: Bestätigen der Lizenz.

❹ Dann können Sie den Installationsort des Programms festlegen und wiederum auf *Weiter* klicken.

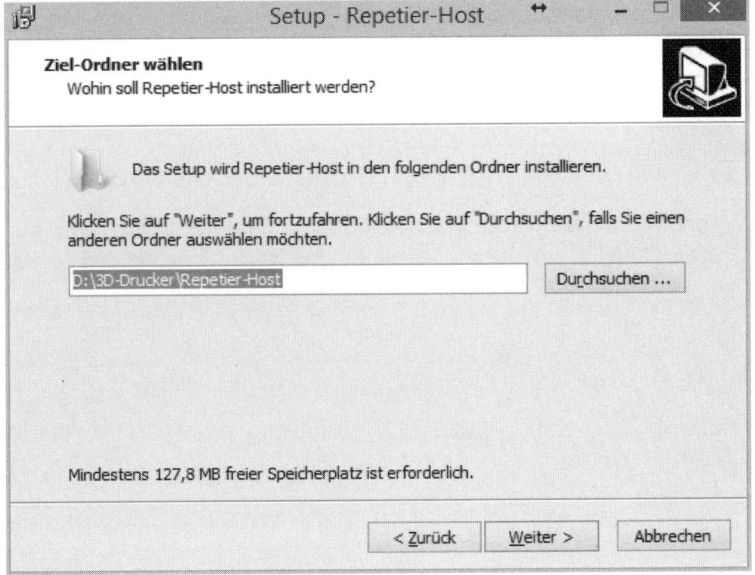

Bild 10.4: Den Installationsort wählen.

❺ Im nun erscheinenden Fenster können Sie angeben, unter welchem Namen das Programm im Startmenü von Windows installiert werden soll – eine Einstellung, die unter Windows 8 oder höher keinen besonders großen Sinn mehr ergibt, da es in dieser Form kein Startmenü mehr gibt.

Bild 10.5: Angabe eines Namens für das Startmenü.

❻ Im nun folgenden Fenster können Sie eingeben, ob Sie noch ein Icon auf dem Desktop anlegen möchten. Sobald Sie auch dort auf *Weiter* geklickt haben, wird Ihnen die Zusammenfassung der Installationsparameter angezeigt. Ein abschließender Klick auf *Weiter* installiert das Programm dann endlich auf Ihrem Rechner.

❼ Einige Sekunden später können Sie im abschließenden Fenster auswählen, ob Sie das Programm gleich starten möchten – lassen Sie mich raten, Sie klicken auf *Ja*?

10.5 Repetier-Host

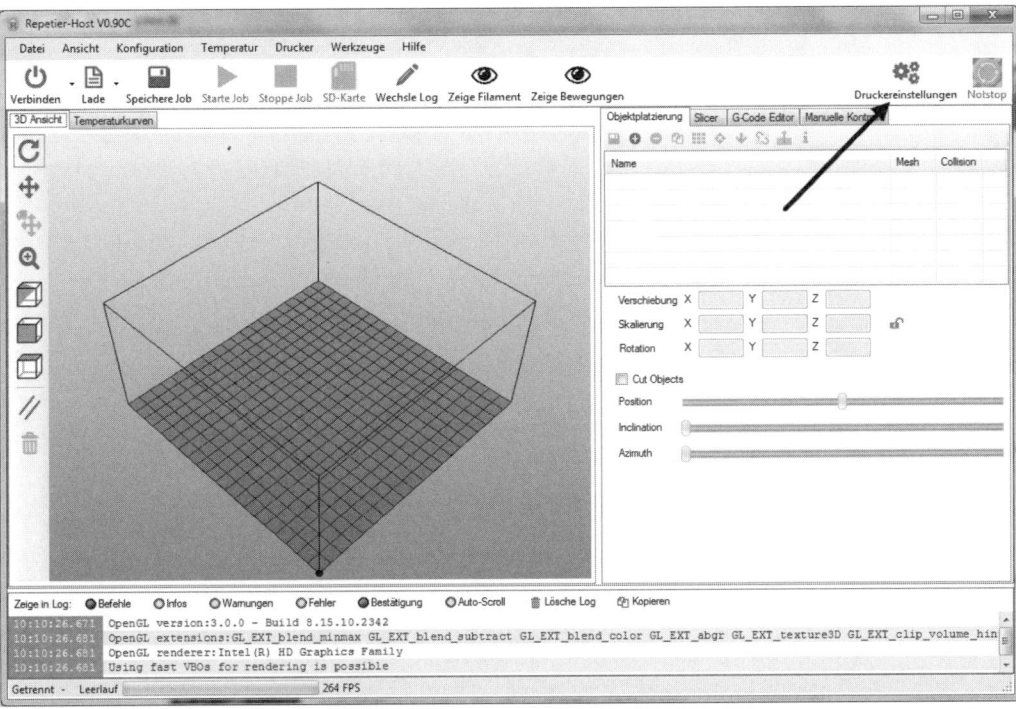

Bild 10.6: Aufruf der Druckereinstellungen.

Nun ist das Programm also auf Ihrem Rechner installiert. Wenn Sie es zum ersten Mal starten, sollten Sie sich gleich damit beginnen, Ihren Drucker in der Software richtig zu konfigurieren. Hierzu klicken Sie in der rechten oberen Ecke auf *Druckereinstellungen*. Daraufhin erscheint das Druckereinstellungsfenster, das Ihnen eine ganze Reihe von Einstellungsmöglichkeiten anbietet.

10 Host-Software

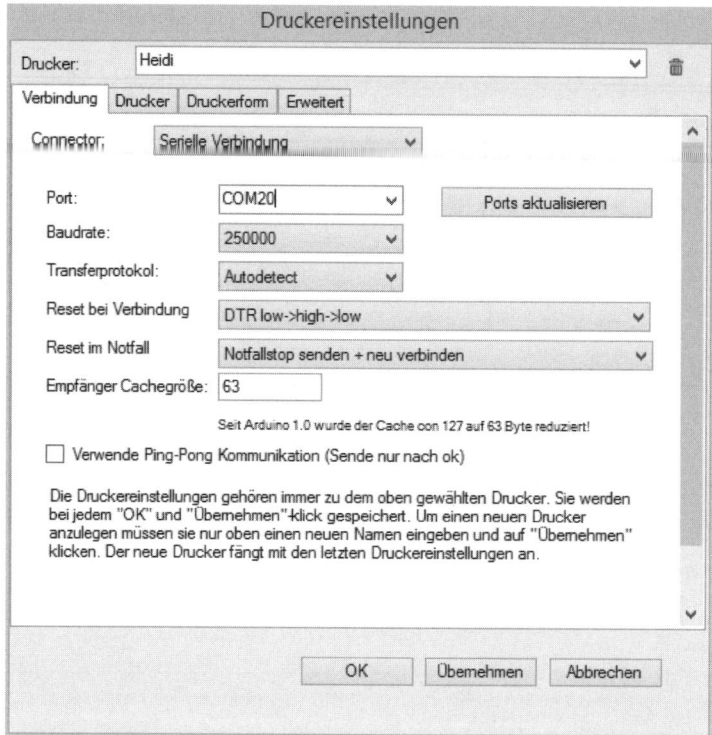

Bild 10.7: Die *Druckereinstellungen* von Repetier-Host – hier das Register *Verbindung*.

Ganz oben können Sie den Namen des Druckers eingeben. Sollten Sie einmal in der glücklichen Lage sein, mehrere Drucker Ihr Eigen zu nennen, können Sie hier für jeden einzelnen einen eigenen Einstellungssatz abspeichern und auf einfache Weise wieder aufrufen. Tragen Sie also als Erstes den Namen Ihres Druckers ein. Darunter sind vier Register angeordnet: *Verbindung*, *Drucker*, *Druckerform* und *Erweitert*. Das zunächst wichtigste ist das Register *Verbindung*, über das wir die Verbindungseinstellungen zu Ihrem Drucker vornehmen werden. Sofern das noch nicht geschehen ist, schließen Sie jetzt Ihren Drucker über die USB-Schnittstelle an Ihren Rechner an. Warten Sie eine halbe Minute und klicken Sie dann auf die Schaltfläche *Ports aktualisieren*, sodass das Programm den gerade eben angeschlossenen Drucker finden kann. Die Elektroniken der 3-D-Drucker sind ja bekanntermaßen relativ einfach gehalten und nicht besonders leistungsstark. Daher kommunizieren Sie mit dem PC über eine eigentlich veraltete serielle Schnittstelle, die sich RS232 nennt und auf modernen PCs kaum noch vorhanden ist. Um die serielle Schnittstelle auch auf modernen PCs anzubieten, wird auf den Elektroniken der 3-D-Drucker ein Kommunikationschip verbaut, der eine Brücke zwischen modernem USB-Port und RS232 schlägt. Wenn solch ein Chip an den Computer angeschlossen wird, erkennt dieser einen angeschlossenen COM-Port, über den dann die Kommunikation zum 3-D-Drucker geführt werden kann. Wählen Sie nun also den Port aus, den Ihr Drucker an Ihrem

Computer belegt – üblicherweise dürfte es nur einen zur Auswahl geben – sind mehrere vorhanden, ist es meistens die höhere Nummer. Die *Baudrate* regelt die Geschwindigkeit zwischen Computer und der Druckerelektronik. Je nach Konfiguration Ihrer Elektronik kann es notwendig sein, hier dieselbe Geschwindigkeit anzugeben, die auch in der Firmware Ihres Druckers angegeben wurde. Meistens aber funktionieren bereits die Voreinstellungen. Ähnlich verhält es sich mit den restlichen Einstellungsmöglichkeiten dieses Registers; üblicherweise funktionieren die Voreinstellungen problemlos. Anders sieht es dagegen mit den Einstellungen auf der nächsten Registerkarte aus:

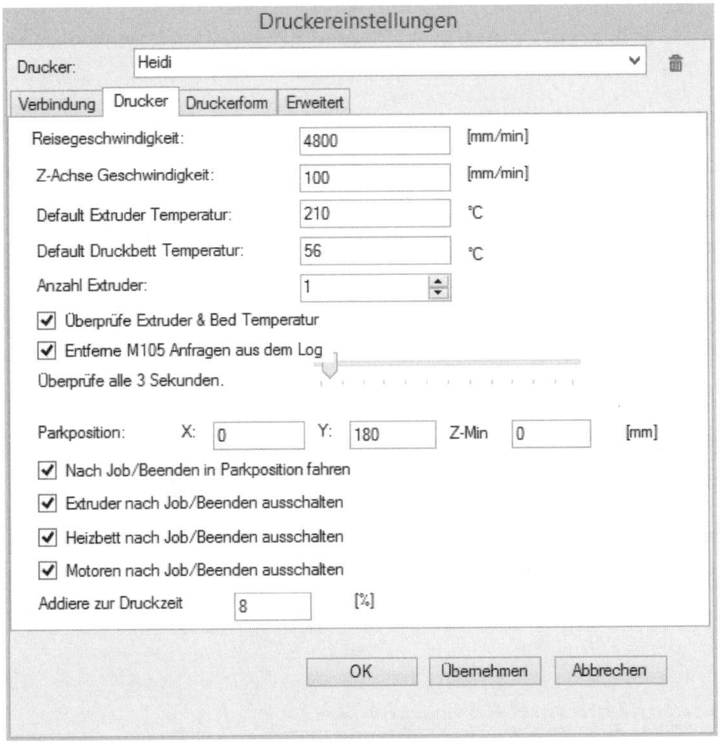

Bild 10.8: Die Repetier-Host-Einstellungen für Ihren Drucker.

Die Einstellungen des Registers *Drucker* beziehen sich hauptsächlich auf die manuelle Steuerung des Druckers durch Repetier-Host. Hier können Sie die Reisegeschwindigkeit und die Z-Achsen-Geschwindigkeit einstellen, allerdings in der relativ unüblichen Maßeinheit Millimeter pro Minute – vergessen Sie also möglichst nicht die Multiplikation mit 60, sonst werden Sie wirklich viel Zeit benötigen, Ihren Druckkopf zu bewegen. Die Standardtemperaturen (*Default Extruder Temperatur*) für Extruder und Druckbett werden ebenso wie die Anzahl der Extruder für die manuelle Steuerung durch Repetier-Host benötigt. Beim Schalter *Überprüfe Extruder & Bed Temperatur* können Sie angeben, ob Repetier-Host die Temperatur des Druckkopfs und des

Druckbetts regelmäßig überprüfen soll – eine Einstellung, die allein dank des schon sehenswerten Diagramms sehr lohnend ist. Die *Parkposition* ist eine Besonderheit von Repetier-Host und definiert eine beliebige Position des Druckkopfs, die über die Oberfläche des Programms angesteuert werden kann. Sie ist nicht gleichbedeutend mit der Home-Position des Druckers, sondern kann den eigenen Bedürfnissen angepasst werden. Wir haben bei uns die Parkposition so gesetzt, dass sie nach dem Ende eines Druckvorgangs das Objekt nach vorne schiebt, damit es besonders leicht aus dem Drucker entnommen werden kann – der Schalter *Nach Job/Beenden in Parkposition fahren* schrie förmlich nach dieser Art der Verwendung. Im Register *Drucker* hat man die Möglichkeit, den Extruder, das Heizbett und die Motoren nach Beendigung des aktuellen Jobs auszuschalten. Da sich Drucker gemeinerweise nicht wirklich an die von Repetier-Host berechneten Zeiten halten, haben Sie mit der letzten Option dieses Fensters die Möglichkeit, die berechnete Druckzeit prozentual zu verlängern. Den Wert, den Sie hier eintragen, müssen Sie individuell für Ihren Drucker herausfinden, und selbst dann können Sie nicht sicher sein, dass das Ergebnis zu 100 % stimmt.

Im Register *Druckerform* geben Sie die Dimensionen Ihres Druckers an, genauer gesagt, die Größe des Druckbereichs:

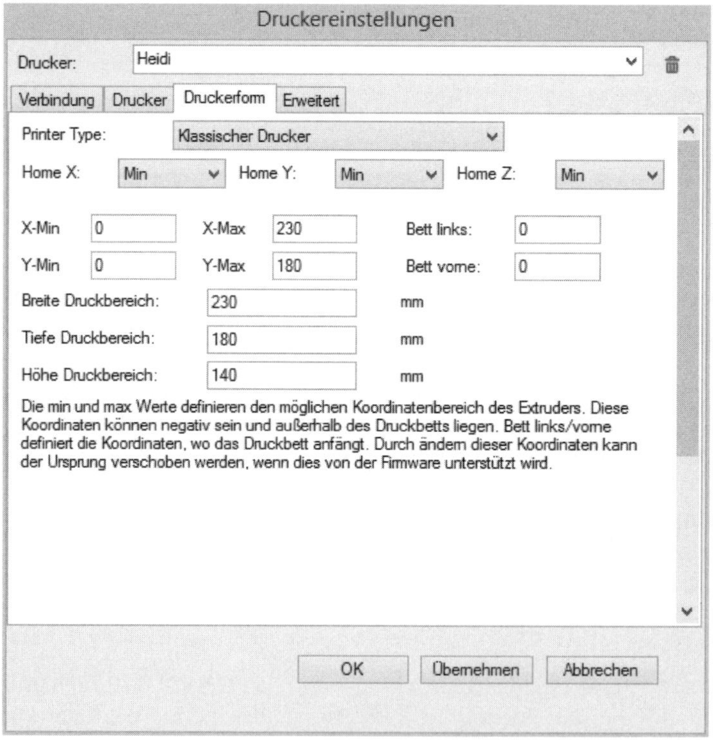

Bild 10.9: Hier können Sie die Dimensionen Ihres Druckers eingeben.

Die hier eingetragenen Werte werden von Repetier-Host hauptsächlich dafür verwendet, zu überprüfen, ob das Objekt, das Sie ausdrucken möchten, auch in den Druckbereich Ihres Druckers passt. Repetier-Host unterstützt etliche verschiedene Druckertypen, neben dem klassischen 3-D-Drucker auch Drucker mit rundem Druckbereich sowie CNC-Fräsen. Die meisten Einstellungen sind selbsterklärend, wir betrachten jetzt nur einmal grob die der klassischen Drucker. Unter *Home X, Y* und *Z* geben Sie an, ob der Endstop der jeweiligen Achse am Nullpunkt (*Min*) oder am entgegengesetzten Ende (*Max*) liegt. Über die Einstellungen *X-Min, X-Max, Y-Min* und *Y-Max* geben Sie den Bereich an, in dem der Drucker arbeiten kann. Üblicherweise beginnt der Bereich bei Position null und endet bei der maximalen Breite bzw. Tiefe des Druckbereichs. Mit den Einstellungen *Bett links* und *Bett vorne* können Sie den Koordinatenursprung korrigieren, was aber in den meisten Fällen eine recht akademische Funktion ist – üblicherweise sollten Sie hier jeweils eine 0 eintragen.

Das letzte Register definiert sehr spezielle Einstellungen:

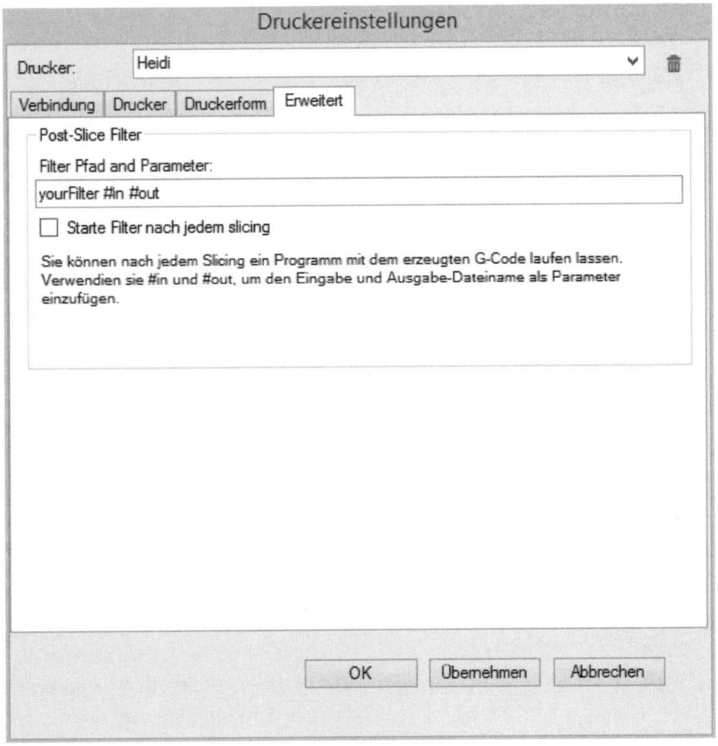

Bild 10.10: Definition eines Filterprogramms in Repetier-Host.

Für den Fall, dass Sie einen Drucker besitzen, der mit dem über Repetier-Host generierten G-Code nicht zurechtkommt (beispielsweise weil einige G-Code-Befehle enthalten sind, die Ihren Drucker verwirren), haben Sie hier die Möglichkeit, ein G-Code-

Filterprogramm anzugeben, das nach dem Slicing aufgerufen wird. Das aufgerufene Programm kann dann die G-Code-Datei so aufbereiten, dass sie auch mit Ihrem Drucker wieder arbeitet. Glücklicherweise wird diese Maßnahme relativ selten benötigt, sodass Sie die Voreinstellungen beibehalten können. So, nun haben Sie alle wichtigen Einstellungen für Ihren Drucker in Repetier-Host vorgenommen und können auf die Schaltfläche OK klicken, um ins Hauptprogramm zurückzukehren.

Die Menüzeile

Werfen wir doch zuerst einmal einen groben Blick auf das Programm. Im oberen Teil des Fensters befindet sich die Toolbar, die die wichtigsten Funktionen des Programms umfasst. Die einzelnen Schalter haben dabei die folgende Bedeutung:

Symbol	Funktion	Bemerkungen
	Verbinden/Trennen	Stellt eine Verbindung über den USB-Port mit dem Drucker her oder beendet sie.
	Lade Datei	Lädt eine STL- oder G-Code-Datei in das Programm und stellt sie in der 3-D-Ansicht dar.
	Speichere Job	Speichert den berechneten G-Code in einer Datei ab.
	Starte Job	Gibt den aktuellen G-Code auf dem Drucker aus.
	Stoppe Job	Beendet den angefangenen Druckjob. Die aktuelle Warteschlange des Druckers wird dabei noch abgearbeitet.
	SD-Kartenverwaltung	Öffnet das SD-Kartenverwaltungsfenster.
	Wechsle Log	Schaltet den Log-Bereich am unteren Rand des Fensters ein oder aus.
	Filament-Anzeige eingeschaltet	Hiermit lässt sich die G-Code-Darstellung in der 3-D-Ansicht an- bzw. abschalten. Diese Darstellung verbraucht sehr viel Rechenkapazität des Computers und sollte daher nur bei starken Geräten mit besserer Grafikkarte eingeschaltet bleiben.

Symbol	Funktion	Bemerkungen
	Druckereinstellungen	Hierüber können Sie das bereits besprochene Drucker-Einstellungsfenster öffnen.
	Notstopp	Hierüber wird der Drucker sofort angehalten, der aktuelle Druckauftrag abgebrochen und die Warteschlange im Drucker gelöscht. Dieser Schalter sollte nur verwendet werden, wenn der Drucker Gefahr läuft, Schaden zu nehmen.

Die 3-D-Ansicht

In der 3-D-Ansicht werden die auszudruckenden Objekte dreidimensional dargestellt. Hierzu muss natürlich ein Objekt geladen werden, was Sie über die *Lade*-Funktion in der Menüleiste oder über einfaches Drag-and-drop erledigen können. Wenn Sie beispielsweise eine STL-Datei in das Programm geladen haben, können Sie über die Schalter auf der linken Seite die Ansicht beeinflussen:

Symbol	Funktion	Bemerkungen
	Rotieren	Linke Maustaste plus Mausbewegung rotiert die Ansicht.
	Verschiebe Betrachtungspunkt	Linke Maustaste plus Mausbewegung verschiebt den Betrachtungspunkt.
	Verschiebe Modell	Linke Maustaste plus Mausbewegung verschiebt das Modell auf der Druckfläche, ohne die Z-Achse zu verändern.
	Vergrößern	Linke Maustaste plus Mausbewegung vergrößert die Ansicht.
	Isometrische Ansicht	Zeigt die Szenerie in isometrischer Ansicht (von schräg oben links).
	Vorderansicht	Zeigt die Szenerie von vorne.
	Draufsicht	Zeigt die Szenerie von oben.

Symbol	Funktion	Bemerkungen
//	Verwendet parallele Projektion	Schaltet die perspektivische Verzerrung an oder aus.
🗑	Löschen	Löscht das gerade angewählte Objekt.

Das Schöne an diesen Schaltern ist, dass man sie in den meisten Fällen überhaupt nicht benötigt. Hat man den Schalter *Rotation* aktiviert, kann man mit der linken Maustaste die Ansicht rotieren, mit der rechten Maustaste das Objekt verschieben, mit der mittleren Maustaste den Betrachtungspunkt ändern, mit dem Mausrad die Vergrößerung aktivieren und mit der [Entf]-Taste auf der Tastatur das gerade angewählte Objekt löschen.

Das Register Objektplatzierung

Klicken Sie jetzt einmal auf das Register *Objektplatzierung* auf der rechten Seite des Programms.

Dieses Register ermöglicht es Ihnen, eines oder mehrere Objekte im Druckbereich Ihres Druckers so zu platzieren, dass sie problemlos ausgedruckt werden können. Hierzu muss natürlich in erster Linie auch das eine oder andere Objekt in das Programm geladen werden. Das geht am einfachsten über die Drag-and-drop-Funktionen von Repetier-Host: Wählen Sie eine oder mehrere STL-Dateien im Windows-Explorer aus und verschieben Sie sie in das Fenster von Repetier-Host – das Programm lädt dann die Dateien und arrangiert sie im Druckbereich gleich so, dass sie problemlos ausgedruckt werden können. Natürlich können Sie hierfür auch den umständlichen Weg gehen, indem Sie die Toolbar von Repetier-Host verwenden:

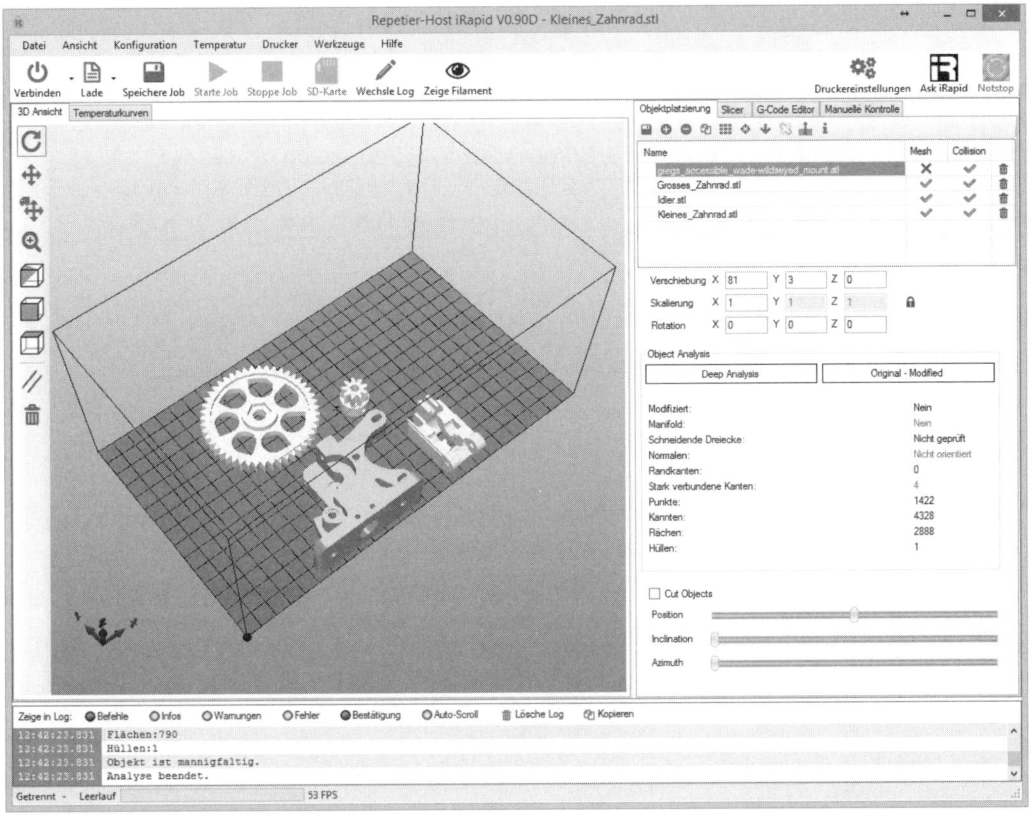

10.5 Repetier-Host

Bild 10.11: Die *Objektplatzierung* in Repetier-Host.

Bild 10.12: Die Objektplatzierung-Toolbar von Repetier-Host.

Ein Klick auf den Schalter mit dem Pluszeichen öffnet einen Datei-Requester, über den Sie dann die gewünschten STL-Dateien einladen können. Die anderen Funktionen der Toolbar sind:

Symbol	Funktion	Bemerkungen
💾	Speichere als STL	Speichert alle ausgewählten Objekte in einer einzigen STL-Datei.
➕	Füge Modell hinzu	Öffnet das Dateiregister und lädt ein Objekt.
➖	Lösche Modell	Entfernt alle ausgewählten Objekte aus der Liste.

Symbol	Funktion	Bemerkungen
	Kopiere Modell	Fügt Duplikate der ausgewählten Objekte hinzu.
	Autopositionierung	Positioniert alle Objekte der Liste so, dass sie sich nicht überschneiden und möglichst in den Druckbereich passen.
	Zentriere Modell	Zentriert das ausgewählte Objekt in der Mitte des Druckbereichs.
	Lasse Modell fallen	Korrigiert die Z-Position des Objekts so, dass es auf dem Druckbett aufliegt.
	Objekt aufspaltet	STL-Dateien, die mehrere Objekte beinhalten, werden in Einzelobjekte aufgespaltet.
	Normalen korrigieren	Korrigiert die Normalen der STL-Datei.
	Objekt-Informationen	Öffnet ein Fenster mit weiteren Informationen zum Objekt.

Unterhalb der Toolbar befindet sich eine Auflistung aller Objekte, die derzeit in Repetier-Host geladen sind. In der Spalte *Mesh* wird angezeigt, ob das Objekt für den 3-D-Druck geeignet ist. Hierzu darf es keine Löcher aufweisen (Manifold), die Normalen müssen korrekt ausgerichtet und noch einige andere Bedingungen müssen erfüllt sein. Die Spalte *Collision* informiert darüber, ob sich das Objekt mit anderen Objekten überschneidet. Unter der Liste haben Sie die Möglichkeit, die Position des gerade angewählten Objekts (*Verschiebung*), den Vergrößerungsfaktor und die Rotation über die Zahlenfelder manuell einzutragen. Leichter geht zumindest die Verschiebung aber, wenn Sie das Objekt mit der Maus in der links stehenden 3-D-Ansicht anwählen und es dann bei gedrückter [Alt]-Taste bewegen. Die Rotation lässt sich leider nur über die Textboxen bedienen, ist aber sehr praktisch, wenn man das Objekt für den Ausdruck noch um eine beliebige Achse drehen muss. Der Block der Objekt-Analyse nimmt das Objekt unter die Lupe und meldet Fehler, die einen erfolgreichen Ausdruck verhindern können. Leider ist dieser Bereich derzeit noch nicht gut dokumentiert, es scheint aber so, als würde die Schaltfläche *Deep Analysis* nicht nur eine Analyse des Objekts vornehmen, sondern es auch in Grenzen automatisch selbst reparieren. Der letzte Block des Objektplatzierung-Registers ermöglicht Ihnen, das Objekt virtuell aufzuschneiden. Sobald Sie den Schalter *Cut Objects* aktiviert haben, können Sie über Position, Neigung und Azimut einen Schnitt quer durch das Objekt anfertigen. Dieser Schnitt hat keine Auswirkung auf den Ausdruck, ermöglicht Ihnen aber eine genauere

Sicht in das Objekt hinein – äußere Wände werden in Violett dargestellt, innere in Grün.

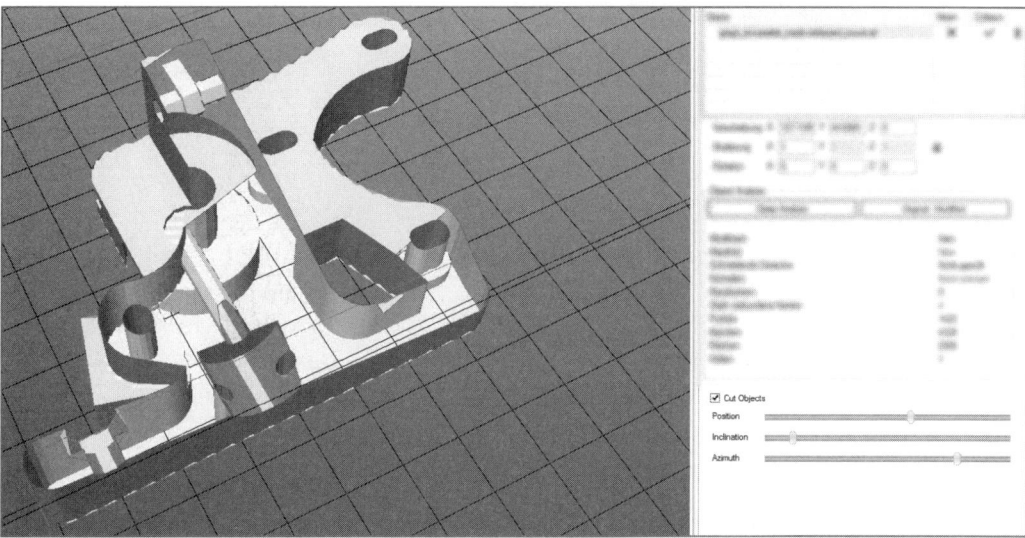

Bild 10.13: Repetier-Host kann das Objekt beliebig aufschneiden.

Das Register Slicer

Im Register *Slicer* kann man die Einstellungen für das Berechnen der G-Codes einstellen. Da Repetier-Host selbst keine eingebaute Slicer-Funktion hat, sondern das wohlweislich ausgefeilteren Programmen überlässt, bietet es an dieser Stelle die Möglichkeit, die Grundeinstellungen für Skeinforge und Slic3r vorzunehmen und diese zu starten.

10 Host-Software

Bild 10.14: Das Register *Slicer* in Repetier-Host vereinfacht die G-Code-Berechnung.

Zuerst muss man sich hier entscheiden, welches der beiden Slicer-Programme man verwenden möchte, indem man in der *Slicer*-Combobox die entsprechende Auswahl trifft. Das Schöne dabei ist, dass Repetier-Host die beiden Programme bereits mit auf dem Rechner installiert hat, sodass Sie sie nicht erst umständlich von Hand installieren und in Repetier-Host einbinden müssen. Anschließend kann man die Profile bei Skeinforge oder die verschiedenen Einstellungssätze bei Slic3r auswählen. Vor allem im letzteren Fall hat man damit sehr viele Möglichkeiten und kann sehr flexibel auf die jeweiligen Anforderungen des Drucks eingehen. Über die Schaltfläche *Einstellungen* bzw. *Configure* kann man das jeweilige Programm so öffnen, dass man es konfigurieren und die neuen Einstellungssätze bzw. Profile abspeichern kann. Dabei sollten Sie sich nicht wundern: Slic3r wird in einem Modus gestartet, der auch nur das zulässt – das Register *Plater* ist in diesem Fall nicht sichtbar. Über die Schaltfläche *Manager* können Sie die Repetier-Host-Einstellungen für das jeweilige Programm einsehen – da die beiden Programme aber mitgeliefert werden, ist hier in den seltensten Fällen eine Änderung notwendig. Haben Sie alle Einstellungen vorgenommen, können Sie mit dem großen Schalter *Slice mit* ... ganz oben die Berechnung des G-Codes starten lassen. Es erscheint dann ein kleines Fenster, das Ihnen angibt, dass die Berechnung durchgeführt wird, zusätzlich gibt es noch eine kleine Checkbox, die den Druckvorgang nach Beendigung der Berechnung automatisch durchführen lässt – wenn zuvor Repetier-Host mit dem Drucker verbunden wurde. Nach Beendigung der Berechnung springt Repetier-Host automatisch in das Register *G-Code Editor*.

Das Register G-Code Editor

Ein absolutes Highlight in Repetier-Host ist der G-Code-Editor. Es ist dabei weniger die Möglichkeit, einzelne G-Codes per Tastatur zu verändern – das schafft auch ein beliebiger anderer Texteditor. Im Gegensatz zu diesem stellt aber Repetier-Host den

G-Code in der 3-D-Ansicht auch noch dar, und zwar auf Wunsch genau so, wie Sie ihn gerade in diesem Moment eingetragen oder verändert haben. Dabei fällt diese Funktion auf den ersten Blick vielleicht gar nicht auf. Wenn Sie Ihr Modell in G-Code haben umrechnen lassen, ändert sich die Darstellung in der 3-D-Ansicht von Rosa auf Blau. Erst wenn Sie mit dem Mausrad an das Objekt heranzoomen, sehen Sie, dass es jetzt nicht mehr aus einzelnen Flächen, sondern aus einer großen Anzahl von dünnen Strängen besteht. Diese Stränge bilden das Objekt so ab, wie es der Drucker später ausgeben wird – und nicht, wie es eigentlich aussehen sollte. Durch diese Ansicht haben Sie die Möglichkeit, Fehler sofort zu erkennen, die bei der Berechnung des G-Codes oder durch die Gestaltung des Objekts selbst aufgetreten sind – eine wertvolle Funktion, mit der Sie viel Filament und Zeit sparen werden!

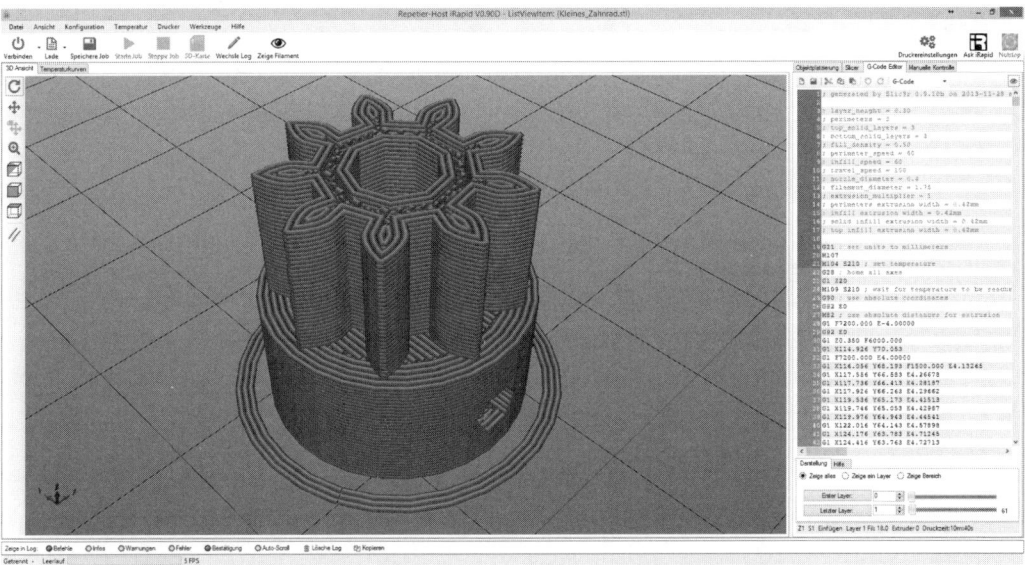

Bild 10.15: Repetier-Host zeigt jeden einzelnen Strang noch vor dem Ausdruck.

Getoppt wird das Ganze noch dadurch, dass Sie die Änderungen, die Sie am G-Code vornehmen, sofort – schneller Rechner vorausgesetzt – in der 3-D-Ansicht sehen können. So können Sie interaktiv direkt im G-Code arbeiten und das Ergebnis ohne weiteres Zutun sofort kontrollieren. Die Funktionen des Editors selbst sind weniger aufregend, aber in der Praxis sehr nützlich. Gerade und ungerade Zeilen sind farblich voneinander abgesetzt, die Zeilennummern werden angezeigt. Über eine Toolbar können verschiedene Funktionen aufgerufen werden, die Sie auch aus anderen Texteditoren kennen:

Bild 10.16: Die G-Code-Editor-Toolbar von Repetier-Host.

10 Host-Software

Im Einzelnen sind es die folgenden Funktionen (zu der ebenfalls in der Toolbar enthaltenen Combobox kommen wir ein wenig später):

Symbol	Funktion	Bemerkungen
	Neuer Text	Löscht den aktuellen Code und legt eine neue Datei an.
	Speichern	Erlaubt es Ihnen, den G-Code unter einem neuen Namen abzuspeichern.
	Ausschneiden	Kopiert die aktuelle Markierung im Editor in die Zwischenablage und löscht sie.
	Kopieren	Kopiert die aktuelle Markierung im Editor in die Zwischenablage.
	Einfügen	Fügt die Zwischenablage an der aktuellen Cursorposition ein.
	Rückgängig	Macht die letzten Tastatureingaben rückgängig.
	Wiederholen	Die letzte Rückgängig-Funktion wird wiederhergestellt.
	Auto-Update Vorschau	Veranlasst Repetier-Host, die Änderungen im G-Code-Editor sofort in der 3-D-Ansicht darzustellen.

Eine weitere sehr schöne Funktion findet sich unterhalb des Editorfensters im Register *Hilfe*:

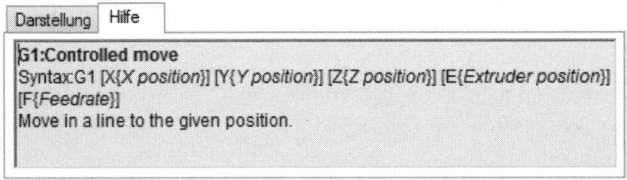

Bild 10.17: In der Hilfe wird die Syntax des aktuellen Befehls angezeigt.

Sobald Sie an einem Befehl arbeiten, wird hier dessen Syntax angezeigt – zwar in englischer Sprache, dafür aber kurz und bündig. Eine ebenso wichtige Funktion befindet sich im anderen Register:

10.5 Repetier-Host

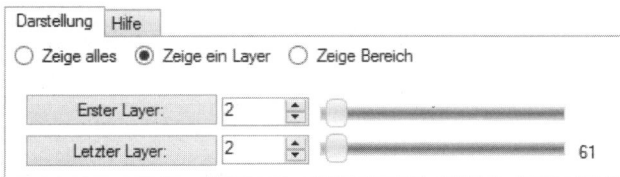

Bild 10.18: Hier kann man die Darstellung des G-Codes auf einzelne Schichten beschränken.

Wenn man direkt im G-Code arbeitet, möchte man meistens nicht das gesamte Objekt sehen, sondern lieber die aktuelle Ebene, in der man sich gerade befindet. Das lässt sich im Register *Darstellung* bewerkstelligen, das die Möglichkeit bietet, alles anzuzeigen, nur eine einzelne Schicht – hier Layer genannt – oder einen Bereich aus Schichten. Je nach Einstellung können Sie die Schichten über den Schieberegler oder das Nummernfeld eintragen. Die Darstellung in der 3-D-Ansicht wird dann entsprechend angepasst, sodass Sie in der Lage sind, auch einmal in das Objekt hineinzusehen und die Füllung zu betrachten. Wenn Sie auf die Schaltfläche *Erster Layer* klicken, gelangen Sie mit dem Cursor an den Anfang des Bereichs, den Sie gerade darstellen lassen. Ein Klick auf *Letzter Layer* versetzt Sie mit dem Cursor an dessen Ende. Ein ganz besonderer Leckerbissen ergibt sich, wenn Sie mit dem Cursor im Editor auf ein Element gehen, das aufgrund der aktuellen Einstellungen gut sichtbar in der 3-D-Ansicht ist. Dann nämlich wird der Strang, der die Folge des aktuellen Befehls ist, auch in der 3-D-Ansicht in gelber Farbe gut sichtbar angezeigt – wieder eine Funktion, mit der Sie viel Zeit sparen.

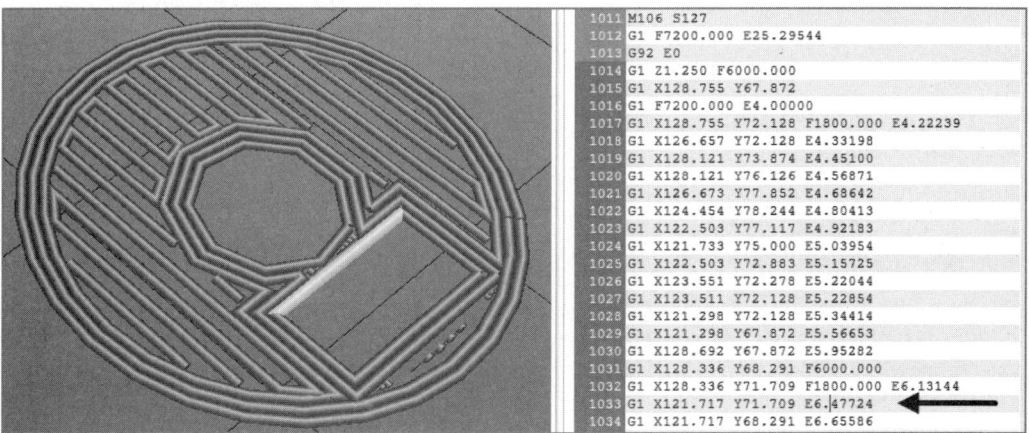

Bild 10.19: Repetier-Host zeigt die aktuelle Cursorposition in der 3-D-Ansicht an.

Doch kommen wir nun wie versprochen zur Combobox in der Toolbar, die wir bislang noch nicht besprochen hatten. Standardmäßig steht sie auf *G-Code*, was bedeutet, dass im Editor der G-Code des Slicer-Programms angezeigt wird. Sie haben aber auch die Möglichkeit, sich andere G-Code-Elemente anzeigen zu lassen und diese auch zu editieren:

- **Startcode**: Dieser Code wird ausgeführt, bevor der Druckvorgang durch Repetier-Host gestartet wird. Hier kann man typische Druckvorbereitungsbefehle eingeben (Druckkopf in Ausgangsposition fahren, Druckbett aufheizen etc.).
- **Endcode**: Dieser Code beinhaltet typische Beendigungsbefehle, beispielsweise das Fahren des Druckkopfs in eine Position, die das Entnehmen des Objekts aus dem Drucker erleichtert.
- **Laufe nach Abbruch**: Repetier-Host bietet ja auch die Möglichkeit, einen Druck abzubrechen. Dieser Code wird ausgeführt, sobald der Schalter *Notstopp* gedrückt wird.
- **Laufe nach Pause**: Bei Betätigung der *Pause*-Taste wird ebenso G-Code ausgeführt. Da man eine Pause auch wieder beenden kann und man meist möchte, dass der Druck fortgesetzt wird, sollte man vermeiden, den Druckkopf in eine tiefere Position zu fahren (da man sonst das aktuelle Objekt beschädigen kann), das Koordinatensystem zurückzusetzen oder auf die Home-Position zu kalibrieren (da hierbei die Fortsetzung des Drucks an einer veränderten Position stattfindet). Sinnvoll ist es hingegen, den Extruder zu leeren, sodass kein Material austritt, und den Druckkopf in eine neutrale Position zu fahren, sodass die heiße Düse das bestehende Objekt nicht beschädigt.
- **Script 1-5**: Für den Fall, dass Sie gewisse Aufgaben haben, die Sie mit dem Drucker des Öfteren durchführen, können Sie fünf Skripte definieren, die Sie über das Menü *Drucker* einzeln an den Drucker senden können. So können Sie beispielsweise den Extruder dazu veranlassen, das Material einige Zentimeter zurückzuziehen, sodass Sie leicht einen Filament-Wechsel durchführen können.

Das Register Manuelle Kontrolle

Vor allem wenn Ihr Drucker keine eigene Eingabekonsole besitzt, wird das Register *Manuelle Kontrolle* eines der wichtigsten sein, das Sie in Repetier-Host verwenden werden. Es ermöglicht Ihnen, Ihren Drucker über Ihren Computer direkt zu bedienen, ohne dass ein G-Code-Programm geschrieben werden muss. Neben der Möglichkeit, den Druckkopf zu bewegen, können Sie auch die Heizung des Hotends und des Druckbetts bedienen und einen eventuell angeschlossenen Lüfter sowie die Geschwindigkeit und die Flussrate des Extruders einstellen. Doch gehen wir Schritt für Schritt vor:

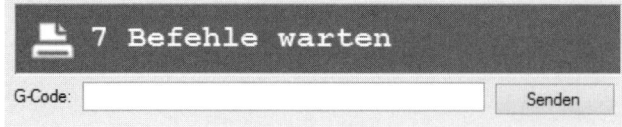

Bild 10.20: Über die manuelle Kontrolle können Sie direkt G-Code eingeben.

Im hellblauen Feld ganz oben auf der Registerkarte wird Ihnen der Status des Druckers angezeigt. Ist die Verbindung zum Drucker nicht hergestellt, steht hier *Getrennt*, hat Repetier-Host nichts zu tun, *Leerlauf*, befinden sich Befehle in der Warteschlange, die der Drucker noch nicht abgearbeitet hat, wird Ihnen ein *X Befehle warten* ausgegeben. Direkt darunter befindet sich eine Eingabezeile, über die Sie einen G-Code direkt an Ihren Drucker senden können. Auch wenn Sie diese Funktion zu Anfang sicher noch nicht verwenden können, hat es durchaus Vorteile, Befehle schnell mal eben an den Drucker zu senden, beispielsweise den äußerst hilfreichen `M303`-Befehl der Marlin-Firmware, der dafür sorgt, dass die Firmware selbst die PID-Werte der Heizung des Hotends berechnet: Einfach in die Eingabezeile `M303 S210` eingeben und die Taste *Senden* anklicken, schon wird der Befehl an den Drucker gesendet, und im Log-Bereich ganz unten im Repetier-Host-Fenster können Sie dann nach einiger Zeit das Ergebnis der Messung ablesen.

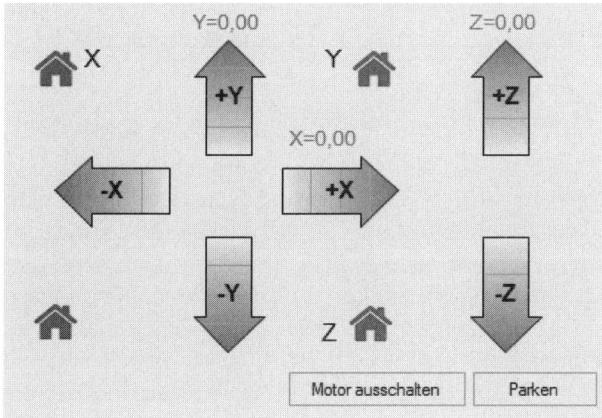

Bild 10.21: Über diesen Schalter lässt sich der Druckkopf steuern.

Den Druckkopf können Sie über die verschiedenen Pfeile steuern. Deren Beschriftungen *X*, *Y* und *Z* bezeichnen dabei die jeweilige Achse, auf der der Druckkopf bewegt werden kann – klicken Sie auf den *+X*-Schalter, wird der Druckkopf nach rechts entlang der X-Achse bewegt, drücken Sie auf den Pfeil *–X*, beschleunigt er in die Gegenrichtung. Entsprechendes gilt für die Y- und die Z-Achse. Die Pfeile für die X- und Y-Achse sind unterteilt in vier verschiedene Segmente. Vom Schaft zur Spitze wird der Druckkopf um 0,1 mm, 1 mm, 10 mm und 50 mm bewegt. Auch die Pfeile der Z-Achse haben Segmente, allerdings nur drei, die den Druckkopf um 0,1 mm, 1 mm und 10 mm bewegen. Es gibt vier Haussymbole, die den Druckkopf des Druckers dazu veranlassen, in die Home-Position zu fahren. Während die Häuser, die zusätzlich mit *X*, *Y* und *Z* beschriftet sind, den Drucker dazu bewegen, den Druckkopf nur in die Home-Position der jeweiligen Achse zu fahren, führt das Haus ohne Beschriftung dazu, dass alle drei Achsen zusammen in die 0-Position gefahren werden. Über die Schaltfläche *Motor ausschalten* können Sie alle Motoren des Druckers gleichzeitig ausschalten. Diese zu betätigen, kann sogar dann Sinn ergeben, wenn der Drucker selbst gar nicht arbeitet. Da die verwendeten Schrittmotoren die Möglichkeit haben, ihre Position aktiv zu halten, sodass besonders viel Kraft notwendig ist, sie aus ihrer Position zu reißen, verbrauchen sie in diesem Modus auch Strom und können Geräusche verursachen. Betätigt man den Schalter, wird der Strom für die Motoren komplett abgeschaltet, sodass sie ruhig sind, an ihrer Position nicht mehr aktiv festhalten und sich von Hand bewegen lassen. Die Schaltfläche *Parken* bietet die Möglichkeit, den Drucker an eine Position zu fahren, die zuvor in den Einstellungen von Repetier-Host festgelegt wurde. Diese Position ist nicht mit der Home-Position zu verwechseln, an der der Drucker seine Ausrichtung justiert, sondern dient vielmehr dazu, den Druckkopf so zu positionieren, dass er beispielsweise bei der Entnahme des fertigen Objekts nicht stört.

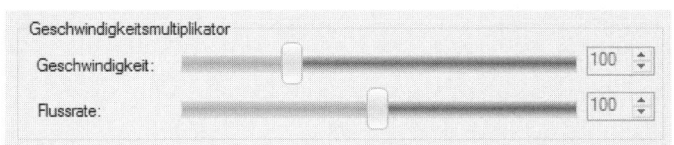

Bild 10.22: Hier können Sie *Geschwindigkeit* und *Flussrate* einstellen.

Manchmal kann es vorkommen, dass Sie Ihren bereits angefangenen Ausdruck etwas schneller beenden möchten, wenn Sie zum Beispiel das Haus verlassen wollen. In so einem Fall können Sie den Geschwindigkeitsregler um einige Prozent erhöhen, sodass der Drucker etwas schneller arbeitet. Natürlich lässt sich die Geschwindigkeit nicht beliebig steigern, irgendwann einmal gibt die Mechanik auf, ist das Material nicht warm genug, um verarbeitet zu werden, oder aber Sie bekommen Probleme mit den Nachbarn, da die Geräuschentwicklung deutlich zunimmt – einige Prozent lassen sich aber in den meisten Fällen durchaus herausholen, ohne dass die Druckqualität allzu sehr leidet. Vielleicht gibt es bei Ihren Arbeiten mit dem 3-D-Drucker auch einmal die Situation, dass der Extruder nicht genügend Material ausgibt. In so einem Fall können Sie über den Schieberegler die Menge des Materials beeinflussen, die aus dem Hotend kommt. Wenn Sie solch eine Einstellung manuell vornehmen müssen, ist das aber ein deutliches Zeichen dafür, dass irgendetwas an Ihren Einstellungen in der Firmware oder im Slicer-Programm nicht korrekt ist und Sie die Ursache genau untersuchen sollten.

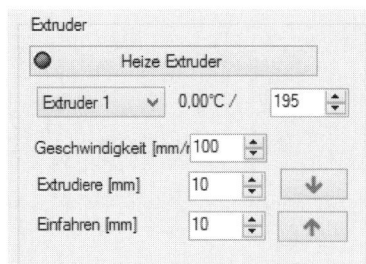

Bild 10.23: Die Einstellungen für das Hotend lassen sich hier vornehmen.

Der nächste Block der manuellen Steuerung kümmert sich um den Extruder und das Druckbett. Im Bereich *Extruder* kann man die Temperatur des Hotends (das ja Teil des

Extruders ist) einstellen. Die Schaltfläche *Heize Extruder* schaltet die Heizung des Hotends zunächst einmal grundsätzlich ein. Sobald sie gedrückt ist, wird das durch eine blaue Lampe in der Schaltfläche angezeigt, und Sie haben die Möglichkeit, die Temperatur des ausgewählten Extruders einzustellen. Vorgegeben werden die Standardwerte aus den Einstellungen des Druckers. Bei *Geschwindigkeit* können Sie das Tempo wählen, mit dem der Extruder das Material vorwärtstransportiert. Die Maßeinheit ist Millimeter pro Minute, was zwar genauer, aber schlechter handhabbar ist als die üblichen Millimeter pro Sekunde – letztlich müssen Sie aber den Wert nur mit 60 multiplizieren, um zum korrekten Ergebnis zu kommen. Bei *Extrudiere* können Sie die Anzahl der Millimeter eingeben, die der Extruder an Material ausgeben soll, sobald der rechts davon stehende Schalter (Pfeil nach unten) gedrückt wird. Gemeint ist damit die Anzahl der Millimeter des Filaments, nicht des dünnen Strangs, der aus dem Hotend gedrückt wird. Bei *Einfahren* können Sie analog zu *Extrudiere* die Anzahl der Millimeter eingeben, die der Extruder zurückfahren soll.

Sie sollten aber in jedem Fall beim Ein- und Ausfahren von Material darauf achten, dass das Hotend Betriebstemperatur hat und überhaupt in der Lage ist, das Material zurückzuziehen bzw. durch die Düse zu drücken. Viele Firmwares haben heute einen Schutz, der die Ausgabe von Material unterhalb einer bestimmten Temperatur verhindert. Aber zum einen kann das nicht jede Firmware, und zum anderen muss diese Funktion auch korrekt eingestellt sein, um richtig arbeiten zu können. Ein prüfender Blick lohnt sicherlich, bevor das Filament im Extruder ausfranst oder gar das Hotend beschädigt wird.

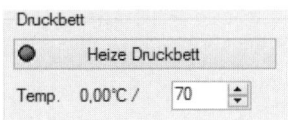

Bild 10.24: Die Steuerung des Heizbetts.

Das Heizbett steuert man mit dem nächsten Block an. Wieder muss man hierzu die Heizung des Druckbetts grundsätzlich einschalten, was erneut durch eine helle blaue Lampe gekennzeichnet wird. Die Temperatur des Druckbetts kann man über das Zahlenfeld in Grad Celsius einstellen.

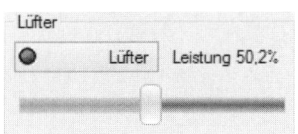

Bild 10.25: Auch einen geschwindigkeitsgeregelten Lüfter kann man ansprechen.

Verfügt Ihr Drucker über einen geschwindigkeitsgeregelten Ventilator, kann man diesen mit dem Block *Lüfter* ansteuern. Wieder muss man zuerst den Lüfter generell einschalten und kann anschließend die Geschwindigkeit über den Schieberegler variieren.

Bild 10.26: Fehlerfindung mit *Debug Optionen*.

Nicht immer läuft alles perfekt, und man ist gezwungen, Fehler im Drucker oder in der Software aufzufinden. Helfen können hierbei die Schalter im Block *Debug Optionen*:

- **Echo:** Zeigt die von Repetier-Host an den Drucker gesendeten Befehle an. Das ist dann nützlich, wenn man nicht wirklich weiß, was Repetier-Host gerade an den Drucker gesendet hat, als dieser sich merkwürdig verhielt.

- **Info:** Der Drucker wird angewiesen, allgemeine Informationen an den Computer zu senden, die helfen können, Fehler aufzufinden.

- **Fehler:** Der Drucker wird angewiesen, Fehlermeldungen an den Drucker zu senden, die helfen können, Fehler aufzufinden.

- **Trockenlauf:** Dieser Schalter funktioniert nur dann, wenn Sie die Repetier-Firmware in Ihrem Drucker verwenden. Er veranlasst den Drucker, alle Bewegungen auszuführen, ohne Material dabei auszugeben. Zusätzlich werden Temperaturereignisse wie das Aufheizen des Druckbetts oder des Hotends nicht wie sonst abgewartet, sondern schlicht ignoriert, sodass Testläufe ohne Materialausgabe durchgeführt werden können – und das auch deutlich schneller.

- **OK:** Normalerweise sendet der Drucker nach Beendigung eines Befehls die Zeichenfolge ok zurück an den Computer. Solange dieses ok nicht angekommen ist, nimmt Repetier-Host an, dass der Drucker noch mit der Ausführung des Befehls beschäftigt ist, und wartet. Manchmal kann es jedoch passieren, dass ein solcher Befehl seitens der Firmware abgesetzt wurde, aber unvollständig beim Computer ankommt, woraufhin Repetier-Host unendlich lange wartet. In so einem Fall kann es helfen, den Schalter *OK* zu drücken, der den Eingang der ok-Zeichenfolge simuliert und den Druck fortsetzen lässt.

Die Temperaturkurven

Unter der 3-D-Ansicht befindet auf der linken Seite des Fensters von Repetier-Host noch das Register *Temperaturkurven*.

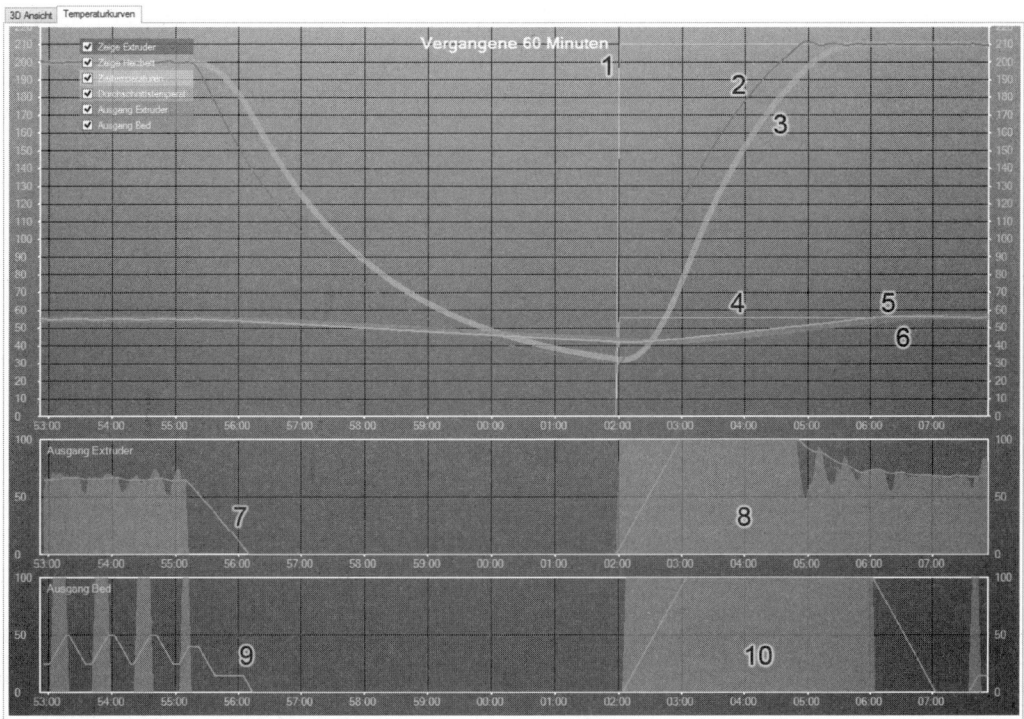

Bild 10.27: Die Temperaturkurven für Hotend und Heizbett.

Sie zeigt bei angeschlossenem und verbundenem Drucker die aktuellen Temperaturen an und bietet Aufschluss über die Prozesse, die in Bezug auf die Temperatur in der Firmware ablaufen.

Wenn wir uns das Bild einmal näher ansehen, können wir im oberen Bereich gut die Temperaturkurven für das Hotend (Kurven 1 bis 3) und das Heizbett (Kurven 4 bis 6) erkennen. Die Kurven 1 und 4 geben dabei den gewünschten Sollwert an, also die Temperatur, die das Hotend bzw. das Heizbett erreichen soll. Die Kurven 2 und 5 zeigen die tatsächlich gemessenen Temperaturen an. Sie reagieren am empfindlichsten, einen zugeschalteten Lüfter kann man normalerweise sofort an einem Ausschlag dieser Kurve erkennen. Die Kurven 3 und 6 sind rechnerisch ermittelte Durchschnittswerte, die ein wenig träger als die tatsächlich gemessenen Werte reagieren und dadurch beispielsweise sicherstellen, dass sich die Wärme im Hotend gleichmäßig verteilt hat und es auch tatsächlich in der Lage ist, das Filament zu schmelzen. Die beiden unteren Bereiche zeigen an, wie stark das Hotend bzw. das Druckbett beheizt wird – der grüne Bereich (8 und 10) zeigt die tatsächlich stattfindenden Heizperioden an, während die Kurven 7 und 9 wiederum einen errechneten Wert anzeigen, der etwas träger reagiert und für interne Berechnungen verwendet wird. Gut zu erkennen in diesem Diagramm ist, wie die Firmware stoßweise das Hotend bzw. das Druckbett beheizt, um die gewünschte Temperatur zu erreichen, ohne übers Ziel hinauszuschießen. Kurve 2 zeigt sehr schön, wie die Temperatur ansteigt und kurz vor Erreichen der Solltemperatur der Stromzufluss abgeschaltet wird, um sich ihr dann in immer kürzeren Stößen anzunähern.

Die SD-Kartenverwaltung

Wenn Sie eine SD-Kartenerweiterung Ihrer Drucker-Elektronik besitzen, ist die *SD-Kartenverwaltung* von Repetier-Host für Sie von besonderem Interesse:

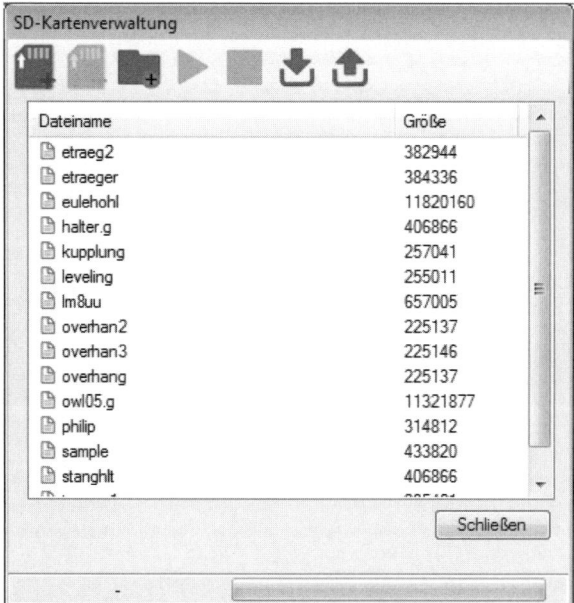

Bild 10.28: Die SD-Kartenverwaltung.

Sie ermöglicht Ihnen, den gerade berechneten G-Code auf die SD-Karte Ihres Geräts zu laden und die Dateien, die sich darauf befinden, zu verwalten.

Symbol	Funktion	Bemerkungen
	Datei hochladen	Mit diesem Schalter können Sie den aktuell in Repetier-Host vorhandenen G-Code oder eine externe Datei auf die Karte laden. In einem daraufhin erscheinenden Fenster müssen Sie den Namen für den Druckauftrag auf der SD-Karte angeben.

Symbol	Funktion	Bemerkungen
	Datei löschen	Dieser Schalter löscht die gerade angewählte Datei in der darunterstehenden Liste.
	Neues Verzeichnis	Mit diesem Schalter können Sie ein neues Verzeichnis auf der SD-Karte anlegen.
	Starte ausgewählte Datei/setze pausierenden Druck fort	Hiermit können Sie den Druck einer bereits auf der SD-Karte vorhandenen Datei auf dem Drucker starten.
	Pausiere/stoppe laufenden SD-Druck	Dieser Schalter unterbricht den laufenden SD-Ausdruck.
	SD-Karte einfügen	Wenn Sie gerade eben erst Ihre SD-Karte in den Drucker eingelegt haben, sollten Sie zuerst diesen Schalter drücken, damit das Verzeichnis der Karten neu ausgewiesen wird.
	SD-Karte auswerfen	Wenn Sie die SD-Karte aus Ihrem Drucker nehmen möchten, sollten Sie zuvor diese Taste drücken, damit eventuelle Schreibvorgänge auf der Karte noch ausgeführt werden, bevor sie aus dem Laufwerk entfernt wird.

Obwohl diese Funktion durchaus praktisch ist, hat sie doch den Nachteil, dass sie über die Elektronik des Druckers arbeiten muss und daher ausgesprochen langsam ist. Gerade wenn man größere G-Code-Dateien auf die Karte laden möchte, merkt man diesen Umstand sehr schnell, oft reicht eine Tasse Kaffee allein für den Upload nicht aus. Daher empfiehlt es sich, die SD-Karte, wann immer es geht, über einen SD-Kartenleser direkt am Computer zu beschreiben.

Slicer-Software

Nehmen wir einmal an, Sie haben ein 3-D-Modell aus dem Internet heruntergeladen oder selbst konstruiert und möchten dieses nun auf dem Drucker ausgeben. Obwohl es sehr praktisch wäre, können Sie das 3-D-Modell, das üblicherweise als STL[15]-Datei vorliegt, nicht einfach an den Drucker senden und warten, bis das Objekt ausgedruckt ist, denn der Mikroprozessor, der im Drucker verbaut ist, ist leider für diese Aufgabe viel zu schwach. Ein anderer Computer muss den Löwenanteil der für den Ausdruck notwendigen Berechnungen durchführen, denn der schwache Mikrocontroller des 3-D-Druckers ist lediglich in der Lage, einfache Befehle auszuführen wie: »Fahre zu der Position X=234, Y=322 und gib auf dem Weg 5 Einheiten Material ab.« Diese umfangreichen Umrechnungsarbeiten übernehmen sogenannte Slicer-Programme, von denen es im Internet glücklicherweise etliche gibt, die gänzlich kostenfrei heruntergeladen und genutzt werden können. Alle arbeiten dabei nach dem folgenden Prinzip:

1. In die betreffende Slicer-Software wird ein STL-3-D-Objekt geladen.

---

[15] Surface Tesselation Language

❷ Die Software zerschneidet nun dieses Objekt nach mathematischen Methoden in dünne Schichten, ähnlich wie man Scheiben von einer Salami abschneidet. Jede dieser Scheiben steht für eine einzelne Schicht, die der 3-D-Drucker später ausdrucken soll.

❸ Anschließend wird jede Schicht vom Slicer-Programm einzeln betrachtet. Für jede Schicht beschreibt das Programm, wie der 3-D-Drucker seinen Druckkopf fahren muss, um diese eine Scheibe korrekt auszudrucken: Die Konturen der Scheibe werden abgefahren, innen liegende Flächen werden mit Material aufgefüllt.

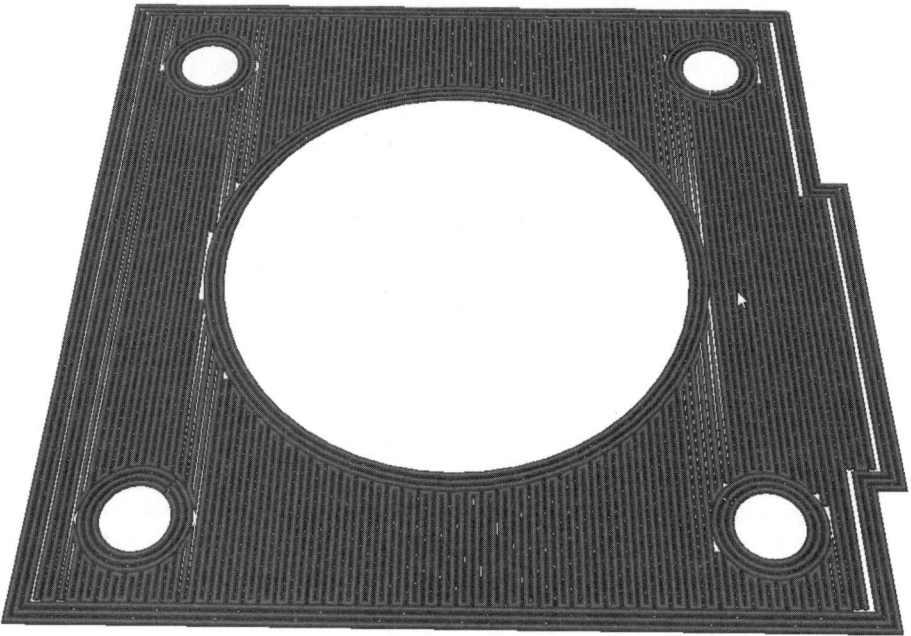

Bild 11.1: Eine einzelne Druckschicht wird berechnet – mit Konturen und Füllung.

Alle Schichten zusammen ergeben dann das fertig berechnete 3-D-Objekt in einer Form, wie es auch der Drucker bearbeiten kann.

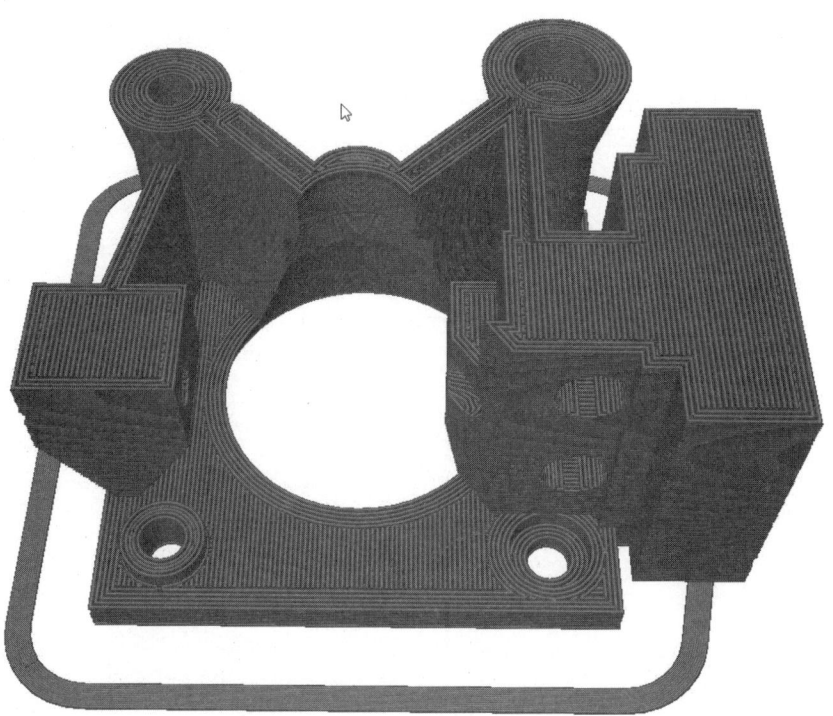

Bild 11.2: Alle Druckschichten zusammen ergeben dann das fertige 3-D-Objekt.

Diese für den Mikroprozessor des Druckers vorbereiteten Anweisungen werden dann von den Slicer-Programmen entweder direkt an den Drucker gesendet (wenn der Slicer eine sogenannte Host-Funktion hat) oder aber als Datei auf der Festplatte abgespeichert. Wenn diese Anweisungen dann an den Drucker gesendet werden, kann dieser sie umsetzen und so Schicht für Schicht das gesamte Objekt aufbauen. So weit klingt das ganze Verfahren ja noch relativ einfach. Komplizierter wird es allerdings, wenn man bedenkt, dass eine Slicer-Software noch wesentlich mehr beachten muss, als in diesem einfachen Beispiel beschrieben wurde: Da gibt es Objektteile, die frei in die Luft ragen und die ohne Stützkonstruktion nicht ausgedruckt werden können. Innen liegende Flächen sollen vielleicht auch nicht massiv ausgedruckt werden, sondern material- und gewichtssparend. Vielleicht hat Ihr Drucker ja auch zwei verschiedene Druckköpfe, sodass verschiedene Farben ausgedruckt werden sollen, Sie verwenden eine kleinere Düse als üblich, verwenden als Material ABS oder PLA oder ein ganz anderes.

Die Möglichkeiten, ein Objekt ausdrucken zu lassen, sind erstaunlich vielfältig, und eine gute Slicer-Software hat auf möglichst viele dieser denkbaren Möglichkeiten eine Antwort. Das Dumme daran ist, dass ein Slicer, der viele Varianten und Möglichkeiten unterstützt, leider auch entsprechend viele Parameter dem Anwender zur Verfügung stellt, die dieser dann beherrschen muss. Ein Anfänger ist von den mannigfaltigen Optionen unter Umständen so überfordert, dass er gar nicht in der Lage ist, selbst das einfachste Objekt auszudrucken. Aus diesem Grund gibt es recht viele unterschiedliche Slicer-Programme, die unterschiedliche Zielgruppen ansprechen. Manche sind für Anfänger geeignet, einige für Fortgeschrittene und ein paar wenige für Experten. Wir werden in diesem Kapitel einige Slicer-Programme kurz vorstellen (allesamt Open Source und kostenfrei) und intensiv auf eines eingehen, das relativ leicht zu bedienen ist und einen fortgeschrittenen Funktionsumfang bietet, der häufig schon allen Ansprüchen genügt. Dieses Programm nennt sich Slic3r, ist noch relativ neu und hochgradig aktiv. Es bietet eine große Auswahl an Funktionen, die unter dem einen oder anderen Namen auch in vielen anderen Slicer-Programmen auftauchen, sodass Sie mit dem Wissen aus Slic3r in anderen Programmen ebenfalls zurechtkommen werden. Zudem ist es auf Windows, Linux und Mac OS X lauffähig.

11.1 Cura

Cura ist das Programm, das der Druckerhersteller Ultimaker seinen Kunden mitgibt, um ihren Drucker zu bedienen. Es zielt darauf ab, auch Anfängern den Einstieg in die 3-D-Drucker-Welt zu ermöglichen, und wird diesem Anspruch mit einer sehr einfachen, intuitiven und formschönen Oberfläche auch gerecht. Die Anzahl der Parameter, die man einstellen kann, ist überschaubar und daher leicht zu beherrschen. Die Darstellung des Objekts in der 3-D-Ansicht ist gut, und auch die Berechnung arbeitet recht schnell. Nach der Erstellung des G-Codes kann das Objekt recht unkompliziert an den Drucker gesendet werden, eine eingebaute Host-Funktionalität macht das möglich. Finden können Sie das Programm im Internet unter *https://github.com/daid/Cura*.

Bild 11.3: Cura ist für Anfänger konzipiert, leicht zu bedienen, bietet aber weniger Möglichkeiten als andere Programme.

Kein Expertenprogramm
Für Experten ist das Programm weniger geeignet, da es zu wenige Einstellungsmöglichkeiten bietet.

11.2 Repsnapper

Repsnapper ist ein Slicer, der komplett in der Programmiersprache C++ geschrieben ist und dadurch sehr schnell arbeitet. Das Programm kann praktischerweise den berechneten G-Code in einer 3-D-Darstellung anzeigen, sodass man schon vorab kontrollieren kann, ob das Endergebnis den Ansprüchen genügt. Es ist auch in der Lage, den so berechneten G-Code direkt an den Drucker zu senden, wodurch es auch eine Host-Funktionalität aufweist. Diese ist allerdings sehr beschränkt. Leider wirkt die Oberfläche etwas unaufgeräumt, was die Bedienung nicht unbedingt erleichtert, so durcheinander wie bei Skeinforge ist sie jedoch nicht. Auch die 3-D-Darstellung ist noch etwas unübersichtlich, da kein Schattenwurf berechnet wird und dadurch Details in den Objekten sich schlecht ausmachen lassen.

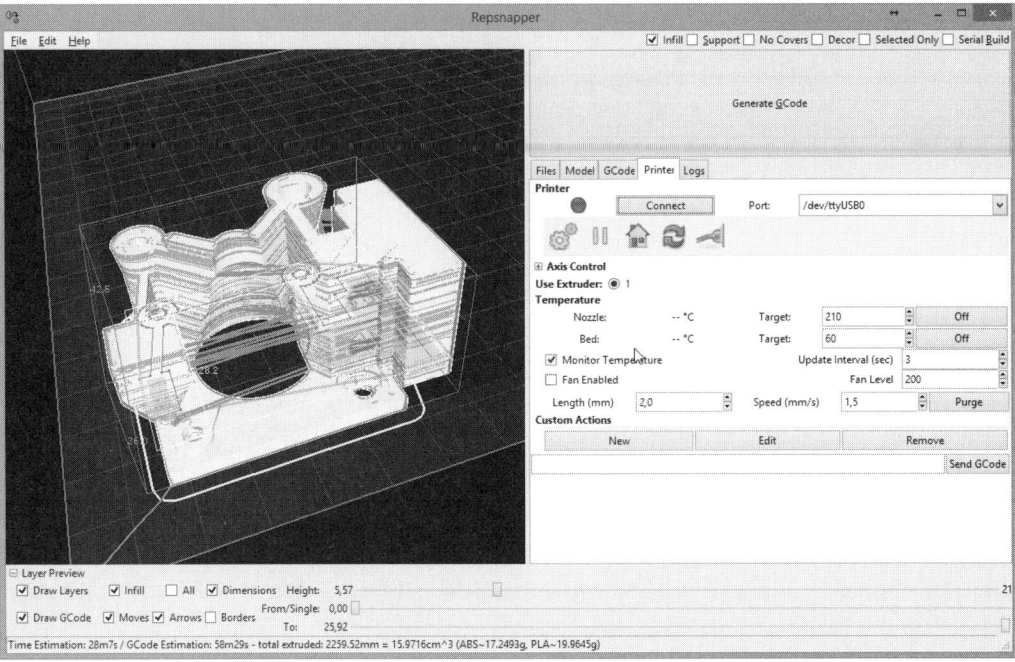

Bild 11.4: Repsnapper ist ein schneller Slicer mit 3-D-Darstellung und Host-Funktion.

11.3 Skeinforge

Skeinforge ist eines der ältesten Slicer-Programme, die es im 3-D-Drucker-Bereich gibt. Es ist in der Programmiersprache Python geschrieben und arbeitet daher oft wesentlich langsamer als andere Slicer. Legendär ist seine Benutzeroberfläche – sie ist verdientermaßen als ausgesprochen hässlich verschrien und insgesamt für Anfänger nicht geeignet. Da es aber so alt und die Entwicklungsgemeinde immer noch aktiv ist, haben sich in der Zwischenzeit derart viele Funktionen angesammelt, dass ein Profi seine helle Freude damit hat – man kann praktisch jeden einzelnen Aspekt der G-Code-Erstellung seinen eigenen Ansprüchen anpassen. Dafür muss man aber auch wissen, welche Parameter für welchen Effekt stehen – die Lernkurve ist steil, holprig und sehr lang. Auch der Umstand, dass schon die Installation von Skeinforge nicht unbedingt einfach ist und die Installation der Python-Programmiersprache in der Version 2.7 (und nur die!) erfordert, erleichtert den schnellen Einstieg in die Thematik nicht gerade. Man sollte sich daher gut überlegen, ob man gerade zu Beginn nicht vielleicht mit ein paar weniger Funktionen und dafür einem einfacheren Programm zurechtkommt.

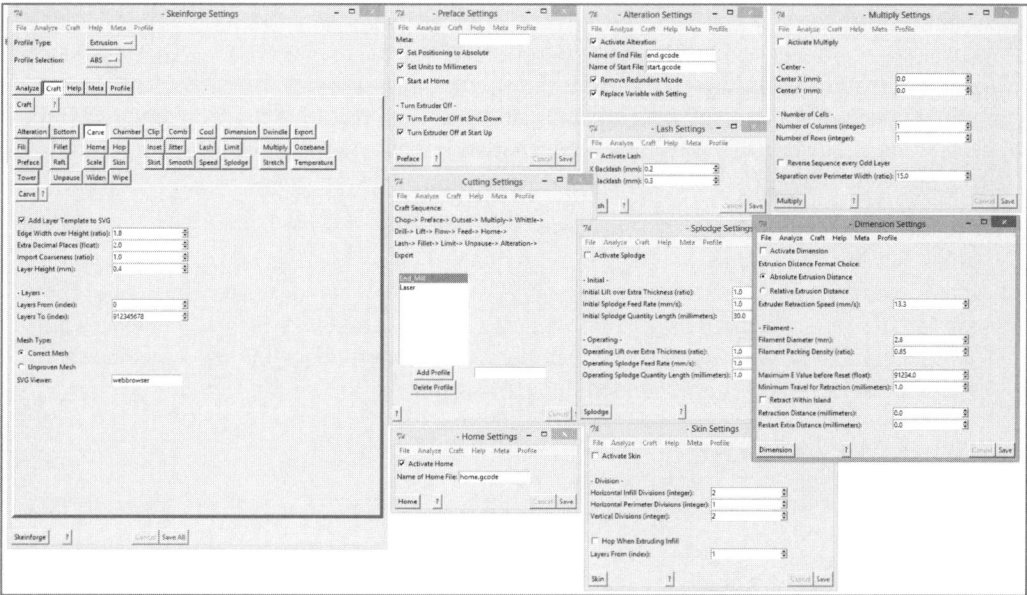

Bild 11.5: Skeinforge ist sehr mächtig, hat aber eine unschöne Oberfläche.

11.4 Slic3r

Slic3r ist ein relativ junges Programm – erst seit 2011 ist es auf dem Markt –, und sein Initiator Alessandro Ranellucci und seine Helfer stecken eine Menge Zeit in das Projekt. Das merkt man ihm auch an, es ist eines der umfangreichsten Slicer-Programme auf dem Markt und bleibt dennoch auch für Anfänger benutzbar. Auch die Geschwindigkeit kann sich sehen lassen, und der Funktionsumfang ist so gut gewählt, dass der Profi kaum etwas vermisst, der Anfänger aber nicht überfordert wird. Die Oberfläche unterstreicht das noch, indem sie zwei Modi anbietet – einen für Anfänger und einen für Profis. Aufgrund seiner Beliebtheit ist es bereits in einige Host-Programme wie Pronterface, Repetier-Host und ReplicatorG integriert, kann aber auch als eigenständiges Programm verwendet werden. Ebenso kann man es über die Kommandozeile bedienen, wodurch es sich leicht in eine eigene Entwicklungsumgebung einbetten lässt. Der Großteil des Programms ist in der Programmiersprache Perl geschrieben, alle zeitkritischen Elemente wurden jedoch in C++ verfasst, was dem Programm eine hohe Geschwindigkeit verleiht. Es ist ziemlich zuverlässig, nur ganz selten einmal stürzt es ab – da aber dabei meistens keine Daten verloren gehen, sollte das kein großes Kopfzerbrechen bereiten. Das Programm ist unter der Open-Source-Lizenz GPL freigegeben und kann so von jedem kostenfrei genutzt werden. Herunterladen kann man es sich für die Betriebssysteme Windows, Linux und Mac OS X unter der Internetadresse *www.slic3r.org*. Die Installation gestaltet sich gänzlich unkritisch und folgt den Standardprozeduren der jeweiligen Betriebssysteme. Leider ist das Programm zum jetzigen Zeitpunkt noch nicht in andere Sprachen übersetzt worden, man ist also gezwungen, es in Englisch zu benutzen. Es zeichnet sich aber ab, dass sich dieser Umstand ändern wird. Da weiterführende Literatur für 3-D-Drucker im Internet ohnehin meist nur in Englisch zu haben ist, kann man die fehlende Übersetzung von Slic3r ins Deutsche auch positiv auffassen, denn dadurch lernen Sie in diesem Kapitel die englischen Begriffe Ihres 3-D-Druckers zumindest schon mal teilweise kennen.

Im Folgenden werden wir das Programm in der Version 0.9.10b für Windows besprechen. Slic3r bietet einen Anfänger- und einen Expertenmodus. Natürlich werden wir den Expertenmodus durchgehen, deswegen sollten Sie nach der Installation überprüfen, ob dieser eingeschaltet ist. Rufen Sie dazu den Menüpunkt *File* → *Preferences* auf und stellen Sie sicher, dass unter *Mode* der Wert *Expert* eingestellt ist. Anschließend müssen Sie das Programm beenden und neu starten.

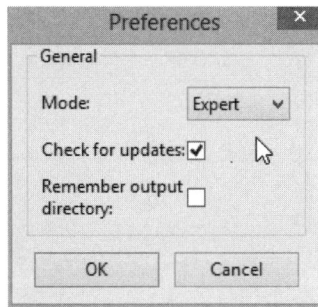

Bild 11.6: Stellen Sie in Slic3r den Expertenmodus ein.

Das Register Plater

Das erste Register von Slic3r nennt sich *Plater* (kommt vom englischen Wort plate, was Teller, Platte, Tafel bedeutet) und beschreibt damit das Druckbett Ihres 3-D-Druckers, auf dem eines oder mehrere Objekte angeordnet werden. In der Praxis funktioniert das ganz einfach: Entweder Sie ziehen per Drag-and-drop eine oder mehrere STL-Dateien in das Fenster, oder Sie verwenden die Schaltfläche *Add...* und wählen mit dem Datei-Requester die gewünschten Dateien aus. Sobald das geschehen ist, werden diese im linken Bereich des Fensters in der Draufsicht als Umriss angezeigt. Um alle Objekte herum wird eine Linie eingezeichnet, die den Umrissen aller Objekte folgt und einen gewissen Abstand dazu einhält. Dies ist der sogenannte *Skirt* (Randleiste), der in den meisten Fällen ausgedruckt wird, um sicherzustellen, dass das Material in ausreichenden Mengen und gleichmäßig aus dem Hotend kommt, bevor das eigentliche Objekt gedruckt wird.

11.4 Slic3r

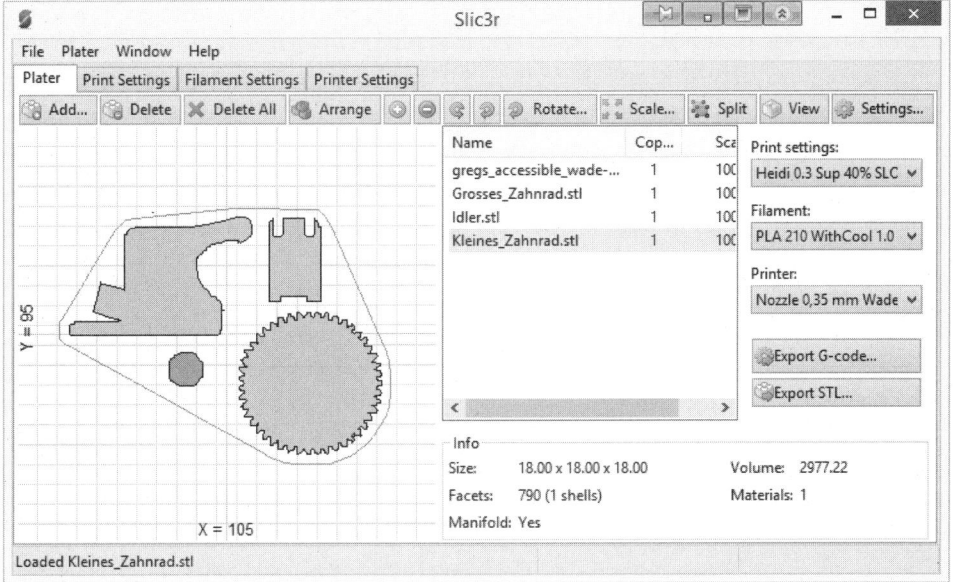

Bild 11.7: Im Register *Plater* können mehrere Objekte für das Druckbett angeordnet werden.

Das jeweils in der rechts stehenden Tabelle angewählte Objekt wird im linken Bereich rot dargestellt, während alle anderen Objekte grau angezeigt werden. Mit der Maus sind Sie in der Lage, die einzelnen Objekte anzuwählen und auch auf dem Druckbett zu verschieben. Sie können sogar Objekte über andere Objekte zu schieben, sodass sie sich durchdringen. Das mag auf den ersten Blick ein Fehler sein, aber auf der anderen Seite sind Sie so in der Lage, ein Objekt, das einen großen Innenraum aufweist, mit anderen Objekten aufzufüllen und so den Platz auf dem Druckbett optimal auszunutzen. In den meisten Fällen werden aber gar nicht so viele Objekte gleichzeitig auf dem Druckbett ausgedruckt, sodass Sie großzügig mit dem Platz auf dem Druckbett umgehen können. Wenn Sie mehrere Objekte in Slic3r geladen haben, werden diese automatisch angeordnet – die Autoarrange-Funktion arbeitet sehr zuverlässig und lässt sich auch über die Schaltfläche *Arrange* starten, sollten Sie einmal mit Ihrer manuellen Positionierung nicht zufrieden sein. Natürlich lassen sich einmal in den Slicer geladene Dateien daraus wieder entfernen – die Schaltfläche *Delete* löscht dabei die gerade angewählte Datei, *Delete All* entfernt gleich alle Dateien aus dem Programm. Im oberen Teil des Fensters befindet sich eine Reihe von Schaltern, die manchmal ganz praktisch sein können:

Symbol	Funktion	Bemerkungen
Add...	Datei hinzufügen	Öffnet einen File-Requester, um eine neue Datei einzufügen.

Symbol	Funktion	Bemerkungen
Delete	Datei entfernen	Entfernt die angewählte Datei und alle ihre Kopien aus Slic3r.
Delete All	Alle Dateien entfernen	Entfernt alle Dateien und ihre Kopien aus Slicer.
Arrange	Anordnen	Ordnet alle Objekte so an, dass sie sich nicht berühren oder durchdringen.
⊕	Zusätzliche Kopie erstellen	Fügt eine zusätzliche Kopie des gerade angewählten Objekts in den Plater ein. Wenn Sie viele gleichartige Objekte ausdrucken möchten, wird dieser Schalter sicherlich Ihr bester Freund werden.
⊖	Eine Kopie weniger	Entfernt die zuletzt angelegte Kopie des ausgewählten Objekts wieder aus dem Plater.
↺	45°-Drehung entgegen dem Uhrzeigersinn	Mit dieser Funktion können Sie Objekte in festen Schritten rotieren lassen, sodass sie besser auf das Druckbett passen. So können Sie eine 90°-Drehung eines Objekts mit zwei Klicks erledigen.
↻	45°-Drehung im Uhrzeigersinn	Dreht das Objekt um 45° nach rechts.
Rotate...	Rotieren	Öffnet ein Fenster, das eine gradgenaue Rotation ermöglicht.
Scale...	Skalieren	Öffnet ein Fenster, in dem Sie das Objekt prozentual vergrößern oder verkleinern können. Die Einstellung 50 % verkleinert dabei nicht das Volumen des Objekts um 50 %, sondern jede seiner drei Achsen – es wird also halb so tief, halb so breit und halb so hoch. Das Volumen beträgt dann nur noch ein Achtel des ursprünglichen Werts.

Symbol	Funktion	Bemerkungen
Split	Auftrennen	Manchmal kommt es vor, dass in einer STL-Datei mehrere räumlich getrennte Objekte liegen. Wenn Sie jetzt nur eines davon ausdrucken möchten, können Sie die Funktion *Split* verwenden, die die angewählte Datei in mehrere Objekte aufspaltet.
View	Anzeigen	Zeigt das gerade angewählte Objekt in einer 3-D-Darstellung an.
Settings...	Einstellungen	Öffnet ein Einstellungsfenster, in dem einzelne Parameter nur für das angewählte Objekt geändert werden.

Am rechten Rand des Fensters sehen Sie drei Comboboxen:

Print settings: Heidi 0.25 Sup 40%   Filament: PLA 195 WithCool   Printer: Nozzle 0,35 mm mit Fot

Um diese zu verstehen, müssen wir ein wenig ausholen und etwas vorweggreifen:

Wie alle Slicer-Programme hat auch Slic3r etliche Parameter, die vom Anwender eingestellt werden müssen. Da es eine große Arbeit darstellt, all diese Einstellungen vorzunehmen, kann man sie im Programm als Voreinstellungen abspeichern. Das ist insoweit nichts Neues, weil fast alle Slicer-Programme diese Funktion anbieten. Neu im Slic3r ist hingegen, dass diese Voreinstellungen unterteilt werden nach Einstellungen für den Ausdruck, Einstellungen für das Druckmaterial sowie Einstellungen für den Drucker selbst. Da diese Voreinstellungen getrennt sind, ist es so wesentlich leichter möglich, einen Ausdruck, den Sie zuvor mit dem Material PLA getätigt haben, jetzt mit ABS durchzuführen – Sie brauchen in diesem Fall nur unter *Filament* statt der Einstellung für PLA die für ABS auszuwählen. Die anderen Eigenschaften –*Print settings* und *Printer* – können Sie dann auf ihren bisherigen Werten belassen. Dieses Prinzip ist wirklich nützlich für das Arbeiten – manchmal wünscht man sich während der fortgesetzten Arbeit mit Slic3r nur, dass es noch mehr Unterteilungen gäbe. Hat man seine Objekte auf dem Druckbett ausgerichtet und die Einstellungen für den Ausdruck ausgewählt, kann man damit beginnen, Slicer seine eigentliche Arbeit ausführen zu lassen, das Umwandeln von 3-D-Objekten in für den Drucker verständlichen G-Code. Das geschieht einfach durch Anklicken der Schaltfläche *Export G-Code...*, die einen Datei-Requester öffnet, in dem Sie die Position der zu exportierenden Datei angeben können. Wenn Sie das tun, können Sie in der untersten Zeile des Programms den Fortschritt von Slic3r beobachten:

Die Zeit, die Slic3r für das Generieren von G-Code benötigt, hängt stark vom Objekt ab, das bearbeitet wird. Ist es besonders groß, dauert es länger als bei einem kleinen, ist es besonders detailreich und hat viele Löcher, Ecken und eine ungewöhnliche Außenform, benötigt es ebenfalls mehr Zeit. Die Bearbeitungszeit schwankt also schnell zwischen einigen Sekunden und mehreren Stunden – in extremen Fällen. Meistens aber sollten Sie innerhalb weniger Sekunden oder Minuten zu einem Ergebnis kommen. Die letzte Schaltfläche in diesem Teil des Programms ist *Export STL...*, die alle Objekte auf der virtuellen Druckplatte in eine einzige STL-Datei speichert.

Das Register Printer Settings

Der besseren Verständlichkeit wegen springen wir jetzt zum letzten Register des Programms, den *Printer Settings*. Darin können Sie sämtliche Daten eintragen, die Ihren Drucker betreffen und die für die Arbeit von Slic3r notwendig sind. Im linken Bereich sehen Sie die drei Einträge *General*, *Custom G-code* und *Extruder 1*.

Wenn Sie die einzelnen Punkte einmal anklicken, sehen Sie, dass sich der rechte Bereich jeweils ändert und unterschiedliche Parameter darstellt. Er ist also praktisch eine Art Inhaltsverzeichnis für die Einstellungen dieses Bereichs. Wenn Sie einmal alle Parameter korrekt eingetragen haben, werden Sie froh darüber sein, diese auf der Festplatte abspeichern zu können, sodass Sie sie beim nächsten Start von Slic3r nicht noch einmal eintragen müssen. Das können Sie mit dem Diskettensymbol über dem linken Bereich mit dem Inhaltsverzeichnis erledigen:

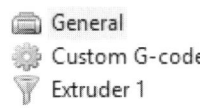

Wenn Sie auf das Diskettensymbol klicken, können Sie einen Namen für die von Ihnen vorgenommenen Einstellungen eintragen, der daraufhin auf der Festplatte gespeichert wird. Aufrufen können Sie diesen Satz von Einstellungen, indem Sie links neben dem Diskettensymbol in der Combobox den entsprechenden Namen auswählen. Sobald Sie das getan haben, werden die Einstellungen aus der Datei in das Fenster übertragen. Da Slic3r in Perl geschrieben ist und dieses nicht über eine besonders schnelle Oberfläche verfügt, kann dieser Vorgang durchaus einige Sekunden in Anspruch nehmen. Währenddessen kann es vorkommen, dass die Oberfläche von Slic3r nicht reagiert oder flackert – das ist bei diesem Programm durchaus normal, haben Sie einfach etwas Geduld. Sollten Sie einmal einen Einstellungsdatensatz wieder löschen wollen, wählen Sie ihn zuerst aus und drücken anschließend den roten Schalter rechts neben dem Diskettensymbol. Doch kommen wir nun zu den eigentlichen Einstellungen in Slic3r:

Die Kategorie General

Bed Size
Geben Sie hier den maximal bedruckbaren Bereich Ihres Druckers an. In Slic3r wird er hauptsächlich dafür verwendet, im Plater die passende Größe für das Ausrichten von 3-D-Objekten anzubieten.

Print Center
Dies ist die Position, um die herum die Arrange-Funktion von Slic3r die Objekte anordnet. Üblicherweise ist das die Mitte Ihres Druckbetts, also jeweils die Hälfte der genau darüberstehenden Werte aus *Bed Size*.

Z-Offset
Nehmen wir einmal an, Sie haben ein Druckbett mit einer Heizplatine, auf der Sie in der Regel ABS drucken. Wenn Sie mit PLA arbeiten, legen Sie normalerweise eine Glasplatte von 4 mm Stärke darauf. So weit, so gut, was aber machen Sie mit dem Endstop für die Z-Achse? Hier kann Ihnen diese Einstellung von Slic3r weiterhelfen, denn indem Sie ein Offset für die Z-Achse angeben, verschiebt Slic3r alle Schichten des auszudruckenden Objekts um eben diesen Wert. Im gerade beschriebenen Fall sollten Sie dann Ihren Endstop auf die Glasfläche ausrichten und bei PLA in diesem Wert eine 0 angeben. Für ABS-Ausdrucke (ohne Glasplatte) tragen Sie hier –4 mm ein, und schon müssen Sie nicht jedes Mal umständlich den Endstop verschieben, wenn Sie Ihr Material wechseln.

G-Code-Flavor
Mittlerweile gibt es ja eine ganze Reihe Firmwares für 3-D-Drucker. Da alle separat entwickelt werden, arbeiten sie auch nicht zu 100 % gleich, sondern haben leichte Unterschiede. Mit diesem Schalter können Sie einstellen, welche »Geschmacksrichtung« Ihr G-Code haben soll. In den meisten Fällen dürfte RepRap für Sie korrekt sein, es sei denn, Sie haben einen Makerbot oder die TeaCup-Firmware.

Use relative E distances
Einige 3-D-Drucker-Firmwares benutzen die relative statt der absoluten Positionierung für den Extruder. Im Normalfall werden absolute Positionen angegeben, gerechnet vom Start des Druckvorgangs. Bei relativer Positionierung wird bei jedem Bewegungsbefehl angegeben, wie viel Filament für diesen Bewegungsabschnitt verwendet werden soll.

Extruders
Sollten Sie in der glücklichen Lage sein, mehr als einen Extruder an Ihrem Drucker zu haben, können Sie hier die Anzahl eintragen. In der Kategorie-Ansicht auf der linken Seite wird Ihnen daraufhin ein neuer Eintrag *Extruder 2* angezeigt, in dem Sie dann die Werte für Ihren zweiten Extruder bzw. das zweite Hotend eintragen können.

Vibration Limit

Manche Drucker sind mechanisch nicht so stabil wie andere und beginnen zu vibrieren, wenn gewisse Frequenzen erreicht werden. Mit dieser Einstellung kann Slic3r die Bewegungen verlangsamen, die über die hier angegebene Frequenz hinausgehen, sodass auch mechanisch weniger stabile Geräte gut arbeiten können. Die Angabe des *Vibration Limit* muss in Hertz erfolgen.

Die Kategorie Custom G-code

In den meisten Fällen unterscheiden sich die Drucker und ihre Umgebungen stark voneinander. Da auch Slic3r nicht alle Eventualitäten abdecken kann, haben Sie in dieser Kategorie die Möglichkeit, eigene Befehle an den Drucker zu senden, sobald bestimmte Ereignisse eintreten. Wenn Sie sich einmal das Kapitel über G-Codes ansehen, werden Sie sicherlich den einen oder anderen Befehl finden, der für Sie von Interesse ist und Ihnen die Arbeit mit Ihrem Drucker erleichtert. Die hier definierten G-Codes werden in den *Printer Settings*-Einstellungen abgespeichert und nahtlos in den G-Code integriert, der von Slic3r aus dem jeweils aktuellen Objekt errechnet wird. Slic3r bietet für jedes der folgenden Felder auch an, spezielle Platzhalter zu verwenden. Hier eine kleine Auswahl der unterstützten Parameter:

Platzhalter	Typ	Erklärung
[input_filename]	Dateiname	Dateiname des aktuellen Objekts.
[input_filename_base]	Dateiname	Dateiname ohne Endung.
[timestamp]	Dateiname	Ein Zeitstempel.
[year]	Dateiname	Die Jahreszahl.
[month]	Dateiname	Die Zahl des Monats.
[day]	Dateiname	Die Zahl des Tages.
[hour]	Dateiname	Die aktuelle Stunde.
[minute]	Dateiname	Die aktuelle Minute.
[second]	Dateiname	Die aktuelle Sekunde.
[version]	Dateiname	Versionsnummer des Programms.
[print_preset]	Benutzeroberfläche	Der Name der Druckeinstellung.
[filament_preset]	Benutzeroberfläche	Der Name der Materialeinstellung.
[printer_preset]	Benutzeroberfläche	Der Name der Druckereinstellung.

Platzhalter	Typ	Erklärung
[nozzle_diameter_1]	Allgemein	Durchmesser der Düse von Extruder 1.
[bed_size_Y]	Allgemein	Größe des Druckbetts in Y-Richtung.
[next_extruder]	G-Code	Die Nummer des nächsten Extruders.
[previous_extruder]	G-Code	Die Nummer des vorherigen Extruders.
[temperature_[next_extruder]]	G-Code	Soll-Temperatur des nächsten Extruders.

Start G-Code
Hier können Sie die Befehle eintragen, die Sie vor dem Start Ihres Druckauftrags ausgeführt haben möchten. Das kann z. B. ein Homing aller Achsen sein (G28), oder Sie bereiten den Extruder so vor, dass er einige Millimeter Material ausgibt, bevor der eigentliche Druck beginnt (z. B. G1 E3 für 3 mm Material). Diese Befehle werden ausgeführt, kurz nachdem die Temperaturen für das Druckbett und das Hotend erreicht sind.

End G-Code
Am Ende eines Druckauftrags können Sie selbstverständlich auch einige G-Codes ausführen lassen. Wir lassen bei uns am Ende des Druckauftrags das Druckbett nach vorne wandern, um leichter das Objekt zu erreichen (G0 Y160 und G0 X0). Sinnvoll kann es aber auch sein, das Hotend und das Heizbett abzuschalten (M104 S0 und M140 S0).

Layer change G-Code
Sie können aber auch Ihren eigenen G-Code jedes Mal dann ausführen lassen, wenn eine neue Schicht des aktuellen Objekts ausgedruckt wird. Ganz lustig ist hier der Befehl M240 der Marlin-Firmware, der bei einer angeschlossenen Infrarot-LED eine Canon-Kamera auslösen kann. Auf diese Weise bekommt man relativ einfach Bilderserien, auf denen das Objekt Stück für Stück wächst.

Tool change G-Code
Wenn Sie zwei oder mehr Extruder bzw. Hotends besitzen und diese in einem Ausdruck nutzen, können Sie eigenen G-Code ausführen lassen, wenn ein Wechsel vom einen zum anderen Extruder stattfindet. So können Sie beispielsweise die Temperatur des nicht benutzten Hotends abfallen oder das Material sich zurückziehen lassen.

Die Kategorie Extruder

In der Kategorie *Extruder* können alle Parameter eingegeben werden, die den Extruder bzw. das Hotend betreffen.

Nozzle diameter
Hier können Sie den Durchmesser der Düse an Ihrem Hotend angeben. Slic3r braucht diese Angabe, um den Materialfluss während des Ausdrucks korrekt zu berechnen. Bitte beachten Sie, dass hier die englische Schreibweise verwendet wird und Sie den Durchmesser mit einem Punkt schreiben (also zum Beispiel 0.35 mm).

Extruder offset
Wenn es mehrere Extruder bzw. Hotends in einem 3-D-Drucker gibt, muss man für den zweiten Extruder den Abstand zum ersten angeben, damit auch der zweite Extruder sein Material exakt an der richtigen Stelle aufbringen kann. Die Angabe erfolgt in Millimetern in der X- bzw. Y-Achse. Eine Angabe zur Z-Achse wird hier nicht gemacht, vielmehr wird davon ausgegangen, dass beide Hotends in der Z-Achse auf derselben Höhe liegen. Anders wäre es auch nicht sinnvoll, denn sonst würde eines der beiden Hotends Gefahr laufen, in die bereits ausgedruckten Schichten des anderen hineinzufahren.

Retraction – Length
Wenn ein Hotend an das Ende eines einzelnen Druckvorgangs kommt, soll das Material nicht mehr aus dem Hotend gelangen, stattdessen soll ein sauberer Abschluss gefunden werden. Leider ist das in der Realität nicht so einfach, denn das heiße Material fließt auch dann noch aus dem Hotend, wenn sich der Extruder nicht mehr bewegt. Um dieses unbeabsichtigte Auslaufen des Materials zu verhindern, führt der Extruder eine gegenläufige Bewegung aus – er zieht also Material in sein Innerstes und verhindert so das Auslaufen. Auch das funktioniert nicht immer hundertprozentig, ist aber um Klassen besser, als den Extruder einfach nur abzuschalten. Diesen Vorgang nennt man Retraction, und er wird immer dann ausgeführt, wenn der Druckkopf garantiert kein Material mehr ausgeben soll. Die wichtigste Einstellung für diese Retraction ist die Wegstrecke, die der Extruder in die Gegenrichtung laufen soll, um das Material im Hotend zu halten. Diese können Sie im Parameter *Length* in Millimetern angeben. Normale Extruder kommen mit Werten zwischen 1 und 2 mm aus, bei Bowdenzug-Druckern können es aber auch gerne einmal 5 bis 10 mm sein.

Lift Z
Will man ganz ordentlich arbeiten, besteht noch die Möglichkeit, bei einem Retract den Druckkopf einige Millimeter nach oben fahren zu lassen. Auf diese Weise kann man kritische Stellen wie zum Beispiel Perimeter umgehen. Da bei den meisten Druckern die Z-Achse jedoch ausgesprochen langsam arbeitet, ist dieser Vorgang meist recht zeitaufwendig. Glücklicherweise benötigt man diese Funktion eigentlich nur in den seltensten Fällen.

Speed
Auch die Geschwindigkeit, mit der das Hotend die Bewegung in die Gegenrichtung ausführt, lässt sich hier bestimmen. Welcher Wert eingetragen wird, hängt recht stark von der Temperatur des Hotends, dem Material, dem Durchmesser der Düse und vermutlich noch weiteren Parametern ab. Gute Werte liegen zwischen 30 und 60 mm/s, wobei es durchaus sein kann, dass eine höhere Geschwindigkeit nicht unbedingt zu einem besseren Ergebnis führt.

Extra length on restart
Mit diesem Wert können Sie zusätzliches Material vom Extruder ausgeben lassen, bevor der einem Retract folgende Befehl ausgeführt wird. Weil dabei in den allermeisten Fällen nur überflüssiges, nicht mehr benötigtes Material ausgegeben wird, kann das eigentlich nur zu einem unschönen Klecks am Ausdruck führen, weshalb in den allermeisten Fällen hier der Wert null stehen sollte.

Minimum travel after retraction
Da ein Retract recht zeitaufwendig und bei manchen Druckern außergewöhnlich laut ist, versucht man stets, die Anzahl von Retracts möglichst gering zu halten. Weil sich zudem der Aufwand meist nur dann lohnt, wenn man eine gewisse Wegstrecke zurückgelegt, hat Slic3r dieses Parameterfeld, in dem Sie angeben können, ab welchem Abstand ein Retract ausgeführt werden soll. Gute Werte liegen bei 2 mm.

Retract on layer change
Wenn der Druckkopf von einer Schicht zur nächsten wechselt, lohnt sich ein Retract nur selten. Hier können Sie einstellen, ob ein solcher bei einem Wechsel der Druckschicht ausgeführt werden soll oder nicht.

Wipe before retract
Eine Funktion, die vor allem Bowdenzug-Druckerbesitzer erfreuen wird, ist *Wipe before retract*. Sie bewirkt, dass sich während eines Retracts der Druckkopf in die Gegenrichtung bewegt, also entlang des Wegs, den er bereits ausgedruckt hat. Auf diese Weise wird überschüssiges Material, das sich noch am Hotend befindet, abgestreift, und der Retract erfolgt, während die Düse verschlossen ist (durch die bereits ausgedruckte Schicht). So bilden sich deutlich weniger Kleckse, und das Ergebnis wird viel besser. Wir haben sehr gute Erfahrungen mit diesem Wert gemacht, auch wenn er den einzelnen Retract deutlich verlangsamt.

Retraction when tool is disabled – Length
Wenn Sie zwei oder mehr Extruder an Ihrem Drucker befestigt haben, wird einer davon zu bestimmten Zeiten inaktiv sein. Um nun zu verhindern, dass während dieser Zeit Material ausströmt, kann auch hier ein Retract durchgeführt werden, sobald das entsprechende Hotend außer Betrieb gesetzt wird. Die zurückzulegende Weglänge für den Extruder können Sie an dieser Stelle festlegen.

Retraction when tool is disabled – Extra length on restart
Auch hier können Sie zusätzliches Material ausgeben, sobald der Extruder bzw. das Hotend wieder in Betrieb genommen wird. Wie aber schon im Abschnitt *Extra Length on restart* beschrieben, wird dieser Wert wohl in den seltensten Fällen genutzt werden, weshalb Sie ihn möglichst auf dem Wert null belassen sollten.

Das Register Filament Settings

Auch die Eigenschaften des Filaments, also des Materials, das der 3-D-Drucker ausgibt, müssen in Slic3r eingetragen werden. Da Sie wahrscheinlich häufiger einmal das Material wechseln werden, ist es sehr praktisch, dass auch diese Einstellungen in einem separaten Einstellungsset gespeichert werden können. Weil die Kühlung ebenfalls sehr stark materialabhängig ist, sind die Eigenschaften hierfür ebenso in diesem Bereich abgespeichert.

Die Kategorie Filament

In dieser Kategorie werden die Eigenschaften des Filaments eingetragen. Hauptsächlich sind das Durchmesser und Temperaturen für Hotend und Druckbett.

Diameter
Tragen Sie hier den durchschnittlichen Durchmesser des Filaments ein. Dieser ist wichtig, um den korrekten Materialvorschub während des Ausdrucks zu gewährleisten. Sie sollten recht sorgfältig messen und auch Werte eintragen, die zwei Nachkommastellen haben, denn eine Änderung des Durchmessers hat allein aus mathematischen Gründen eine recht große Auswirkung auf den tatsächlichen Materialtransport. Am besten messen Sie mit einer digitalen Schublehre den Durchmesser des Filaments. Bedenken Sie, dass das Filament nicht in jedem Fall perfekt rund ist – es kann durchaus vorkommen, dass Sie eine Rolle erwischen, auf der das Filament leicht oval ist. Messen Sie dann an derselben Stelle in verschiedenen Richtungen und nehmen Sie den Mittelwert.

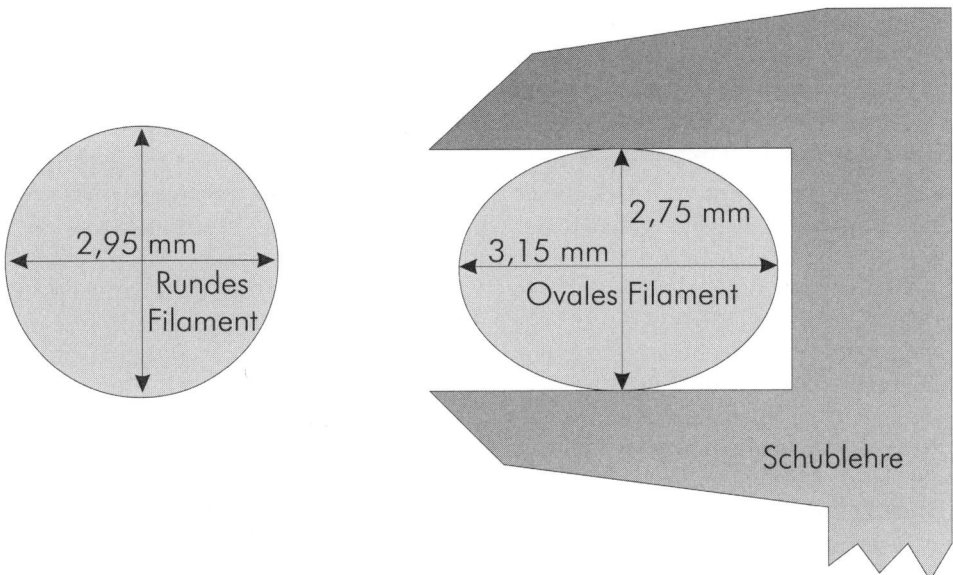

Bild 11.8: Prüfen Sie mit einer Schublehre das Filament.

Außerdem sollten Sie das Filament an mehreren Stellen ausmessen, denn es kann auch sein, dass Ihr Filament über die gesamte Länge an Dicke zu- oder abnimmt. Kleine Schwankungen lassen sich kaum vermeiden, sind sie aber groß (0,1 mm oder mehr), sollten Sie den Händler wechseln.

Extrusion multiplier
Hier haben Sie die Möglichkeit, einen Faktor anzugeben, der die Menge des auszugebenden Filaments beeinflusst. Werte größer als 1 veranlassen den Drucker, mehr Filament als berechnet auszugeben, Werte kleiner als 1 reduzieren das auszugebende Material. Natürlich ist das eine einfache Methode, die Menge des auszugebenden Filaments anzupassen. Wenn Sie aber genötigt sind, diese Einstellung zu verwenden, zeigt das, dass irgendetwas an Ihrem Drucker nicht korrekt abgestimmt ist. Sie sollten in solch einem Fall besser einmal überprüfen, ob die Einstellungen der Schritte für Ihren Extruder in der Firmware korrekt sind (siehe Seite 149), ob der Motor des Extruders vielleicht zu schwach eingestellt ist und Schritte verliert oder ob der Durchmesser des Filaments korrekt eingetragen wurde.

Temperature: Extruder und Bed
Je nach zu verwendendem Druckmaterial müssen unterschiedliche Temperaturen verwendet werden, um es korrekt zu verarbeiten. So hat PLA eine deutlich andere Verarbeitungstemperatur als ABS, was sowohl für das Hotend als auch für das Druckbett gilt. In den beiden Parametern *Extruder* und *Bed* können Sie die Temperaturen für das jeweilige Filament angeben, unterteilt in die Temperatur für die erste Schicht des Ausdrucks (First Layer) und die für die übrigen Schichten (Other Layers). Der Hintergrund dazu ist, dass es in einigen Fällen sinnvoll ist, die erste Schicht des

Ausdrucks mit einer höheren Temperatur auf das Druckbett aufzutragen, sodass die Haftung des Objekts auf dem Druckbett möglichst hoch ist. Nicht in jedem Fall ist das sinnvoll, es hängt sehr stark vom verwendeten Material und dem Druckbett ab.

Die Kategorie Cooling

Wenn ein Drucker ein Objekt ausdruckt, das beispielsweise nach oben hin spitz zuläuft, gibt es Bereiche, in denen die einzelnen Schichten des Ausdrucks sehr klein sind und demzufolge sehr schnell vom Drucker ausgegeben werden. Das kann dann unter Umständen so schnell sein, dass die einzelnen Schichten nicht mehr ausreichend auskühlen, bevor sie mit der nächsten Schicht überdruckt werden, was wiederum dazu führen kann, dass der obere Teil eines Ausdrucks weich bleibt und sich in die Richtung durchbiegt, in die sich der Druckkopf bewegt. Das Resultat sind sehr unsaubere Ausdrucke. Um das zu vermeiden, gibt es ins Slic3r eine Kühlstrategie, die sich in zwei Teile aufspaltet: Zum einen kann ein geschwindigkeitsgeregelter Lüfter angesprochen werden, der das Objekt herunterkühlt, sobald die Druckzeit einer Schicht eine gewisse Grenze unterschreitet. Zum anderen kann die Druckgeschwindigkeit des Druckers reduziert werden, sodass der Drucker für den Ausdruck einer Schicht eine gewisse Mindestzeit benötigt und diese dadurch auskühlen kann. Keine der beiden Varianten ist perfekt: Ein zusätzlicher Lüfter macht Lärm und kühlt oftmals auch das Hotend herunter, das sich ja logischerweise immer in der Nähe der auszukühlenden Schichten befindet, und die Absenkung der Druckgeschwindigkeit ist auch nur bis zu einem gewissen Grad möglich, da das Hotend nicht allzu lange auf einem Werkstück verbleiben kann, ohne dieses so weit aufzuwärmen, dass es wieder flüssig wird. Dennoch ist es besser als nichts, und bei geschicktem Einsatz beider Verfahren gelingen einem eigentlich fast alle Ausdrucke.

Keep fan always on
Mit diesem Schalter können Sie festlegen, ob der Lüfter während des Druckvorgangs die ganze Zeit über eingeschaltet ist oder nicht.

Enable auto cooling
Hierüber können Sie die Auto-Kühlfunktion von Slic3r grundsätzlich aktivieren. Wenn dieser Schalter nicht aktiviert ist, haben auch die nachfolgenden Einstellungen keine Wirkung. Um das automatische Kühlen in Slic3r besser zu verstehen, haben die Programmierer unterhalb dieses Schalters freundlicherweise einen englischen Erklärungstext eingefügt, in den die eingegebenen Parameter eingetragen werden und der das Verhalten des Druckers bei automatischer Kühlung ausführlich erläutert.

Fan Speed
Hier können die Minimal- und Maximalwerte des Lüfters eingetragen werden. 100 % bedeutet für den Lüfter Vollgas, während 0 % bedeutet, dass der Lüfter überhaupt keinen Strom bekommt. Nun ist es aber so, dass längst nicht jeder Lüfter schon bei einem Prozent anfängt, sich zu drehen. Viele tun das erst bei Werten oberhalb von 30 %. Geben Sie also bei *Min* die Prozentzahl an, unter der Ihr Lüfter sich aus eigener

Kraft heraus so gerade eben anfängt zu bewegen. Unter *Max* geben Sie die Prozentzahl der Geschwindigkeit an, mit der sich der Lüfter maximal drehen soll.

Bridges fan speed
Es gibt die Möglichkeit, dass der Drucker eine kurze Strecke frei in die Luft drucken kann, das sind die sogenannten Bridges (Brücken). Damit diese gelingen, ist es von Vorteil, wenn das Druckmaterial möglichst schnell auskühlt, und hierbei kann der Lüfter natürlich helfen. Auf der anderen Seite sollte der Lüfter auch nicht so stark arbeiten, dass die freie Druckbahn wie ein Fähnchen im Wind flattert. Aus diesem Grund kann man an dieser Stelle die Lüftereinstellung für die Brücken getrennt eingeben.

Disable fan for the first x layers
Hiermit kann man Slic3r dazu veranlassen, die Kühlfunktion für die ersten Schichten komplett abzuschalten. Hintergrund ist wiederum, dass die ersten Schichten des Ausdrucks aufgrund der besseren Haftung mit höherer Temperatur gedruckt werden – und da wirkt eine Kühlung des Druckmaterials natürlich kontraproduktiv.

Enable fan if layer print time is below x approximate seconds
Hierüber kann eingestellt werden, wann der Lüfter zur Kühlung des Materials eingeschaltet werden soll. Maßgabe ist dabei, wie lang eine Schicht zum Auskühlen mindestens benötigt – wird diese Zeit unterschritten, wird der Lüfter hinzugeschaltet.

Slow down if layer print time is below x approximate seconds
Damit wird eingestellt, ob die Druckgeschwindigkeit des Druckers heruntergeregelt werden soll, sobald die Ausdruckzeit einer einzelnen Schicht weniger als die hier eingestellte Anzahl von Sekunden dauert. Benötigt eine Schicht zum Ausdruck weniger Zeit, als hier eingestellt ist, veranlasst Slic3r den Drucker, sich langsamer zu bewegen, sodass die Ausdruckzeit möglichst genau die hier eingestellte Anzahl von Sekunden dauert. Diese Funktion ist grundsätzlich bei jedem Drucker verfügbar, auch wenn dieser nicht über einen Materiallüfter verfügt. Den Einsatz dieser Funktion kann man nur empfehlen – auch wenn der Ausdruck damit eventuell um ein paar Minuten verzögert wird, so ist dessen Qualität doch erheblich besser, als wenn das Material für den Ausdruck zu weich wird.

Das Register Print Settings

Das wichtigste Register in Slic3r ist *Print Settings*. Es umfasst alle Parameter, die den Ausdruck betreffen, und ist mit neun Kategorien auch das umfangreichste. Es ist so ausführlich, dass man sich schon wieder eine weitere Unterteilung und die damit verbundene separate Abspeicherungsmöglichkeit der anderen Register wünscht.

Die Kategorie Layers and perimeters

In dieser Kategorie werden die Ausdruckschichten sowie die Perimeter behandelt. Perimeter sind Bahnen, die am Rand des auszudruckenden Objekts verlaufen:

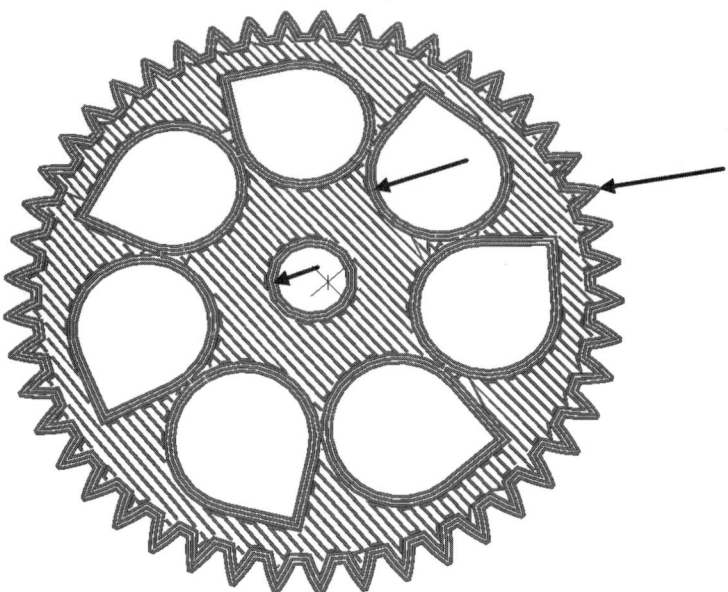

Bild 11.9: Perimeter verlaufen am äußeren, aber auch am inneren Rand einer Druckschicht.

Sie verlaufen nicht nur am äußeren Rand des Objekts, sondern auch an inneren Rändern, beispielsweise bei Löchern. Da sie am Rand verlaufen, bilden sie logischerweise auch die Oberfläche des fertigen Ausdrucks und bestimmen daher maßgeblich die Qualität des Objekts. Man tut also gut daran, die Perimeter möglichst sauber auszudrucken, vor allem den äußersten.

Layer height
Dieser Parameter bestimmt die Höhe der einzelnen Schichten, aus denen das Objekt aufgebaut wird. Grundsätzlich gilt: Je dünner die Schicht, desto genauer wird das Endergebnis, aber leider wird dadurch auch die Druckdauer verlängert. Um die Druckdauer nicht bis ins Unendliche zu treiben, wird man also eine gewisse Druckschichthöhe nicht unterschreiten. Leider gibt es auch eine obere Grenze, die nicht überschritten werden sollte – und die hängt mit der Düse des Hotends zusammen. Nehmen wir einmal an, Sie haben eine 0,5-mm-Düse an Ihrem Hotend. Dann können Sie allein aus logischen Gründen schon keine Schichten drucken, die höher als 0,5 mm sind, da ja sonst in die Luft gedruckt würde. In der Praxis ist die maximale Schichthöhe aber noch geringer, denn wenn man beispielsweise genau 0,5 mm für den Ausdruck nähme, wäre die Berührungsfläche zwischen den einzelnen Schichten nahezu null, und das Objekt würde sehr leicht auseinanderbrechen. Besser ist es

daher, eine Schichthöhe zu verwenden, die deutlich unterhalb des Düsendurchmessers liegt – mindestens 25 %, gern aber auch 40 %. Durch die verminderte Schichthöhe werden die ausgedruckten Materialstränge durch den Druckkopf sozusagen platt gewalzt und haben so eine deutlich höhere Kontaktfläche zur vorherigen Druckschicht.

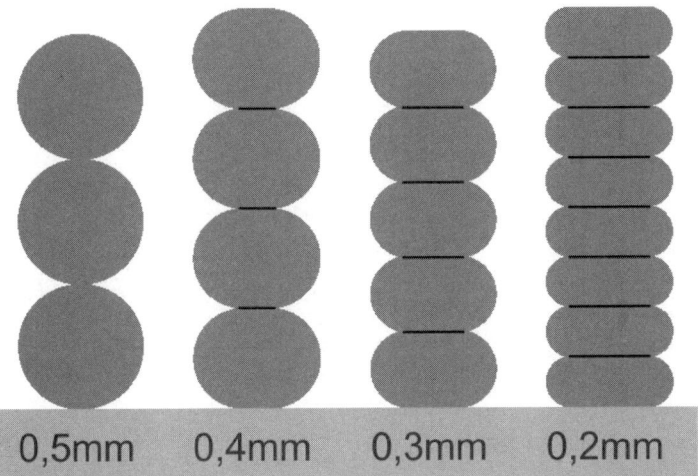

Bild 11.10: Die Haftung zwischen den Schichten hängt von der Kontaktfläche und damit von der Schichthöhe ab.

First layer height
Die erste Schicht des Ausdrucks ist sehr wichtig für die Haftung des Objekts auf dem Druckbett. Unter bestimmten Umständen kann es sinnvoll sein, die Höhe dieser ersten Schicht niedriger zu wählen, damit eine bessere Haftung zwischen Objekt und Druckbett entstehen kann – aus diesem Grund kann man die Höhe der ersten Schicht hier in Millimetern (z. B. `0.25`) oder als Prozentangabe (z. B. `75%`) eintragen.

Perimeters (Minimum)
Hier kann man die minimale Anzahl der Perimeter eintragen, die das Objekt besitzen soll. Minimal deshalb, weil die aktivierte Einstellung *Generate extra perimeters when needed* unter Umständen weitere Perimeter hinzufügt. Üblich sind drei Perimeter für ein normales Objekt. Mehr Perimeter können sinnvoll sein, wenn man besonders stabile Objekte drucken möchte, wie zum Beispiel Zahnräder, die hauptsächlich auf der Außenseite belastet werden. Weniger Perimeter können Sinn ergeben, wenn man beispielsweise mit transparentem Filament durchsichtige Elemente wie Fenster drucken möchte, bei denen jede zusätzliche Schicht den Durchblick verschlechtert.

Bild 11.11: Ein Ausdruck mit einem, drei und sieben Perimetern. Man beachte die Löcher, die bei zu vielen Perimetern entstehen.

Spiral vase
Manchmal möchte man ein Objekt drucken, das nur aus einem einzelnen Perimeter besteht – zum Beispiel Vasen, Lampenschirme oder andere dünnwandige und hohle Körper. Obwohl das nach dem normalen Verfahren, bei dem das Objekt in den üblichen Schichten gedruckt wird, auch sehr gut funktioniert, kann man den Ausdruck in diesem relativ speziellen Fall noch verbessern. Wenn Sie in Slic3r den Parameter *Spiral vase* aktiviert haben, wird das aktuelle Objekt nicht mehr in Schichten, sondern in einer endlosen Spirale gedruckt.

Bild 11.12: Mit *Spiral vase* können Sie Ihr Objekt in einer endlosen Spirale drucken (links), während ansonsten einzelne Ringe oder Schichten (rechts) verwendet werden.

Der Druckkopf wird also nicht wie üblich in einzelnen Schichten schrittweise nach oben geschoben, sondern kontinuierlich und über den gesamten Ausdruck verteilt. Der Vorteil liegt darin, dass der Druckkopf hierfür sozusagen nur eine einzige Bewegung machen muss, die nicht unterbrochen ist, und dadurch der Extruder kontinuierlich Material liefert, ohne anzuhalten oder gar einen Retract durchzuführen. Der Materialfluss ist also überall gleich und damit besonders regelmäßig.

Solid Layers
Die obersten und untersten Schichten bilden, ebenso wie die Perimeter, die Oberfläche des Ausdruck-Objekts. Auch sie sind also entscheidend für die Qualität des Endergebnisses. Diese Schichten werden üblicherweise solide, also ohne Zwischenräume, gedruckt und sollten zusammen in der Regel dieselbe Dicke ergeben wie alle

Perimeter zusammen. Wenn Sie also beispielsweise drei Perimeter und ein Hotend mit einer 0,5-mm-Düse haben, bilden alle Perimeter Ihres Objekts zusammen eine Dicke von 1,5 mm. Haben Sie nun eine Schichthöhe von 0,35 mm, sollten Sie vier solide Schichten (vier Schichten entsprechen 1,4 mm) für die oberen und unteren Bereiche Ihres Objekts verwenden. Natürlich können, je nach Anforderung, diese Angaben auch beliebig variiert werden. Aus diesem Grund ist es in Slic3r möglich, die Werte für obere und untere Schichten getrennt einzustellen.

Extra perimeters when needed
In einigen Fällen kann es sinnvoll sein, zusätzliche Perimeter in den G-Code einzufügen, wenn man zum Beispiel Löcher in geschwungenen Wänden vermeiden möchte. Da die Funktion ansonsten kaum Auswirkungen hat, lohnt es sich, diese immer grundsätzlich eingeschaltet zu lassen.

Avoid crossing perimeters
Wie bereits zuvor erwähnt, ist die Qualität der Perimeter, vor allem des äußersten, entscheidend für das Erscheinungsbild des ausgedruckten Objekts. Um eben diesen Perimeter vor Verformungen jeglicher Art zu schützen, kann man Slic3r anweisen, Perimeter bei reinen Bewegungen (ohne Ausdruck) möglichst nicht zu überqueren. Der Druckkopf bewegt sich dann immer so, dass er sich über weniger gefährlichem Gebiet (zum Beispiel über Füllmaterial oder Luft) befindet. Dabei nimmt er zwar längere Wege in Kauf, die den Druck geringfügig verlängern, die Qualität des Ausdrucks wird aber deutlich verbessert. Es ist also wirklich anzuraten, diese Funktion in fast allen Fällen zu aktivieren. Besondere Vorteile bietet sie für Drucker mit Bowdenzug. Die Hotends von Bowdenzug-Druckern neigen mehr als andere dazu, unabsichtlich Material abzugeben. Wenn dieses dann auf einen Perimeter trifft, bleibt einiges davon daran kleben, und unschöne Materialkleckse entstehen.

Start perimeter at
Auch der Ausdruck von Perimetern muss irgendwo starten. Da dieser Startpunkt oftmals im Erscheinungsbild des Druckergebnisses sichtbar ist, kann man in Slic3r einstellen, wo er möglichst starten soll. Wenn Sie einen Haken hinter *Concave Points* setzen, werden Stellen bevorzugt, die sich nach innen in das Objekt hineinwölben, sodass die Stelle im Allgemeinen weniger gut sichtbar ist. Ein Haken hinter *Non-overhang points* verhindert, dass der Perimeter an einer Stelle begonnen wird, die überhängt, also teilweise in der Luft liegt. Dennoch kann es vorkommen, dass diese beiden Wünsche von Slic3r nicht berücksichtigt werden können, wenn das Objekt beispielsweise keine konkaven Stellen aufweist oder es Schichten gibt, die insgesamt über die anderen hinausragen.

Detect thin walls
Mit dieser Funktion, die einen Extra-Rechenschritt durchführt, kann Slic3r besser mit dünnen Wänden umgehen, die nur aus einer einzigen Perimeter-Schicht bestehen.

Detect Bridging perimeters
Ebenso kann Slic3r Perimeter erkennen, die eine Brücke bilden, und besser damit umgehen, indem der Materialfluss von Brücken genutzt wird, statt den normalen Materialfluss von Perimetern zu verwenden.

Randomize starting Points
Normalerweise würde Slic3r den Ausdruck jeder Druckschicht an ungefähr immer derselben Stelle starten. Hier kann es aber vorkommen, dass mehr Filament austritt als an anderen Stellen, was zu Verformungen des Objekts in diesem Bereich führen würde. Um das zu vermeiden, bietet Slic3r eine Funktion an, mit der der Startpunkt einer jeden Druckschicht per Zufall gewählt wird, wodurch dieses Zusatzmaterial auf das Gesamtobjekt verteilt wird und daher weniger ins Gewicht fällt.

External perimeters first
Normalerweise ist es so, dass zuerst die inneren Perimeter gedruckt werden und dann die äußeren. Auf diese Weise können beispielsweise frei schwebende Überhänge besser gedruckt werden, denn die frei stehenden Bahnen können sich dann an der vorherigen Bahn »festhalten« – würden die externen Perimeter zuerst gedruckt werden, würde der Drucker in die Luft drucken. In den meisten Fällen ist es also sinnvoll, diesen Parameter von Slic3r ausgeschaltet zu lassen – eventuell kann es aber in speziellen Fällen sinnvoll sein, das Verhalten einmal umzudrehen.

Die Kategorie Infill

In der Kategorie *Infill* wird das Innenleben des ausgedruckten Objekts beschrieben, das für den Betrachter im Allgemeinen zwar nicht sichtbar ist, aber dennoch interessante Eigenschaften haben kann. Der große Vorteil des additiven Druckverfahrens ist es ja, dass annähernd alles ausgedruckt werden kann, egal wie es aufgebaut ist. Daher lässt sich auch der Innenraum eines Objekts fast beliebig gestalten. Möchte man ein Objekt drucken, das sehr stabil ist, druckt man den Innenraum vermutlich massiv, also mit einem Materialanteil von 100 %. Will man hingegen ein Objekt haben, das schwimmen kann oder besonders leicht sein soll, kann man im Innenraum weniger Material verwenden und lediglich Stützstrukturen einbauen, um die äußere Form zu halten. Solche Objekte können gegenüber den massiven Varianten nur 20 % des eigentlichen Gewichts haben. Da man auf diese Weise auch Material einspart, kann man mit weniger Inhalt sogar die Kosten drücken.

Fill density
Dieser Parameter ist sicherlich der wichtigste in dieser Kategorie. Er bestimmt, wie viel Material für den Innenraum der Objekte verwendet werden soll. Möchte man ein solides Objekt mit 100 % Füllung erstellen lassen, muss man hier den Faktor `1` eintragen. Möchte man hingegen ein Objekt mit 40 % Füllung erstellen, trägt man hier `0.4` ein – wiederum nach amerikanischer Schreibweise mit einem Punkt als Dezimalzeichen.

Bild 11.13: *Fill density* mit den Faktoren 1, 0.25 und 0.1.

Fill pattern
Slic3r bietet über diesen Parameter die Möglichkeit, den Innenraum von Objekten mit verschiedenen Füllmustern zu belegen. Diese haben ein unterschiedliches Aussehen und auch unterschiedliche mechanische Eigenschaften – der Grund dafür, dass wir sie hier alle einmal durchsprechen:

Die Einstellung Archimedian Chords

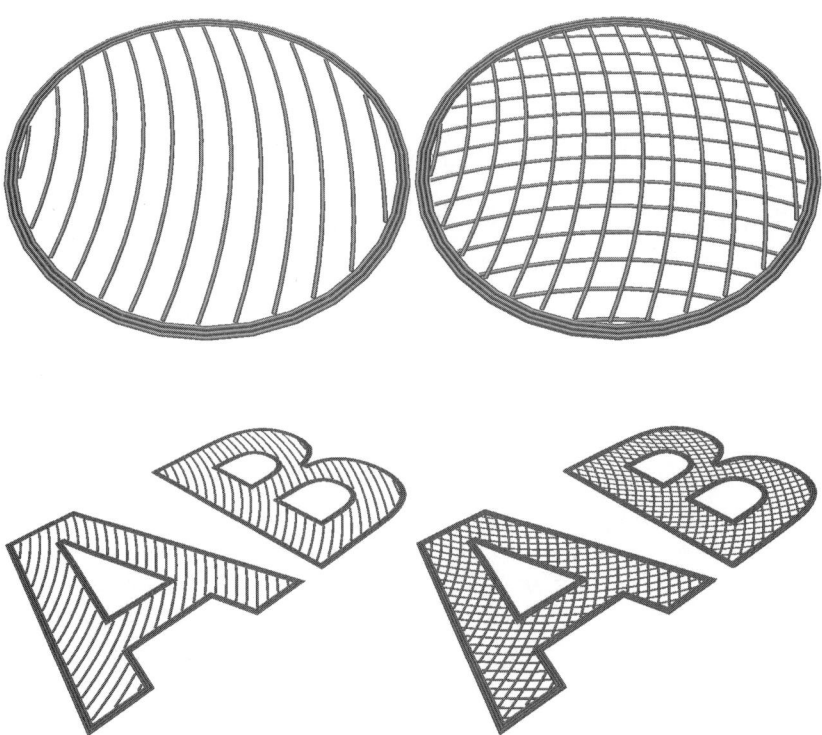

Bild 11.14: Die Einstellung *Archimedian Chords*, links eine Schicht, rechts zwei.

Die *Archimedian Chords* sind geschwungene Kreisbahnen, die stark der Einstellung *Rectilinear* gleichen. Jede zweite Schicht wird um 90° gedreht. Die Füllung ist gleichmäßig und die mechanische Stabilität recht hoch.

Die Einstellung Concentric

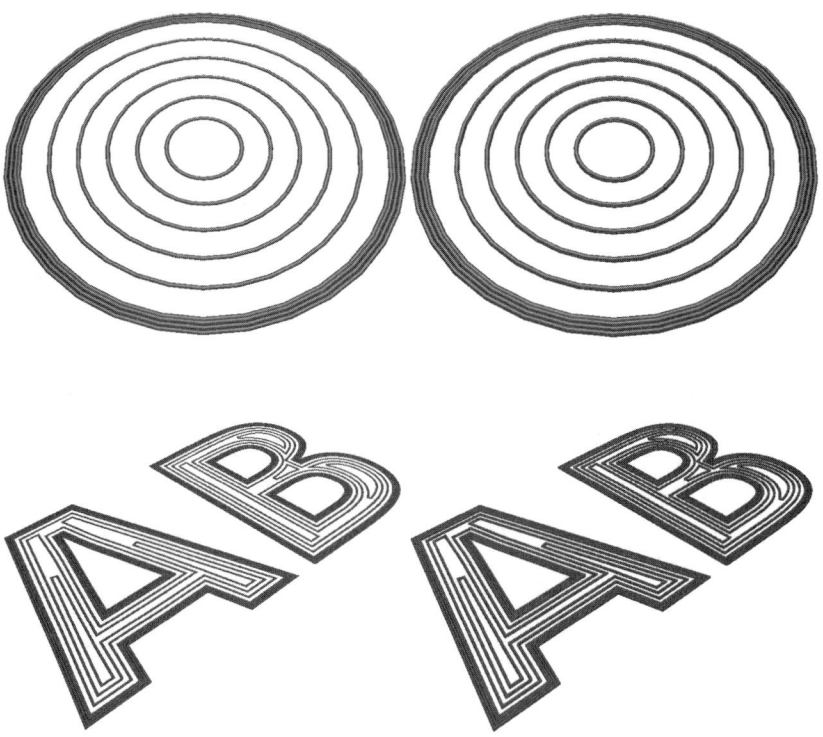

Bild 11.15: Die Einstellung *Concentric* erstellt Strukturen, die sich am Objekt ausrichten.

Die Einstellung *Concentric* orientiert sich an den Umrissen des Objekts und fährt diese nach. Die mechanische Stabilität ist damit abhängig vom Objekt und kann so sehr unterschiedlich ausfallen. Das Muster tendiert dahin, Lücken in der Füllung zu hinterlassen. Es eignet sich vornehmlich zum Ausdrucken der oberen, für den Betrachter auch sichtbaren Schichten, da es wie kein zweites auf die Form des ausgedruckten Objekts eingeht.

Die Einstellung Hilbert

Bild 11.16: Die Einstellung *Hilbert*, eine durchgängige Kurve.

Eine Hilbert-Kurve ist, mathematisch gesehen, eine einzelne, durchgehende Kurve, die nach einem festen Konstruktionsverfahren gebildet wird und jede beliebig große Fläche ausfüllen kann. In Slic3r kann auch diese Form innerhalb von Objekten zur Füllung verwendet werden. Sie hat den Vorteil, dass die Verteilung des Materials gleichmäßig ist, dafür ist sie mechanisch nicht so belastbar. Zudem benötigt sie relativ viel Zeit, um ausgedruckt zu werden. Auch bei ihr werden bei zwei aufeinanderfolgenden Schichten diese jeweils um 90° gedreht.

Die Einstellung Honeycomb

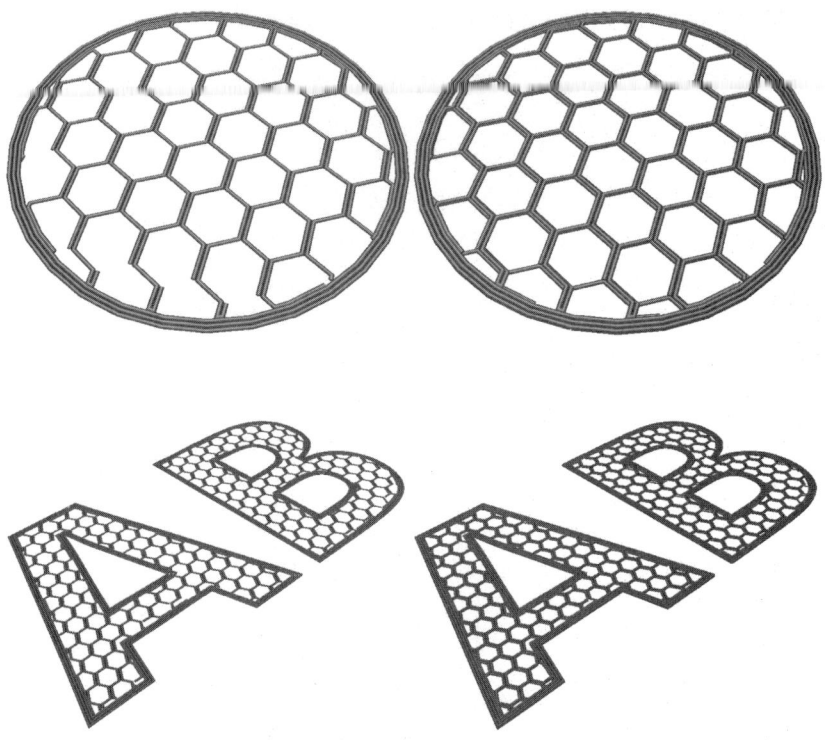

Bild 11.17: Die Einstellung *Honeycomb*, mechanisch sehr stabil.

Die mechanische Belastbarkeit von Honigwaben ist legendär, und so verwundert es nicht, auch in Slic3r eine Einstellung zu haben, die dieses Muster unterstützt.

Mit der Füllung *Honeycomb* kann man also mechanisch sehr stabile Strukturen schaffen, die gleichmäßig den gesamten Innenraum des Objekts ausfüllen. Da gerade und ungerade Schichten nicht um 90° gedreht werden, wie bei vielen anderen Mustern, entsteht im Innenraum tatsächlich eine Honigwabenstruktur. Obwohl diese Form relativ komplex ist, benötigt sie für den Ausdruck dennoch nicht allzu viel Zeit – ein sehr gutes Muster, wenn es darum geht, leichte und dennoch stabile Objekte herzustellen.

Die Einstellung Line

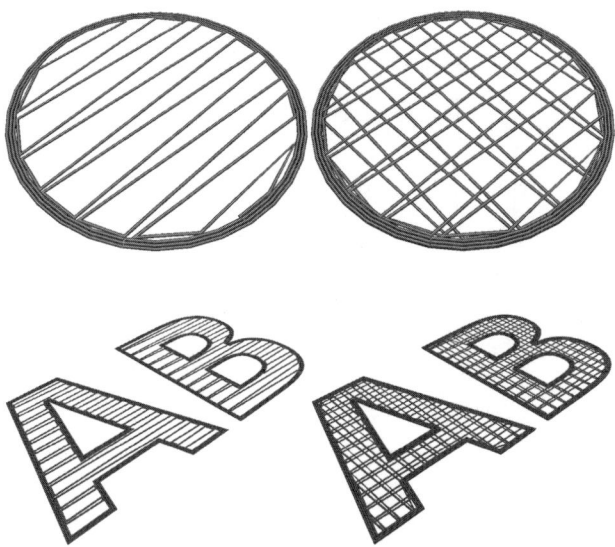

Bild 11.18: Die Einstellung *Line* – das schnellste der Muster.

Das Muster *Line* ist vielleicht nicht das schönste und auch nicht das gleichmäßigste, dafür aber das schnellste, das man in Slic3r ausdrucken kann. Es hat von allen Mustern die wenigsten Richtungsänderungen und besteht nur aus geraden Linien – perfekt, wenn es mal schnell gehen muss. Bei diesem Muster wird jede Schicht um 90° gedreht, wodurch sich eine mechanisch relativ gut belastbare Struktur ergibt. Diese ist zwar nicht allzu regelmäßig, aber die Hohlräume bleiben überschaubar klein.

Die Einstellung Octagram-Spiral

Bild 11.19: Die Einstellung *Octagram-Spiral*.

Nicht jede mögliche Einstellung in Slic3r ist unbedingt sinnvoll – die Einstellung *Octagram-Spiral* ist dafür ein Beispiel. Sie ist zwar relativ schnell ausgedruckt, hat aber mechanische Schwächen, die sich vermeiden lassen, und auch aus ästhetischer Sicht bietet sie keine besonderen Reize.

Die Einstellung Rectilinear

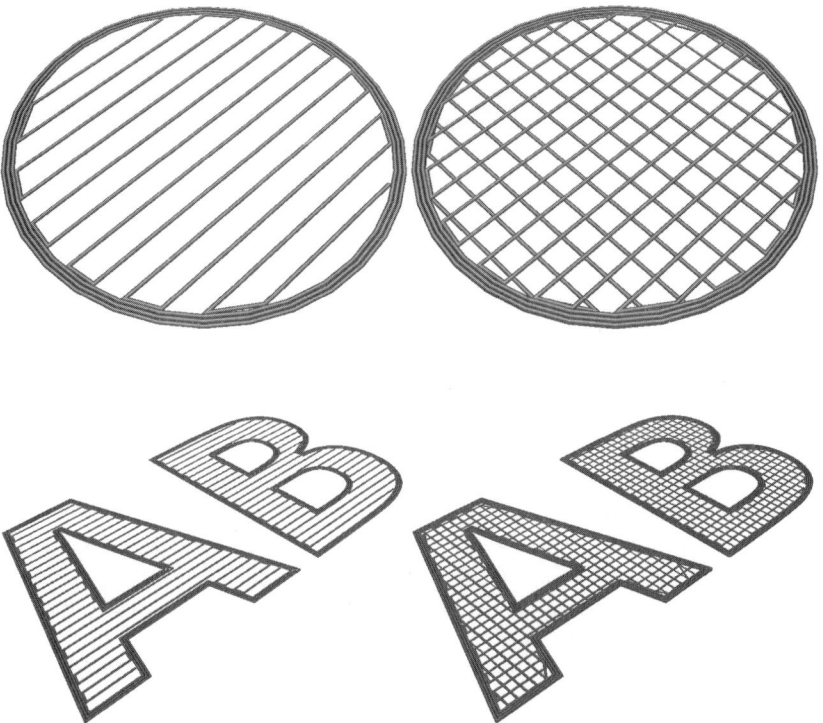

Bild 11.20: Die Einstellung *Rectilinear* – gleichmäßig, stabil und schnell.

Die Einstellung *Rectilinear* vereint nahezu alle positiven Eigenschaften der anderen Muster: Zwar ist sie nicht ganz so schnell ausgedruckt wie das Muster *Line*, aber mit nur einer Richtungsänderung zusätzlich pro Durchgang ist sie fast genauso schnell. Die sich ergebende Struktur ist nicht ganz so stabil wie die des Honigwabenmusters, kommt dem aber doch recht nahe. Und schließlich gibt es auch keine Löcher in der Struktur, die größer wären als andere. Wenn man dann noch die Einstellung *Fill Angle* von den standardmäßigen 45° auf 0° abändert, ist für den Ausdruck des Musters maßgeblich nur eine Achse beteiligt, was den Geräuschpegel beim Ausdruck sogar noch etwas senkt.

Top/Bottom fill pattern
Da das Füllmuster an den obersten Schichten des Objekts bzw. unter gewissen Umständen auch an den unteren zu erkennen ist, bietet Slic3r die Möglichkeit, das Füllmuster für diese Schichten getrennt einzustellen. Die Füllmuster sind die gleichen wie die auf den vorangegangenen Seiten beschriebenen, lediglich die Füllmuster *Line* und *Honeycomb* stehen hier nicht zur Verfügung.

Bild 11.21: Verschiedene Muster für die obersten Schichten – konzentrisch, Hilbert-Kurve und Archimedian Chords.

Combine infill every x layers
Mit diesem Schalter können Sie Slic3r dazu bewegen, die Füllung des Objekts nicht in jeder einzelnen Schicht auszudrucken, sondern nur in jeder zweiten, dritten etc. Schicht. Was auf den ersten Blick vielleicht komisch anmutet, kann zu erheblichen Zeiteinsparungen führen: Nehmen wir einmal an, Sie drucken eine kleine Statue mit einer 0,35-mm-Düse und einer Schichthöhe von nur 0,1 mm, um eine möglichst schöne Oberfläche zu erhalten. In diesem Fall ist die genaue Beschaffenheit des Innenraums der Statue relativ uninteressant, und auch die mechanische Belastbarkeit des Objekts muss nicht besonders groß sein. Wenn Sie nun die Füllung nur jede zweite oder gar jede dritte Schicht ausdrucken und dabei die Menge des auszugebenden Materials für die Füllung verdoppeln oder verdreifachen, erhalten Sie im Innenraum eine vollwertige Füllung, die aber nur die Hälfte bzw. ein Drittel der Zeit benötigt.

Only Infill when needed
Wenn Ihnen die mechanische Belastbarkeit Ihres Objekts nicht so wichtig ist (zum Beispiel bei einer Statue), können Sie diesen Schalter aktivieren. Er bewirkt, dass im Innenraum von Objekten nur dann eine Füllung ausgedruckt wird, wenn die darüberliegenden Strukturen es für den Ausdruck erfordern.

Man kann sich das vorstellen wie Stützmaterial, das nur im Innenraum des Objekts aktiv ist und ihn ansonsten leer lässt.

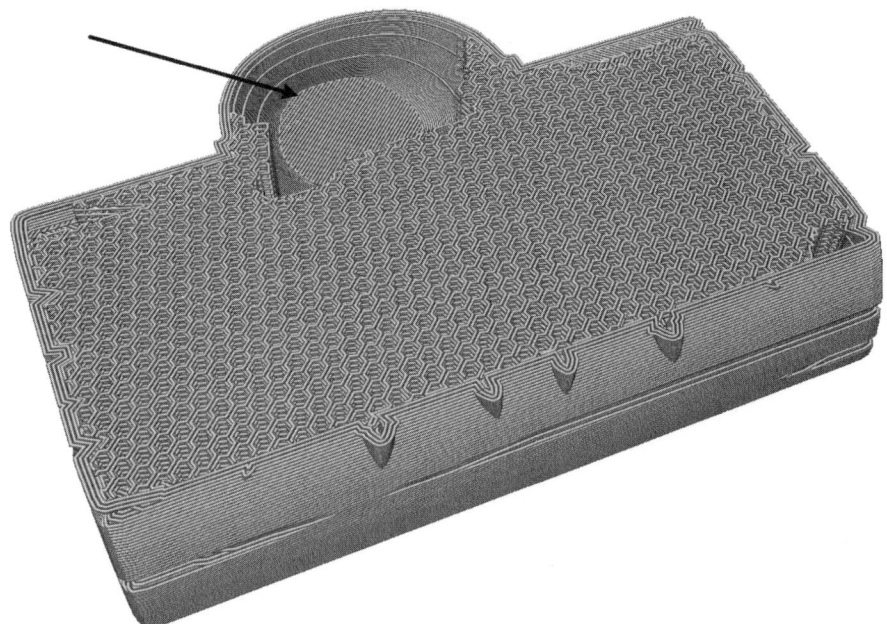

Bild 11.22: Der markierte Bereich wird nicht als Stütze für den Ausdruck der Figur benötigt und bleibt daher leer.

Solid infill every x layers
Manchmal möchte man die innere mechanische Belastbarkeit des Objekts erhöhen und dennoch möglichst viel Material einsparen. Ein Mittel, um das zu bewerkstelligen, ist dieser Parameter, der es Ihnen erlaubt, nach einer bestimmten Anzahl von normalen Füllungsschichten eine Schicht einzufügen, bei der die Füllung solide ist. Wenn Sie beispielsweise als Füllmuster *Rectilinear* eingestellt haben, entsteht ja innerhalb des Objekts alle paar Millimeter eine Wand, sowohl entlang der X-Achse als auch der Y-Achse. In Z-Richtung hingegen bildet sich keine Wand, also entsteht ein Luftraum, der so hoch wie das Objekt selbst ist. Das kann zu mechanischen Instabilitäten führen, vor allem wenn Sie das Objekt in X- oder Y-Richtung zusammenpressen. Wenn Sie hingegen jetzt alle paar Millimeter eine Schicht mit solider Füllung erstellen lassen, haben Sie im Innenraum eine würfelartige Struktur, die auch die Instabilität in X- und Y-Richtung beseitigt.

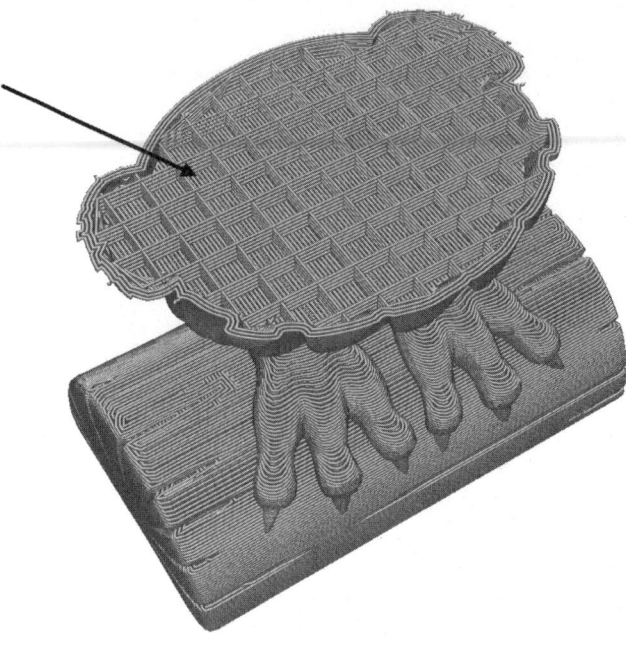

Bild 11.23: Alle 20 Füllschichten wurde hier eine solide Schicht eingefügt, um die Stabilität zu erhöhen.

Fill angle
Hier bietet Ihnen Slic3r die Möglichkeit, die Füllung eines Objekts um einen beliebigen Winkel zu drehen. Standardmäßig ist hier 45° eingestellt, was bei rechteckiger Füllung und größtenteils rechtwinkligen Objekten zu einer Verbesserung der mechanischen Belastbarkeit führt.

Bild 11.24: Die Füllrichtung bei 0°, 45° und 90°.

Bei unserem Drucker Heidi ist es so, dass die X-Achse aufgrund besserer Lager und einem leichten Druckkopf wesentlich leichtgängiger und auch schneller ist als die Y-Achse, die das gesamte Druckbett transportieren muss. Wir benutzen daher bei unserem Drucker meistens das Füllmuster *Rectilinear*, das wir zusätzlich nicht drehen lassen (Einstellung 0°). Das führt dazu, dass die Füllung abwechselnd einmal ausschließlich auf der X-Achse durchgeführt wird und einmal auf der Y-Achse. Beide Achsen arbeiten damit bei der Füllung an ihrem Leistungsmaximum und behindern sich nicht gegenseitig, zusätzlich ist aber auch der Ausdruck leiser, als wenn beide Achsen gleichzeitig bewegt würden.

Solid infill treshold area
Wenn Sie ein Objekt haben, das sehr kleine Strukturen beinhaltet, kann es vorkommen, dass bei einer Fülldichte von beispielsweise 10 % diese Strukturen gar nicht mehr gefüllt werden, weil das Füllmuster zu grob für die Struktur ist. Um sicherzugehen, dass diese Strukturen dennoch gefüllt werden und damit mechanisch stabil bleiben, gibt es in Slic3r den Parameter *Solid infill treshold area*. Hier können Sie eine Fläche in Quadratmillimetern eingeben. Ist die Struktur innerhalb Ihres Objekts kleiner als die hier angegebene Fläche, wird sie komplett (solide) gefüllt. Ist sie größer, wird das normale Füllmuster verwendet.

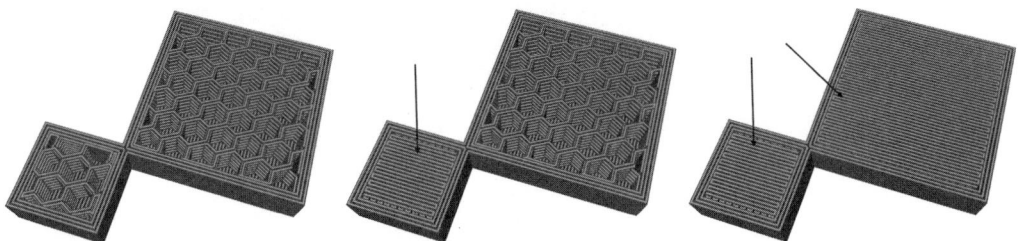

Bild 11.25: Der Parameter *Solid infill treshold area* mit den Werten 0, 70 und 500 mm². Einzelne Teilflächen werden abhängig vom Wert solide ausgedruckt.

Only retract when crossing
Wann immer der Druckkopf beim Ausdruck eine Bahn beendet hat und eine neue anfangen will, muss er zum Anfangspunkt der neuen Bahn fahren, ohne dabei Material auszugeben. Üblicherweise wird dann das Material in der Druckdüse durch einen Retract des Extruders zurückgezogen und bei Beginn des Drucks der neuen Bahn wieder nach vorne transportiert. Das kann aber unangenehme Nebeneffekte haben. Beim Zurückziehen kann gerade ausgedrucktes Material in die Düse gelangen. Beginnt dann die neue Bahn, wird sie mit mehr Material ausgedruckt als vorgesehen und bildet einen Klecks. Ebenso ist es möglich, vor allem bei Druckern mit Bowdenzügen, dass beim Zurückziehen und dem Vorwärtstransport des Materials aufgrund mechanischer Ungenauigkeiten nicht genau dieselbe Stelle wieder erreicht wird und so die neue Bahn mit zu wenig Material startet. Als Letztes sollte noch gesagt werden, dass ein Retract, je nach verwendetem Extruder, auch ausgesprochen laut sein kann. Es gibt also eine Reihe von Gründen, warum man Retracts möglichst vermeiden sollte. Eine sehr gute Möglichkeit dazu bietet der Parameter *Only retract when crossing perimeters*, der Slic3r veranlasst, nur dann einen Retract durchzuführen, wenn ein Perimeter überquert werden muss. Ist diese Option eingeschaltet, fährt der Drucker bei Bewegungen ohne Materialausgabe nicht mehr direkt zu seiner neuen Position, sondern versucht, den Weg des Druckkopfs möglichst über Füllflächen und andere unkritische Bereiche zu führen.

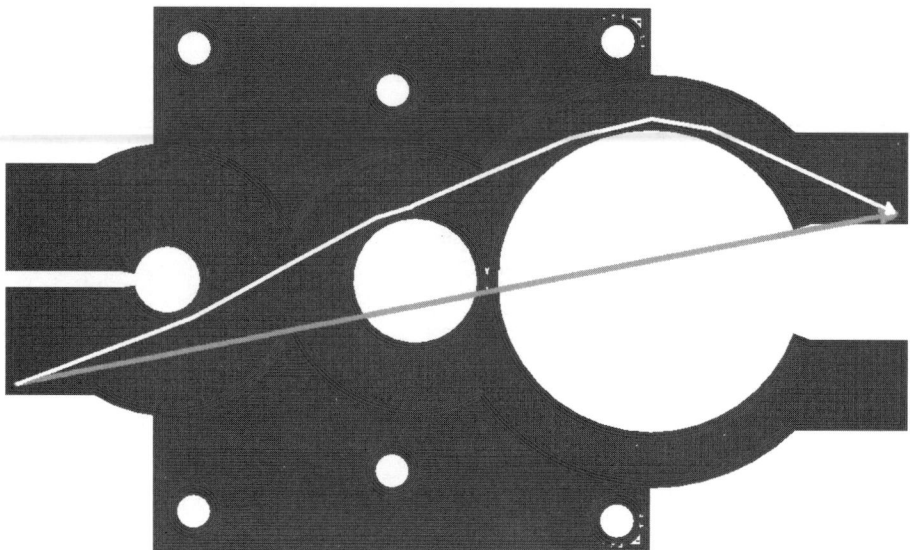

Bild 11.26: Der Druckkopf bahnt sich seinen Weg nur über Füllbereiche (weißer Pfeil), anstatt die Zielposition direkt anzufahren (grauer Pfeil).

Infill before perimeters
Üblicherweise werden bei jeder neuen Schicht zuerst die Perimeter gedruckt und anschließend die Füllung. Mit diesem Schalter kann in Slic3r das Verhalten umgedreht werden, sodass zuerst die Füllung und dann die Perimeter ausgedruckt werden. Beim Ausdruck der Füllung fährt der Druckkopf – im ausgeschalteten Zustand – des Öfteren über Perimeter, um an eine neue Position zu gelangen. Durch die heiße Druckdüse können diese Perimeter dabei beschädigt werden, was zu einem schlechteren Ergebnis führen kann. Veranlassen Sie Slic3r dazu, zuerst die Füllung zu drucken und dann erst die Perimeter, scheidet diese Fehlerquelle aus.

Die Kategorie Speed

Die Druckgeschwindigkeit ist bei Ausdrucken natürlich immer ein wichtiger Faktor – nicht nur in Bezug auf die Geschwindigkeit, mit der ein Objekt hergestellt werden kann, sondern vor allem auch im Hinblick auf die Qualität des ausgedruckten Objekts. Wählt man beispielsweise die Geschwindigkeit für externe Perimeter zu hoch, wirken sich Unstimmigkeiten in der Mechanik des Druckers viel deutlicher als bei niedrigeren Geschwindigkeiten aus und ergeben so ein schlechteres Gesamtbild. Slic3r bietet eine ganze Reihe von Parametern, die sich auf die Geschwindigkeit und auch auf die Beschleunigung des Druckkopfs auswirken, die allesamt in dieser Kategorie zusammengefasst sind. Leider ist es nicht möglich, brauchbare Werte für die jeweiligen Parameter anzugeben, da diese sehr stark vom verwendeten Druckertyp und auch den spezifischen Eigenschaften des einzelnen Druckers abhängen. Die Standardwerte, die von Slic3r mitgeliefert werden, können Ihnen aber Anhaltspunkte liefern, um zumindest zu groben Richtlinien zu gelangen.

Perimeter
Diese Einstellung bestimmt die Geschwindigkeit des Ausdrucks für Perimeter, die nicht am äußersten Rand liegen, sondern dem externen Perimeter folgen. Da beim Ausdruck der externe Perimeter häufig noch weich ist und daher sehr leicht durch ungenaue Bewegungen des Druckkopfs beim zu schnellen Ausdruck der nachfolgenden Perimeter beschädigt werden kann, lohnt es sich, auch für die normalen Perimeter eine recht geringe Geschwindigkeit anzusetzen.

Small Perimeters
Perimeter, die einen Radius von unter 6,5 mm aufweisen, gelten bei Slic3r als kleine Perimeter und können mit einer anderen Geschwindigkeit als normale ausgedruckt werden. Gerade Löcher, die kleiner sind als diese 6,5 mm im Durchmesser, sind von dieser Einstellung betroffen. Da bei solch kleinen Radien sehr starke Belastungen auf den Druckkopf ausgeübt werden und dieser dadurch ungenauer positioniert wird als in anderen Situationen, lohnt es sich, auch hier eine geringere Geschwindigkeit einzugeben. Dies kann entweder durch eine konkrete Angabe in Millimetern pro Sekunde erfolgen oder aber durch eine Prozentzahl, die sich dann auf den Wert des Parameters *Perimeters* bezieht.

External Perimeters
Hier können Sie die Geschwindigkeit für externe Perimeter angeben. Dies ist sicherlich die wichtigste Geschwindigkeitseinstellung innerhalb von Slic3r, denn sie bestimmt das Aussehen des Objekts maßgeblich. Die außen stehenden Perimeter sollten möglichst perfekt gearbeitet sein, denn sie stellen die Oberfläche des gesamten Objekts dar. Hier lohnt es sich wirklich, eine niedrigere Geschwindigkeit einzustellen, um so die Qualität auf ein möglichst hohes Niveau zu heben.

Infill
Geben Sie hier die Geschwindigkeit ein, mit der der Drucker die Füllungen Ihres Objekts ausgeben soll. Da diese normalerweise nicht übermäßig ordentlich ausgedruckt werden müssen, können Sie gern auch höhere Geschwindigkeiten angeben.

Solid infill
Sie können auch die Geschwindigkeit von soliden Strukturen in Slic3r getrennt definieren. In den meisten Fällen reicht es aber aus, wenn Sie hier den gleichen Wert eintragen wie für *Infill*.

Top solid infill
Bei soliden Füllungen, die an den oberen Bereichen eines Objekts entstehen, können Sie ebenso eigene Geschwindigkeitswerte in Slic3r eingeben. Da diese Füllungen für den Betrachter des ausgedruckten Objekts gut sichtbar sind, lohnt es sich, an dieser Stelle die Geschwindigkeit zu reduzieren, um die Qualität des Ausdrucks zu steigern.

Support material
Stützstrukturen dienen dazu, Teilen des Objekts, die ansonsten frei in der Luft schweben müssten, einen Untergrund zu verschaffen, auf dem gedruckt werden kann. Diese Stützstrukturen müssen nur vorhanden und nicht schön sein – denn sie werden nach dem Ausdruck ohnehin entfernt. Hier kann eine hohe Geschwindigkeit gefahren werden, Ungenauigkeiten beim Ausdruck sind wirklich nicht relevant, solange der Ausdruck der Stützstrukturen strukturell überhaupt gelingt.

Bridges
Brücken sind Bahnen, die vom Druckkopf praktisch in die Luft gedruckt werden. Obwohl es eine sehr schöne Vorstellung und ungemein praktisch wäre, direkt in die Luft zu drucken, funktioniert das natürlich in der Praxis nicht. Die Voraussetzungen für Brücken sind relativ einfach: Sowohl für den Startpunkt als auch für den Endpunkt der Brücke muss es eine Stützstruktur oder etwas Ähnliches geben, an das das ausgedruckte Material angeheftet werden kann. Zum zweiten kann die Strecke zwischen Start- und Endpunkt nur gerade sein und keine Kurven beinhalten. Und zum Schluss kann eine Brücke nicht beliebig lang sein, sondern lediglich einige Millimeter. Wie bei Brücken üblich, hängt der mittlere Teil der Brücke meistens mehr oder weniger deutlich durch, wodurch es größere Unterschiede zwischen Theorie (G-Code) und Praxis (fertigem Ausdruck) gibt. Bei Brücken ist die Geschwindigkeit, mit der sie ausgedruckt werden, entscheidend – je schneller sie ausgegeben werden, desto länger kann die Spannweite sein, und desto genauer werden sie auch. Eine höhere Geschwindigkeit kann hier also tatsächlich einmal ausnahmsweise zu besseren Ergebnissen führen. In der Praxis ist jedoch viel Fingerspitzengefühl für Brücken angesagt, daher bietet sich ein Wert an, der nahe der normalen Füllgeschwindigkeit (Parameter *Infill*) liegt.

Gap fill
Besonders kleine Bewegungen, die periodisch auftreten, können den Drucker dazu veranlassen, in starke Vibrationen zu verfallen. Trifft die Frequenz, mit der ein Richtungswechsel immer wieder stattfindet, zufälligerweise genau die Eigenfrequenz des Druckers, schaukelt sich die Vibration immer mehr auf, sodass es in Extremfällen sogar zu Beschädigungen des Druckers kommen kann. Auf jeden Fall können solche Stellen ziemlich laut werden und auch die Mechanik des Druckers belasten, denn der Druckkopf wird in ganz kurzen Abständen immer wieder beschleunigt und abgebremst.

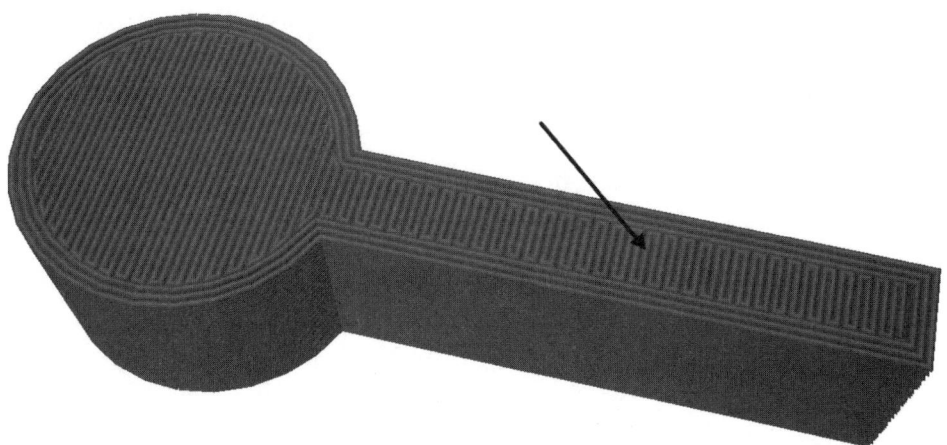

Bild 11.27: Kleine Bewegungen können laute Vibrationen hervorrufen.

Um dem vorzubeugen, können Sie die Geschwindigkeit, mit der diese Lücken geschlossen werden, über den Parameter *Gap fill* selbst bestimmen. Wählen Sie ihn relativ niedrig, damit die Beschleunigung des Druckkopfs gering ausfällt – als Standard sind in Slic3r 20 mm/s eingetragen. Wenn Sie hier eine 0 eintragen, wird das Füllen solcher Lücken gänzlich unterbunden.

Travel
Wenn sich der Druckkopf bewegt, aber kein Material dabei ausgibt, ist das eine Reisebewegung (Travel move). Bei dieser kommt es im Allgemeinen nicht so sehr darauf an, dass sie exakt ausgeführt wird, solange das Ziel erreicht wird. Die Geschwindigkeit für solche Bewegungen kann daher gern deutlich höher ausfallen als für normale Druckbewegungen. Als Standardwert sind in Slic3r 130 mm/s angegeben.

First layer speed
Die erste Schicht, die vom Druckkopf auf das Druckbett ausgegeben wird, ist ja bekanntlich sehr wichtig, da das auszudruckende Objekt möglichst fest auf dem Druckbett kleben soll, damit sich beim späteren Ausdruck das Objekt nicht davon löst. Aus diesem Grund ist es in der Regel sinnvoll, die erste Druckschicht besonders langsam und sorgfältig aufzutragen, damit das Plastik möglichst lange flüssig bleibt und sich gut mit dem Untergrund verbindet. Demzufolge ist die Standardeinstellung in Slic3r ein Wert, der nur 30 % der normalen Druckgeschwindigkeit beträgt.

Acceleration control: Perimeters, Infill, Bridge, Default
In diesem Bereich kann man die Beschleunigung für Perimeter, Füllungen, Brücken, erste Schicht und andere Bewegungen eintragen. Sobald dann eines dieser Elemente ausgedruckt werden soll, übergibt Slic3r dem Drucker die entsprechenden Beschleunigungsfaktoren. Natürlich verfügt auch der Drucker selbst in seiner Firmware über Beschleunigungsfaktoren, die bei allen Druckvorgängen verwendet werden. Diese

unterscheiden allerdings nicht zwischen Perimetern, Füllungen, Brücken und anderen Bewegungen, sondern sind in allen Fällen immer gleich. Im Allgemeinen reicht dieser eine Wert für alle Druckvorgänge vollständig aus, es kann aber in Spezialsituationen Vorteile bringen, wenn man beispielsweise die Perimeter mit einem kleineren Beschleunigungsfaktor ausdruckt, um noch genauere Ergebnisse zu bekommen. Die Angaben hier sind in der Einheit mm/s^2 angegeben, die etwas sperrig ist und sich nicht so ohne Weiteres intuitiv begreifen lässt. Bei einem Drucker mit guter Mechanik sind 9000 mm/s^2 ein guter Richtwert, mit 3000 mm/s^2 sind Sie in den meisten Fällen auf der sicheren Seite, und mit 1500 mm/s^2 und darunter führen Sie recht langsame Beschleunigungen aus.

Die Kategorie Skirt and brim

Die Kategorie *Skirt and brim* lässt sich vielleicht mit Schürze und Krempe übersetzen. Und das ist auch genau das, was Slic3r macht: Es fügt dem auszudruckenden Objekt eine Schürze (einige Bahnen, die in einem bestimmten Abstand rings um das Objekt herumlaufen) oder eine Krempe (einige Bahnen, die direkt um das Objekt herumgehen) hinzu:

Bild 11.28: Ein Würfel mit Skirt (Schürze, außen) und Brim (Krempe, innen).

Die Frage, die Sie sich vermutlich stellen werden, ist aber: Wofür benötigt man das?

Die Schürze (Skirt) hat folgenden Hintergrund: Bevor ein Druck startet, ist der Drucker mehrere Minuten lang damit beschäftigt, das Heizbett und vor allem das Hotend aufzuheizen. In dieser Zeit tritt normalerweise Material aus dem Hotend aus und hinterlässt einen Klecks auf dem Druckbett. Das ist erst mal nicht weiter tragisch, denn er kann ja einfach entfernt werden, jedoch fehlt dieses Material dann im Hotend und steht für die ersten Druckbahnen nicht zur Verfügung. Die für die Haftung so wichtige erste Schicht des Ausdrucks ist damit unvollständig. Um das zu vermeiden, kann man Slic3r dazu veranlassen, eine Schürze anzulegen, die nur zur Aufgabe hat, eine gewisse Mindestmenge an Material aus dem Extruder auszugeben, ohne das eigentliche Druckergebnis zu beschädigen. Daher führt eine Schürze normalerweise in einigen Millimetern Abstand um das Objekt herum. Nachdem die Schürze ausgegeben wurde, ist der Druckkopf wieder komplett mit Material gefüllt und kann das eigentliche Objekt korrekt ausdrucken. Die Krempe (Brim) hingegen läuft direkt um das Objekt herum und berührt dieses auch, verändert also das eigentliche Objekt in seiner Struktur – allerdings nur auf der ersten Schicht, die dann relativ dünn ist und sich so mit einem Teppichmesser leicht wieder vom Objekt lösen lässt. Der Grund dafür, dass man eine Krempe ausdruckt, liegt wiederum in der Haftung des Objekts. Nehmen wir einmal an, wir haben ein Objekt, das eine geringe Standfläche hat, aber ansonsten recht groß oder hoch ist, beispielsweise eine kleine Statue eines Menschen, der auf einem Bein steht. Damit sich der Ausdruck nicht vorzeitig vom Druckbett löst, muss das Objekt besonders gut auf der Druckoberfläche haften – wir haben aber nur eine sehr kleine Standfläche, einen vergleichsweise winzigen Fuß. Nun kann man mit der Brim-Funktion von Slic3r eine Krempe um den Fuß ziehen lassen, die die Fläche, mit der die Statue mit dem Druckbett verbunden ist, deutlich erhöht. Mit dieser größeren Bodenhaftung kann das Objekt jetzt sicherer ausgedruckt werden.

Loops
Über diesen Parameter kann man die Anzahl der Ringe angeben, die der Druckkopf um das Objekt herum fahren soll, um die Schürze zu bilden.

Bild 11.29: Eine Schürze mit fünf, drei und einem Loop.

Distance from object
Hier kann man den Abstand angeben, mit dem die Schürze um das Objekt herumgelegt werden soll.

Bild 11.30: Der Abstand der Schürze um das Objekt kann verändert werden.

Skirt height
Man kann in Slic3r auch die Höhe der Schürze definieren, was dann so aussieht:

Bild 11.31: Die Höhe der Schürze mit einer, drei und sieben Schichten.

Was das aber in der Praxis bringen soll, ist nicht leicht zu erkennen, denn die Funktion der Schürze, das Hotend mit Material komplett aufzufüllen, kann ja nur in der ersten Schicht funktionieren. Slic3r führt an, dass man damit einen Wall um das Objekt errichten kann, der es vor Luftzug und damit vor zu schneller Auskühlung schützt – ob das wirklich sinnvoll ist, darf bezweifelt werden.

Minimum extrusion length
Eine sehr praktische Funktion ist die *Minimum extrusion length*. Sie bewirkt, dass beim Ausdruck der Schürze immer mindestens eine gewisse Menge vom Druckmaterial verwendet wird. Möchte man beispielsweise, dass der Druckkopf vor Beginn des Ausdrucks mindestens 5 mm des Filaments verbraucht, um sicher zu sein, dass das Hotend zu Beginn des Drucks gefüllt ist, kann man hier diese Zahl eintragen. Slic3r sorgt dann dafür, dass so viele Bahnen um das Objekt ausgedruckt werden, bis die angegebene Mindestmenge überschritten ist. Das ist deswegen so praktisch, weil sie unabhängig von der Größe des eigentlichen Objekts arbeitet. Hat man ein kleines Objekt, werden recht viele Schürzenbahnen ausgegeben, hat man ein großes, sind es nur wenige.

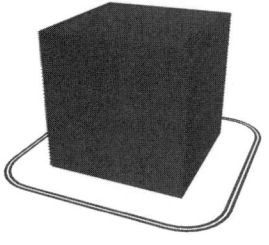 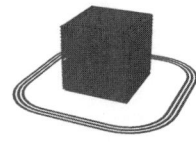 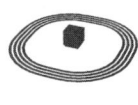

Bild 11.32: Die Funktion *Minimum extrusion length* legt wenige Schürzenbahnen um große, viele um kleine Objekte herum.

Man kann also dieselbe Slic3r-Einstellung für unterschiedliche Objekte verwenden und sich trotzdem sicher sein, immer genügend Material verbraucht zu haben, bevor der eigentliche Ausdruck beginnt.

Brim width
Für die Krempe gibt es nur einen einzigen Parameter. Er legt ihre Breite in Millimetern fest.

Bild 11.33: Eine Krempe erhöht die Haftung auf dem Druckbett, hier dargestellt mit 2, 5 und 10 mm Breite.

Die Kategorie Support Material
Das sogenannte Support Material sind Stützstrukturen, die von Slic3r in den G-Code eingebunden werden, um überhängenden Elementen des auszudruckenden Objekts einen festen Untergrund zu bieten.

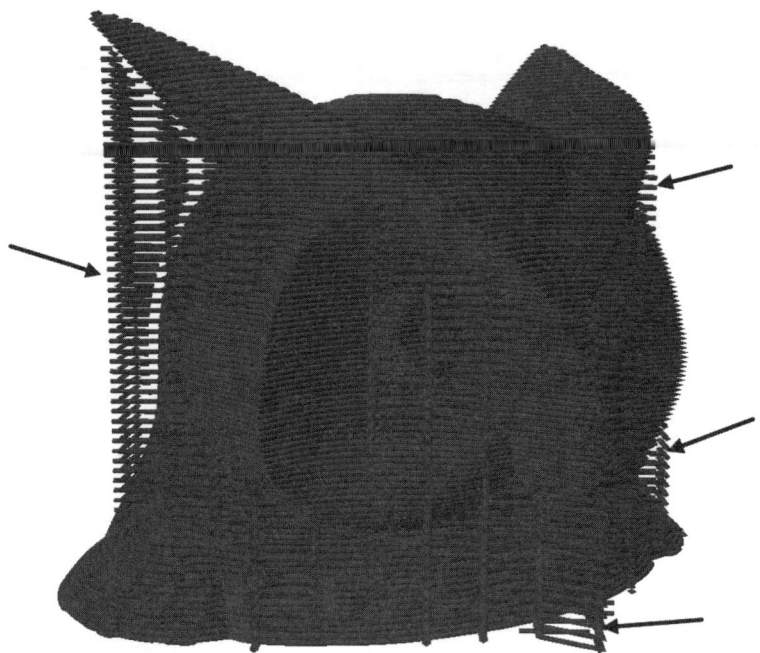

Bild 11.34: Stützstrukturen an einer kleinen Statue.

Nur durch Stützstrukturen ist es möglich, Objekte beliebiger Form auszudrucken, da es technisch derzeit noch nicht möglich ist, in die freie Luft zu drucken. So schön das aber auch klingt – im Allgemeinen sind Stützstrukturen bei Ausdrucken eher lästig. Sie verstopfen Löcher, die eigentlich frei bleiben sollten, und müssen lästigerweise später entfernt werden. An schwer zugänglichen Stellen ist das oft gar nicht oder nur mit sehr viel Aufwand möglich. Zudem lassen sie sich nicht immer leicht ablösen und hinterlassen Spuren auf dem eigentlichen Ausdruck. Man ist daher normalerweise geneigt, Support Material gar nicht zu verwenden oder aber die Menge der Stützstrukturen auf ein erträgliches Maß zu senken. Diese Kategorie von Slic3r beinhaltet annähernd alle Parameter, die diese Stützstrukturen in irgendeiner Weise beeinflussen.

Generate Support Material
Dies ist sicherlich der wichtigste Punkt in dieser Kategorie – erst wenn dieser Schalter aktiviert ist, wird die Support-Generierung von Slic3r überhaupt erst eingeschaltet.

Overhang treshhold
Stützstrukturen werden hauptsächlich an Elementen des auszudruckenden Objekts generiert, die überhängen, also über den Sockel des Objekts selbst seitlich hinausragen. Bei Statuen, die man ausdruckt, wird das also beispielsweise häufig bei der Nase oder den Ohren, aber auch bei ausgestreckten Armen oder dem Kinn der Fall sein.

Bild 11.35: Überhängende Strukturen, einmal ohne und einmal mit Stützstrukturen.

Nun ist es aber so, dass 3-D-Drucker durchaus in der Lage sind, Überhänge auch ohne Stützstruktur auszugeben. Ist der Winkel, mit dem das kritische Element des Objekts über die anderen hinausragt, klein, ragt beim Ausdruck die äußerste Perimeter-Bahn nur ein klein wenig über die darunterliegende hinaus und hat so noch genug Fläche, sich fest mit dieser zu verbinden. Ist der Überhangwinkel jedoch groß, kann es sein, dass die äußerste Perimeter-Bahn die darunterliegende Schicht überhaupt nicht mehr berührt – das ist dann der Punkt, an dem der Ausdruck spätestens scheitert. Wie groß der Überhangwinkel für einen guten Ausdruck sein darf, hängt stark vom verwendeten Material, der Temperatur und auch der Geschwindigkeit des Ausdrucks ab. Es ist also sinnvoll, diesen experimentell beim eigenen Drucker zu ermitteln. Hierzu gibt es diverse Testobjekte, beispielsweise ein selbst konfigurierbares Objekt unter *www.thingiverse.com/thing:58218*.

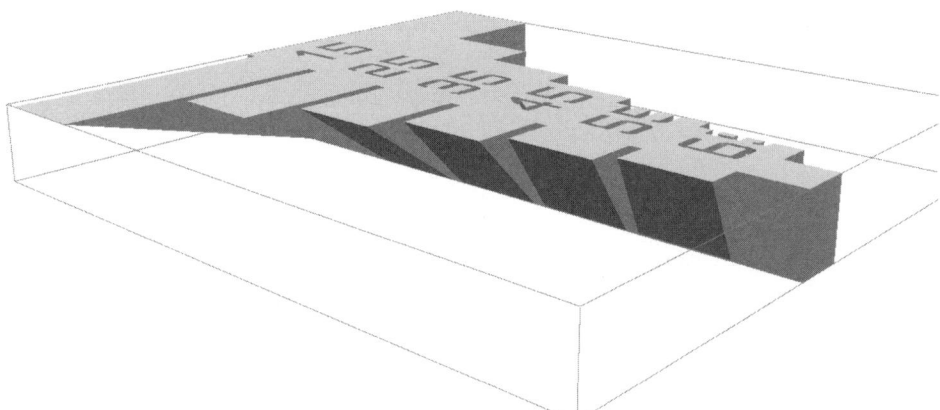

Bild 11.36: Mit einem Überhang-Testobjekt können Sie die Fähigkeit Ihres Druckers testen, Überhänge zu verarbeiten.

45° Überhang schafft eigentlich jeder Drucker, daher ist das ein Wert, den Sie als sicher annehmen können. Noch sicherer ist allerdings die Verwendung der 0, die hier die automatische Erkennung durch Slic3r einschaltet. Da die Erstellung von Stützstrukturen hochgradig komplex ist und hier nur angerissen werden kann – insgesamt beeinflussen sieben Faktoren die Erstellung von Support Material –, ist dies sicherlich die sinnvollste Einstellung.

Enforce support for the first x layers

Auch wenn man im Normalfall keine Stützstrukturen für sein Objekt haben möchte, kann es sinnvoll sein, diese für eine gewisse Anzahl von Schichten einzuschalten, um beispielsweise Objekte mit sehr kleiner Grundfläche besser mit dem Druckbett zu verbinden. Mit diesem Parameter können Sie die Anzahl der Schichten eintragen, für die die Stützstruktur angelegt wird – unabhängig von den sonstigen Supporteinstellungen.

Bild 11.37: Erzwungene Stützstrukturen für die ersten 0, 5 und 15 Schichten.

Raft layers

Es gibt Situationen, in denen man sein Objekt vielleicht nicht direkt auf dem Druckbett ausgeben möchte. Verwendet man beispielsweise PLA, das man auf eine Glasplatte druckt, ist die allererste Schicht normalerweise recht glatt und spiegelt – bei einigen Objekten kann das negativ auffallen. Andere Drucker haben auf ihrem Druckbett Vertiefungen, an denen sich das Material der ersten Schicht festhalten soll und die bei der Loslösung des Objekts vom Druckbett ein unschönes Punktmuster ergeben. Um solchen Situationen zu begegnen, kann man in Slic3r Floßschichten (Raft layers) anlegen, die unterhalb des Objekts gedruckt werden und den Kontakt zum Druckbett herstellen. Das Objekt selbst wird angehoben und einige Schichten weiter oben auf dieses Floß gedruckt. Nach Beendigung des Drucks kann man das Floß dann vom Objekt lösen und hat so auch auf der Unterseite eine Oberfläche, die den anderen Seiten des Objekts ähnelt. Die Bedienung des Parameters ist denkbar einfach: Man gibt lediglich die Anzahl der Floßschichten an, die Slic3r anlegen soll. Die erste Schicht ist dabei eine deckende Schicht, die ein hohes Maß an Haftung auf dem Druckbett ermöglicht, alle weiteren Schichten dienen lediglich dazu, das Objekt von dieser ersten Schicht zu trennen.

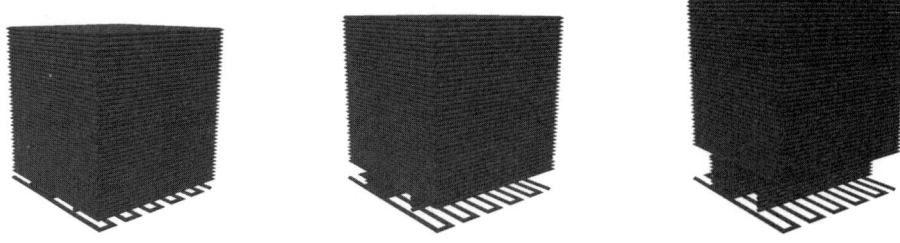

Bild 11.38: Das Objekt auf einem Floß (Raft) – mit 2, 5 und 10 Schichten Höhe.

Pattern
Ähnlich wie bei der Füllung im Innenraum von Objekten kann man auch für die Stützstrukturen bestimmte Muster verwenden. Unterstützt werden derzeit von Slic3r die Muster *Rectilinear* (rechteckig), *Rectilinear grid* (rechteckiges Raster) und *Honeycomb* (Honigwabe), die Sie über diesen Parameter auswählen können.

Bild 11.39: Die Stützstrukturmuster *Rectilinear*, *Rectilinear grid* und *Honeycomb*.

Die Einstellung *Rectilinear* ist die Standardeinstellung, da sie sich besonders leicht vom Objekt lösen lässt. Sie hat allerdings den Nachteil, dass sie gerade bei sehr hohen Stützstrukturen etwas instabil wird. Im Normalfall reicht das zwar aus, aber wenn man mehr mechanische Stabilität der Stützstruktur wünscht, sollte man eher die Einstellung *Rectilinear grid* verwenden. Ebenso sehr stabil ist die Einstellung *Honeycomb*, die aber beim Ausdruck deutlich mehr Zeit benötigt.

Pattern spacing
Das für die Stützstruktur verwendete Muster hat immer auch eine Größe, die durch diesen Parameter eingestellt werden kann.

Bild 11.40: Die Größe des Stützmusters – 1 mm, 2,5 mm und 5 mm.

Üblich ist eine Größe von 2,5 mm – dabei kann annähernd jeder Drucker eine saubere Schicht auf diese Stützstruktur legen, ohne dass das Material zwischen den einzelnen Wänden der Struktur nennenswert durchhängt. Wenn Sie gröbere Stützstrukturen anlegen, sparen Sie zwar Material, haben dafür aber den Nachteil, dass eventuell die Bahnen des Objekts nicht mehr ganz so sauber ausgedruckt werden. Wenn Sie ganz besonders fein arbeiten möchten, müssen Sie eventuell das Muster der Stützstruktur verfeinern, haben dann aber das Problem, dass sich diese nicht mehr gut vom Objekt lösen lässt.

Pattern angle

Auch die Richtung, in die das Stützstrukturmuster gedruckt wird, können Sie in Slic3r festlegen und damit ganz speziell an Ihr Objekt anpassen.

Bild 11.41: Das Stützstrukturmuster kann auch gedreht werden – hier um 0°, 45° und 90°.

Interface layers

Es ist nicht immer einfach, das Support Material vom Rest des eigentlichen Objekts zu trennen. Oftmals reißt die Stützstruktur ab, und man muss sie mühsam von Hand oder mit einem Teppichmesser Bahn für Bahn vom Objekt lösen. Um dem entgegenzuwirken, bietet Slic3r ein sogenanntes Interface an, eine Schicht, die zwischen dem Objekt und der Stützstruktur liegt und relativ fest ist, sodass man mit einem kräftigen Zug daran die gesamte Stützstruktur vom Objekt lösen kann. Dieses Interface wird bei der Stützstruktur sowie auch beim Floß eingesetzt. Unterhalb des eigentlichen Objekts wird zuerst eine einzelne Schicht gedruckt, die ein weites Muster aufweist. Sie dient als Sollbruchstelle und kann daher als Abreißschicht gesehen werden, an der sich die Stützstruktur später vom Objekt lösen soll. Dieser Schicht folgen mehrere Lagen meist solide gedruckter Schichten, die zusammen stark genug sind, dem Zug standzuhalten, mit dem später die Stützstruktur vom Objekt gerissen wird. Nach diesen Interface-Schichten folgt dann die normale Stützstruktur oder das Floß.

11.4 Slic3r

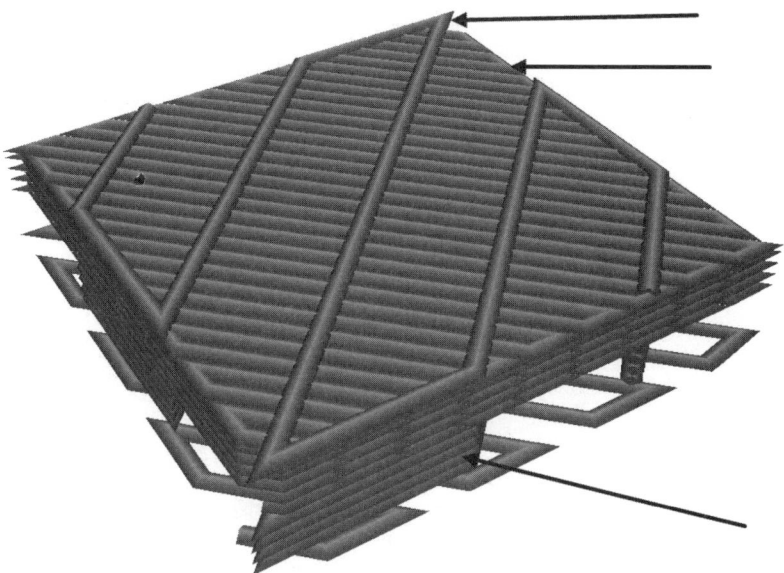

Bild 11.42: Ansicht eines Floßes mit Interface-Struktur – ohne Objekt. Von oben nach unten: Abreißschicht, solide Interface-Struktur, Floß.

Der Parameter *Interface layers* ermöglicht es Ihnen also, ein derartiges Element in Ihre Stützstruktur oder Ihr Floß einzubauen. Die Anzahl der hier eingetragenen Schichten sollte mindestens 3 betragen, da sonst die stabilere Interface-Struktur zu dünn für die Belastungen wird, die später auf ihr ruhen werden.

Interface pattern spacing
Obwohl es nicht sehr empfehlenswert ist, kann man in Slic3r die stabile Interface-Schicht auch dünner gestalten. Hierzu kann man den Abstand zwischen den Bahnen des Interface festlegen. Empfohlen wird die Einstellung 0, mit der die Interface-Schicht solide ausgedruckt wird, denkbar sind aber auch kleinere Werte von 0,5 mm oder 1 mm. Bedenken Sie dabei, dass Sie zwar auf der einen Seite vielleicht ein wenig Material einsparen, auf der anderen Seite aber die Stabilität der Interface-Schicht deutlich geschwächt und damit vielleicht unbrauchbar wird.

Bild 11.43: Die Interface-Schicht mit einer Größe von 0 (solide), 0,5 mm und 1 mm.

Die Kategorie Notes

Die Kategorie *Notes* beinhaltet lediglich ein einziges Feld, in das Sie persönliche Notizen eintragen können, die dann im Einstellungssatz von Slic3r abgespeichert werden.

Output-Options

In der Kategorie *Output-Options* bietet Slic3r einige Funktionen an, die sich nicht gut in andere Kategorien einordnen lassen.

Complete individual objects
Manchmal möchte man mehrere Objekte ausdrucken, ohne die ganze Zeit anwesend sein oder bei jedem einzelnen Ausdruck darauf warten zu müssen, bis das Druckbett erhitzt und wieder abgekühlt ist. Natürlich kann man relativ leicht mit dem Plater von Slic3r mehrere Objekte auf die Druckplatte platzieren und dann ausgeben, das hat aber zwei Nachteile. Zum einen werden alle Objekte zusammen Schicht für Schicht aufgebaut, d. h., dass der Druckkopf auch zwischen den einzelnen Objekten hin- und herbewegt werden muss, wodurch unschöne Materialfäden bei den Bewegungen zwischen den Objekten entstehen können – gerade bei Bowdenzug-Druckern. Zum anderen kann es ja immer mal wieder passieren, dass das Material im Extruder blockiert oder ein anderer Fehler auftritt, sodass gleich alle Objekte unbrauchbar werden. Slic3r bietet daher eine Möglichkeit an, die Objekte alle einzeln auszudrucken, sie aber so auf dem Druckbett anzuordnen, dass sie sich gegenseitig nicht behindern. Das funktioniert folgendermaßen: Zunächst wird das erste Objekt ganz normal in die eine Ecke des Druckbetts gedruckt. Dann fährt der Druckkopf in eine andere Ecke des Druckbetts und in der Z-Achse wieder auf den Wert null zurück und beginnt dann dort den Ausdruck des zweiten Objekts. Wenn Sie sich jetzt fragen, ob der Druckkopf dann nicht irgendwann einmal in das erste Objekt hineinfährt und dieses oder gar sich selbst dabei beschädigt, muss man das bestätigen, denn der Druckkopf hat ja selbst auch eine gewisse Größe und darf dem ersten Objekt nicht zu nahe kommen. Aus diesem Grund muss man, um diese Funktion zu aktivieren, nicht nur den Schalter *Complete individual objects* anklicken, sondern auch brauchbare Werte in die Einstellung *Extruder clearance (mm)* eintragen.

Extruder clearance (mm)
Dieser Parameter hängt mit *Complete individual objects* zusammen. Er bestimmt, wie weit sich der Druckkopf dem Ausdruck eines anderen Objekts nähern darf, ohne es zu beschädigen. Den Teilparameter *Radius* bestimmen Sie so: Sehen Sie sich die Konstruktion Ihres Druckkopfs einmal genau an. Ausgehend von der Spitze des Hotends, müssen Sie nun die Stelle finden, die am weitesten davon entfernt ist, sich noch am Druckkopf befindet und damit gefährdet ist, andere Objekte auf dem Druckbett zu beschädigen. Den Teilparameter *Height*, also *Höhe*, müssen Sie vermutlich anhand der X-Achse Ihres Druckers bestimmen, denn auch diese kann ja in ein etwas höheres Objekt durchaus hineinragen und es dabei beschädigen. Messen Sie also hier den vertikalen Abstand zwischen der Spitze der Düse und der X-Achse aus. Als Ergebnis

erhalten Sie aus mathematischer Sicht einen Zylinder, der den gesamten Druckkopf beinhaltet und den freien Bereich bis hin zur X-Achse belegt. Wenn Sie diese Werte eingetragen haben, können Sie nun mehrere einzelne Objekte separat ausdrucken, die nicht über die hier angegebene Höhe hinausragen und noch klein genug sind, um neben dem Druckkopf auf das Druckbett zu passen. Probieren Sie das ruhig einmal aus, indem Sie beispielsweise vier oder neun kleine Objekte in den Plater von Slic3r laden und den *Arrange*-Schalter anklicken. Sie werden sehen, dass Slic3r nun die Objekte zum einen mit einem blauen Umriss zeichnet, der wesentlich größer als normal ist, und zum anderen die Objekte viel weiter als sonst voneinander entfernt auf dem Druckbett anordnet. Der große Umriss bezeichnet den Bereich, den Slic3r für den Druckkopf frei halten muss, damit dieser die anderen Objekte nicht berührt.

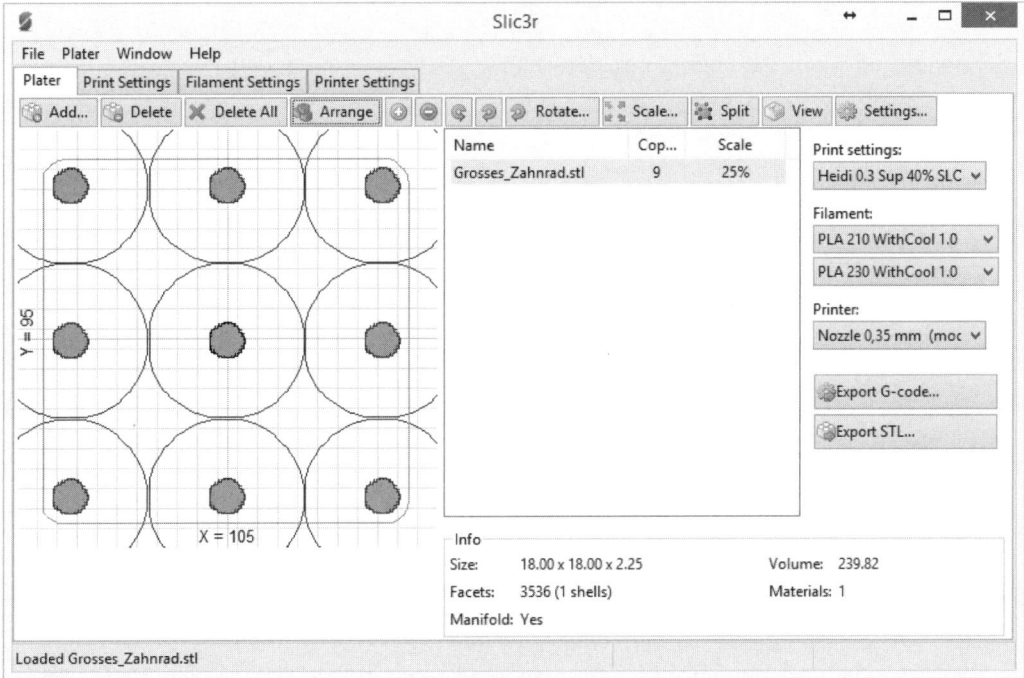

Bild 11.44: Mehrere Objekte einzeln in einem Durchgang ausdrucken.

Verbose G-Code
Wenn Sie sich mehr und intensiver mit den G-Codes beschäftigen möchten, die den Drucker steuern, kann diese Funktion für Sie von großem Nutzen sein. Ist sie einmal aktiviert, wird der G-Code, der von Slic3r ausgegeben wird, mit Kommentaren versehen, die erklären, was jede einzelne Zeile des G-Codes bewirkt. Natürlich können Sie den entsprechenden G-Code problemlos auch an Ihren Drucker senden, der dann auch ganz normal damit arbeiten wird, allerdings kann es sein, dass die Abarbeitung dieses G-Codes langsamer vonstattengeht als normal, da der relativ schwache Rech-

ner des Druckers auch die Kommentare verarbeiten muss und dafür seine Zeit benötigt – auch wenn es nur darum geht, sie zu ignorieren. Sie sollten diese Einstellung also nicht standardmäßig aktiviert haben, sondern nur dann, wenn Sie sie auch wirklich benötigen.

Output filename format
Wenn Sie Ihren von Slic3r produzierten G-Code abspeichern möchten, werden Sie nach einem Dateinamen gefragt, wobei Ihnen ein Vorschlag unterbreitet wird. Diesen Vorschlag können Sie mit diesem Parameter selbst gestalten. Hierfür geben Sie entweder eine feste Zeichenfolge ein, also beispielsweise `Aktueller_Ausdruck.g`, oder Sie verwenden Platzhalter, die dann von Slic3r durch den entsprechenden Wert ersetzt werden. So wird zum Beispiel `[month]` von dem Programm durch die Nummer des aktuellen Monats ersetzt. Eine Auflistung der von Slic3r unterstützten Platzhalter finden Sie im Abschnitt »Die Kategorie Custom G-Code« in diesem Kapitel. Nur die Platzhalter, die in der Tabelle in der Spalte *Typ* den Wert *Dateiname* haben, können hier verwendet werden.

Post processing scripts
Manchmal kann es vorkommen, dass Sie den von Slic3r generierten G-Code durch ein eigenes Programm abändern möchten. Nehmen wir einmal an, Sie können die Programmiersprache Perl programmieren und möchten ein Programm ausführen, das sämtliche Kommentare aus dem G-Code entfernt oder die Kosten eines Ausdrucks in Euro und Cent berechnet. Dann tragen Sie in dieses Feld den absoluten Dateinamen des Skripts ein, das Sie ausführen möchten, nachdem Slic3r seine Arbeit beendet hat. Innerhalb des Skripts wird Ihnen der Name der Datei, die Slic3r produziert hat, als erster Parameter angegeben. Leider können wir an dieser Stelle nicht allzu detailliert auf diese Funktion eingehen, da sie profunde Kenntnisse in der Programmierung erfordert – das wäre dann doch zu viel für dieses Buch. Es gibt aber im Internet einige Seiten, die sich mit diesem Thema befassen, und das Onlinehandbuch von Slic3r ist hier ein guter Startpunkt.

Die Kategorie Multiple Extruders

Manche Besitzer erfreuen sich an einem zweiten Druckkopf an ihrem Gerät. Meistens wird über den zweiten Druckkopf eine andere Farbe ausgegeben, es kann aber auch sein, dass das Hotend des zweiten Druckkopfs einen anderen Düsendurchmesser hat oder ein Material (Polyvinylalkohol, PVA) ausgibt, das sich in Wasser auflöst und sich somit wunderbar für leicht zu entfernende Stützstruktur eignet. In solch einem Fall muss man Slic3r mitteilen, welcher Druckkopf für welchen Einsatzbereich genutzt werden soll. Dies geschieht in dieser Kategorie.

Perimeter extruder
Hier können Sie angeben, welcher Druckkopf bzw. Extruder für die Ausgabe der Perimeter verwendet werden soll. Nehmen wir an, Sie haben ein besonders teures Material, das Sie nur für den Außenbereich verwenden möchten, dann geben Sie hier die Nummer des Druckkopfs an, der dieses Material bereithält.

Infill extruder
Da die Qualität der Füllung meistens nicht so hoch sein muss wie die der Perimeter, kann hierfür auch schlechteres Druckmaterial verwendet werden, seien es Filament-Reste, Material mit ungleichmäßigem Durchmesser oder einfach günstigeres Material, das keine schöne Oberfläche ergibt. Geben Sie einfach die Nummer des Druckkopfs an, der das Material für die Füllung des Objekts ausgeben soll.

Support material extruder
Stützstrukturen sind meistens lästig und teilweise optisch gar nicht richtig vom eigentlichen Objekt zu unterscheiden. Es ergibt also Sinn, für diese Stützstrukturen eine andere Farbe zu verwenden – hier können Sie den Druckkopf für das Support Material angeben. Besser ist es natürlich, wenn Sie ein spezielles Material besitzen, zum Beispiel Polyvinylalkohol (PVA), das sich in warmem Wasser auflösen lässt. Wenn Sie hiermit Ihre Stützstrukturen ausdrucken lassen, können Sie sehr filigrane Objekte ausgeben, die auch große Überhänge haben dürfen, und brauchen am Ende zur Entfernung der Stützstruktur nichts weiter zu tun, als es für einige Zeit in warmes Wasser zu legen. Wer schon einmal ein besonders schönes Objekt ausgedruckt und es innerhalb der ganzen Stützstruktur kaum noch gefunden hat, wird diesen Vorteil wirklich zu schätzen wissen.

Support material interface extruder
Sie können auch den Extruder angeben, der die Abreißschicht bei Flößen drucken soll. Wenn Sie ein Material haben, das sich besonders leicht vom normalen Material trennen lässt, ist dieses für diese Schicht prädestiniert.

Die Kategorie Advanced

Fortgeschrittene Funktionen finden sich in dieser Kategorie. Die meisten sind so weit entwickelt, dass man sie im Normalfall gar nicht antasten sollte, denn häufig ist eine Änderung wenig sinnvoll und kann sogar das Ergebnis deutlich verschlechtern. Alle Elemente im *Extrusion width*-Bereich bewirken, dass die Materialausgabe verändert wird – so kann beispielsweise im Vergleich zu den weiteren Schichten doppelt so viel Material für die erste Schicht ausgegeben werden. Genauso ist es aber möglich, die Menge beispielsweise für Support Material auf 80 % der sonst üblichen Materialstärke zu beschränken.

Default extrusion width
Wenn Sie generell alle Arten von Druckerausgaben mit mehr oder weniger Material ausgeben lassen möchten, können Sie das hier einstellen. Allerdings sollten Sie sich fragen, warum das nötig ist – wenn Ihr Druckkopf grundsätzlich zu viel oder zu wenig Material ausgibt, ist häufig die Anzahl der Motorschritte in Ihrer Firmware nicht korrekt eingestellt. Dies sollten Sie besser an dieser Stelle korrigieren und hier die Ziffer 0 eintragen, die der Firmware die genaue Materialflussregelung überlässt.

First layer
Die erste Schicht ist bekanntlich sehr wichtig für die Haftung des Objekts auf dem Druckbett. In einigen Fällen kann es sinnvoll sein, hier mehr Material als sonst auszugeben, damit die Haftung optimiert wird.

Perimeter
Hier können Sie den Materialfluss für die Perimeter einstellen. Sie sollten aber sehr vorsichtig sein, da das Ergebnis ansonsten sehr schnell unförmig aussehen kann.

Infill
Der Materialfluss für die Füllung kann gern und auch recht gefahrlos korrigiert werden. Vor allem wenn Sie planen, nur jede zweite Schicht Material auszugeben, kann hier eine Erhöhung auf 200 % durchaus einen brauchbaren Vorteil bei der Druckgeschwindigkeit bewirken.

Solid infill
Wenn Sie eine Füllung haben, die solide ist, wird dieser Korrekturwert für den Materialfluss verwendet. Einen Wert größer als 100 % sollten Sie aber möglichst vermeiden, da sonst das Material aus dem Druckkopf keinen Platz mehr findet, an dem es austreten kann.

Top solid infill
Wenn zudem die solide Füllung den Abschluss des Objekts bildet, also von der Wichtigkeit her nahe dem Perimeter liegt, sollten Sie noch vorsichtiger sein, um das Aussehen des Objekts nicht noch auf den letzten Millimetern zu verschandeln.

Support material
Das relativ unkritische Stützmaterial können Sie über diesen Parameter verringern oder verstärken.

Bridge flow ratio
Auch die Flussrate bei Brücken können Sie hier abändern. Im Normalfall sind die Standardeinstellungen gut, eine leichte Reduktion kann das Absacken verhindern. Vermutlich bringt aber eine aktive Kühlung durch einen Lüfter mehr und sollte vorab ausprobiert werden.

Threads
Ein gänzlich anderer Punkt, der sich nicht direkt im G-Code-Ergebnis niederschlägt, ist dieser Parameter. Mit ihm können Sie festlegen, wie viele Threads Slic3r starten soll, um seine Berechnungen durchzuführen. Threads sind Programmteile, die parallel voneinander abgearbeitet werden können. Vor allem wenn Sie ein Mehrkern-Computersystem besitzen, kann es Sinn ergeben, hier die Anzahl der – eventuell virtuellen – Kerne Ihres Systems einzutragen. Wenn Sie genügend Speicherplatz besitzen (Slic3r benötigt teilweise recht viel davon), kann die eigentliche Berechnung deutlich schneller vonstattengehen, als wenn Sie hier nur eine 1 eingetragen haben.

Resolution
Nehmen wir einmal an, Sie möchten ein Objekt ausdrucken, das auf einem Hochqualitäts-3-D-Scan basiert und eine STL-Datei hat, die mehrere MB groß ist. Nehmen wir weiterhin an, Ihr Ausdruck soll 5 cm groß werden – dann haben Sie so viele Details in Ihrem Objekt, dass der Drucker gar nicht in der Lage ist, diese auszugeben. Slic3r hingegen ist gezwungen, das Modell in all seinen Facetten und Details rechnerisch zu erfassen, was die Berechnungszeit des G-Codes zum Teil extrem vergrößert. Manchmal kann es sogar passieren, dass dem Programm aufgrund der komplexen Berechnungen der Speicherplatz ausgeht und es damit abstürzt. Um solche überflüssigen Berechnungen zu vermeiden, bietet Slic3r die Möglichkeit, das Objekt vor der eigentlichen Berechnung zu vereinfachen, sodass nur die Details darin berücksichtigt bleiben, die später auch mit dem Drucker ausgegeben werden können. Hierzu können Sie an dieser Stelle angeben, wie groß die Details des Objekts maximal sein dürfen. Die Angabe erfolgt in Millimetern, sinnvolle Werte sind beispielsweise der halbe Durchmesser der Düse, bei 0,5 mm Düsendurchmesser also 0,25 mm Auflösung.

Andere Funktionen von Slic3r

Nicht nur auf den Registerkarten, sondern auch in den Menüs verstecken sich noch Funktionen in Slic3r, die durchaus von Interesse sein können.

File-Menü → Slice to SVG

Wenn Sie im Besitz eines Stereolithografiedruckers sind oder eines Geräts, das mit Sinter-Technologie funktioniert, benötigen Sie keinen G-Code, sondern stattdessen einzelne Schnitte durch den auszudruckenden Körper. Wie bei den Schichten der üblichen 3-D-Drucker bilden diese Schnitte übereinandergeschichtet das auszudruckende Objekt. Das ist auch kein Wunder, denn genau genommen sind diese Schnitte nur die Vorform der Schichten. Zur Bildung einer Schicht wird ein Schnitt genommen, die Perimeter werden anhand des Umrisses gebildet, und anschließend wird der verbleibende Innenraum gefüllt. Mit der Funktion *Slice to SVG* können Sie Slic3r dazu veranlassen, alle mathematischen Schnitte durch den Körper in einer Vektorgrafikdatei abzuspeichern. Diese Datei wird im SVG-Format auf der Festplatte gesichert und lässt sich beispielsweise mit dem Open-Source-Programm *Inkscape* problemlos öffnen. Darin enthalten ist eine ganze Reihe von Objektgruppen, die jeweils für eine eigene Schicht stehen.

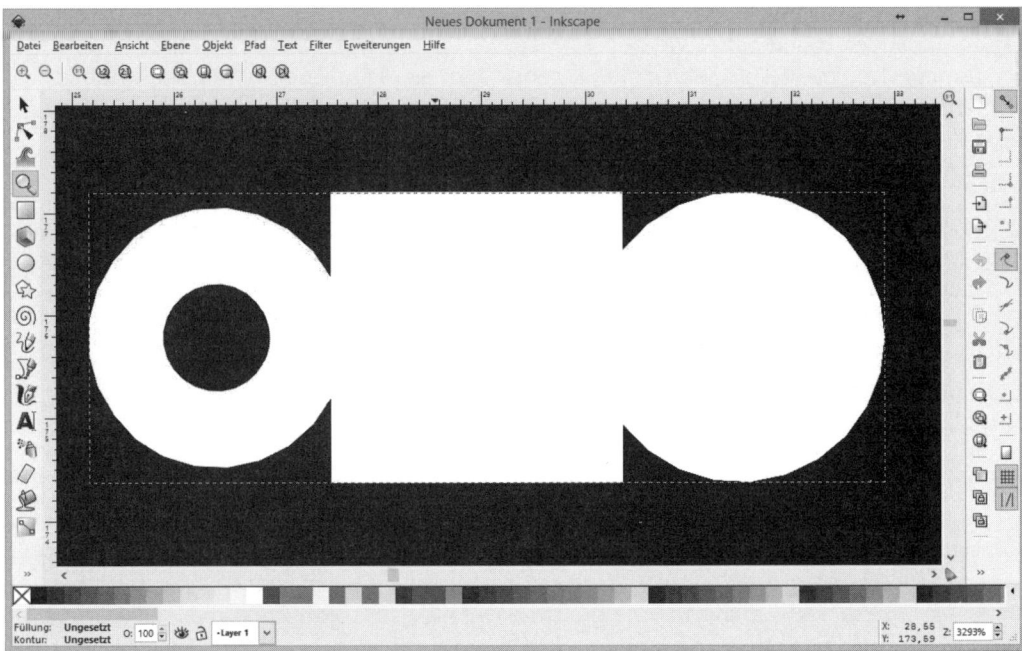

Bild 11.45: Eine von Slic3r generierte Schicht, in Inkscape sichtbar gemacht.

Mithilfe dieser Vektorgrafikdatei können Sie dann Ihr Objekt belichten, sintern oder schneiden, je nachdem, welches Verfahren Sie verwenden. Ein kleiner Umstand sollte noch erwähnt werden: Die Schnitte haben im Gegensatz zum berechneten G-Code die Eigenschaft, dass sie grundsätzlich solide sind. Sie können also kein Material einsparen, indem Sie die Füllung nur zu einem gewissen Prozentsatz erstellen lassen. Bei vielen Druckverfahren ist das aber auch schon prinzipiell nicht möglich, haben Sie daher nicht unbedingt einen gravierenden Nachteil.

File-Menü → Combine multi-material STL files

Wenn Sie einen Drucker mit mehreren Druckköpfen besitzen, möchten Sie vielleicht einmal ein Objekt erstellen, das aus mehreren Farben bzw. Materialien besteht. Das Problem dabei ist, dass das STL-Format nicht in der Lage ist, zwischen verschiedenen Materialien zu unterscheiden, denn es enthält ausschließlich Dreiecke, die irgendwo im Raum liegen und damit das 3-D-Objekt bilden. Man muss also auf ein anderes Format zurückgreifen, um solche Objekte aus mehreren Materialien ausdrucken zu können. Slic3r bietet hierzu die Möglichkeit, zwei oder mehr STL-Dateien zu laden und in einem neuen Format – AMF genannt – abzuspeichern. Sie benötigen dafür zwei getrennte STL-Dateien, die jeweils einen Farb- oder Materialanteil des Objekts beinhalten. Derartige Objekte sind zwar etwas schwerer herzustellen, aber auf den üblichen 3-D-Objekt-Webseiten wie thingiverse.com werden Sie sicherlich fündig. Wenn Sie zwei dieser Objekte aus dem Internet heruntergeladen oder selbst hergestellt haben, müssen Sie zur Erzeugung der AMF-Datei in Slic3r den Menüpunkt *Combine multi-material STL files* aufrufen. Es erscheint sofort ein Datei-Requester, in dem Sie das erste Teilobjekt auswählen und auf *Öffnen* klicken. Dann erscheint dieser Datei-Requester noch einmal, und Sie können die zweite Datei auswählen und auf *Öffnen* klicken. Der Datei-Dialog zeigt sich ein weiteres Mal, aber da Sie keine weitere Datei auswählen möchten, klicken Sie diesmal auf *Abbrechen*. Nun müssen Sie ein wenig aufpassen, denn es erscheint wieder ein Datei-Requester – diesmal werden Sie aber danach gefragt, wo Sie die zu erstellende AMF-Datei abspeichern möchten. Sobald Sie hier einen neuen Dateinamen angegeben haben, beginnt Slic3r mit der Arbeit und generiert innerhalb der nächsten Sekunden die gewünschte Datei. Diese können Sie dann ganz normal in den Plater laden. Damit Sie jetzt aber auch die Möglichkeit haben, beide Druckköpfe Ihres Druckers anzusprechen, müssen Sie vor allem unter *Printer Settings* in der Kategorie *General* bei *Extruders* mindestens eine 2 angeben. Daraufhin erscheint eine neue Kategorie auf der linken Seite namens *Extruder 2*, die für den zweiten Druckkopf steht und von Ihnen korrekt eingerichtet werden muss. Vor allem der Offset ist dabei natürlich von besonderer Bedeutung.

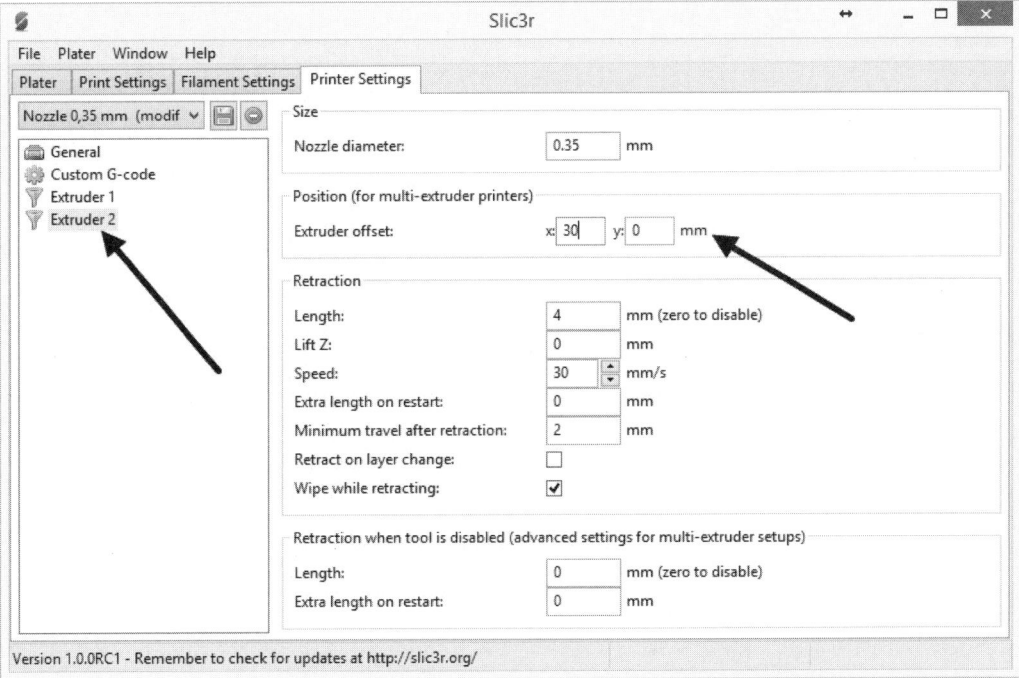

Bild 11.46: Zwei Extruder bzw. Druckköpfe können bei Slic3r eingetragen werden. Wichtig ist dabei vor allem die Angabe des richtigen Abstands (*offset*) zwischen den beiden Köpfen.

Haben Sie all das getan, können Sie jetzt im unteren Teil des Platers Ihre Voreinstellungen vornehmen. Diesmal haben Sie sogar die Möglichkeit, zwei Filament-Arten auszuwählen, eine für jeden Druckkopf.

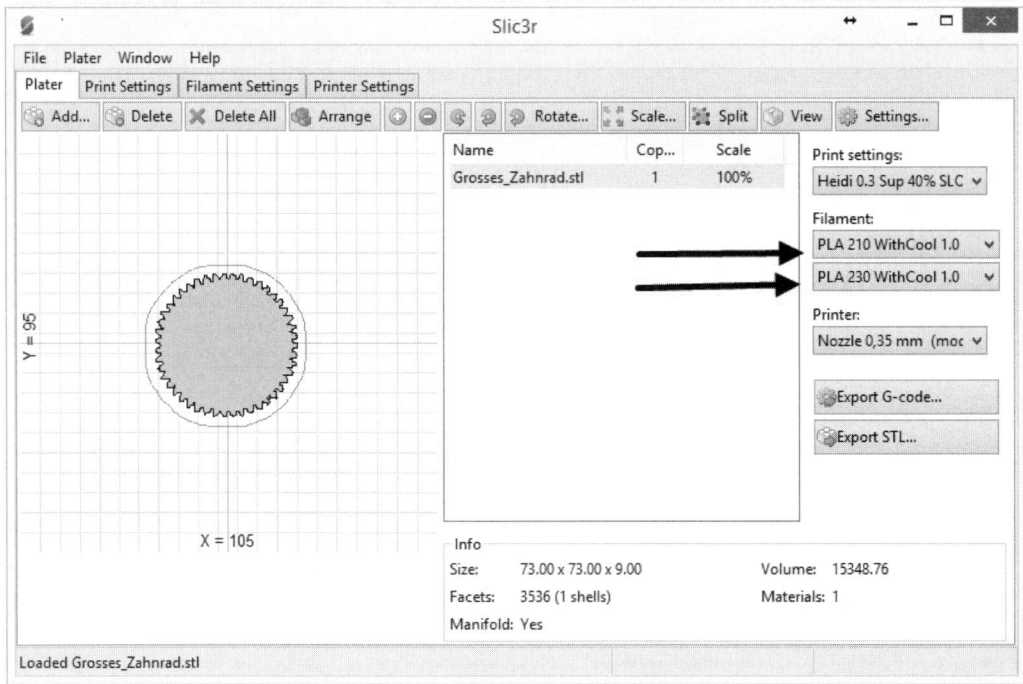

Bild 11.47: Im Plater können Sie zwei Filament-Arten angeben – eine für jeden Druckkopf.

Wenn Sie jetzt das Objekt in G-Code umsetzen lassen, generiert Ihnen Slic3r die Daten für ein zweifarbiges Modell.

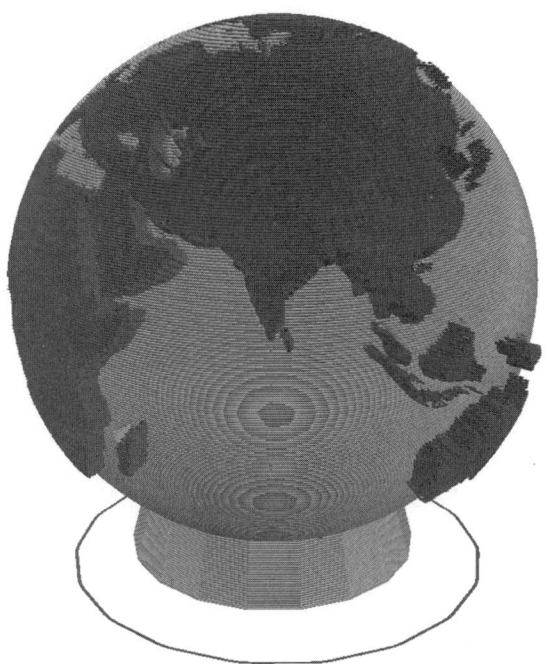

Bild 11.48: Ein Globus aus zwei Materialien.

Die 3-D-Modelle

Vielleicht haben Sie bemerkt, dass wir bislang noch gar nicht besprochen haben, wie man 3-D-Modelle erstellt. Das liegt vor allem daran, dass dieses Thema sehr umfangreich ist, denn es macht einen großen Unterschied, ob Sie nette Skulpturen ausdrucken wollen, die Sie auf Ihren Schreibtisch stellen, oder ob sie Maschinen konstruieren möchten, die auch mechanisch gut funktionieren sollen. Drucken Sie Ihre Objekte nur für sich selbst, oder möchten Sie Prototypen für Ihre Firma entwickeln? Sollen Ihre Objekte klein und überschaubar oder groß und formatfüllend sein?

Sie merken schon, jeder einzelnen dieser Fragen könnte man ein ganzes Kapitel widmen – und das würde den Rahmen dieses Buchs sprengen. Besser ist es da, sich hierfür ein Buch kaufen, das genau Ihren Interessen entspricht. Vielleicht lohnt sich auch ein Blick in das Einsteiger-Buch zum 3-D-Drucken von Heiner Stiller, das ebenfalls im Franzis Verlag erschienen ist. Damit Sie aber einen Einstieg in die Materie finden, werden im Folgenden noch einige Programme und Webseiten vorgestellt, die Ihnen vielleicht weiterhelfen können.

12.1   Die Internetseite thingiverse.com

Unter *www.thingiverse.com/* erreichen Sie im Internet eine Seite, die von den meisten 3-D-Drucker-Enthusiasten verwendet wird, um untereinander 3-D-Modelle auszutauschen.

12 Die 3-D-Modelle

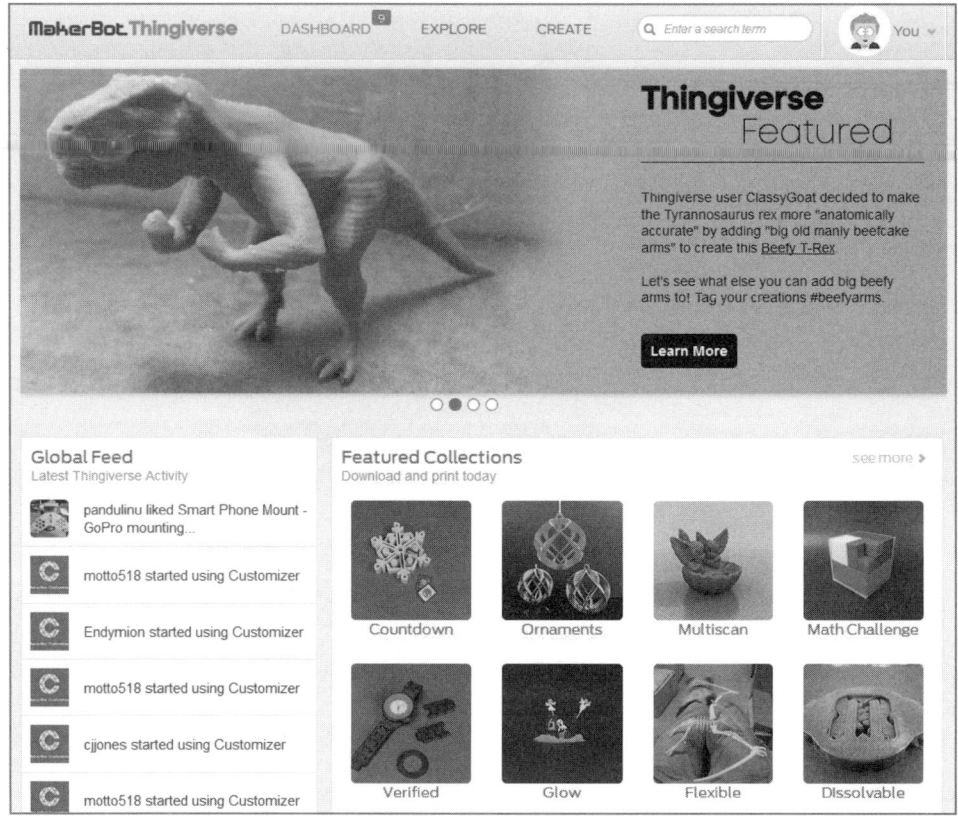

Bild 12.1: Unter *www.thingiverse.com* finden Sie 3-D-Modelle aller Art.

Sie ist sehr umfangreich und bietet nahezu alles, was ein 3-D-Drucker-Herz begehren kann – von Hobbyobjekten über nützliche Haushaltsgegenstände sowie Mode und Kunst bis hin zu technischen Elementen wie Bauteilen für 3-D-Drucker. Das Schöne dabei ist, dass die Objekte alle speziell für den 3-D-Druck aufbereitet sind und sich so meist ohne weitere Bearbeitung einfach ausdrucken lassen. Wenn Sie also ein Objekt für Ihren Haushalt oder andere Gelegenheiten suchen, sollten Sie zuerst einmal auf dieser Seite nachsehen, ob nicht schon ein anderer ein solches Objekt entworfen und der Öffentlichkeit zur Verfügung gestellt hat. Die Objekte können üblicherweise im STL-Format heruntergeladen werden, und häufig stellt der jeweilige Autor auch die Quelldateien bereit, aus denen die STL-Daten generiert wurden. Darüber hinaus bietet die Seite Social-Media-Elemente, sodass Sie dort einen eigenen Zugang anlegen und eigene Objekte sammeln oder selbst veröffentlichen können.

12.2 OpenSCAD

Das Freewareprogramm OpenSCAD ist ein Tool, mit dem man vornehmlich technische Objekte gestalten kann. Es ist von der Oberfläche her sehr einfach gehalten und gestattet lediglich, eine Textdatei einzulesen, in der in einer eigenen Programmiersprache ein dreidimensionales Objekt beschrieben wird.

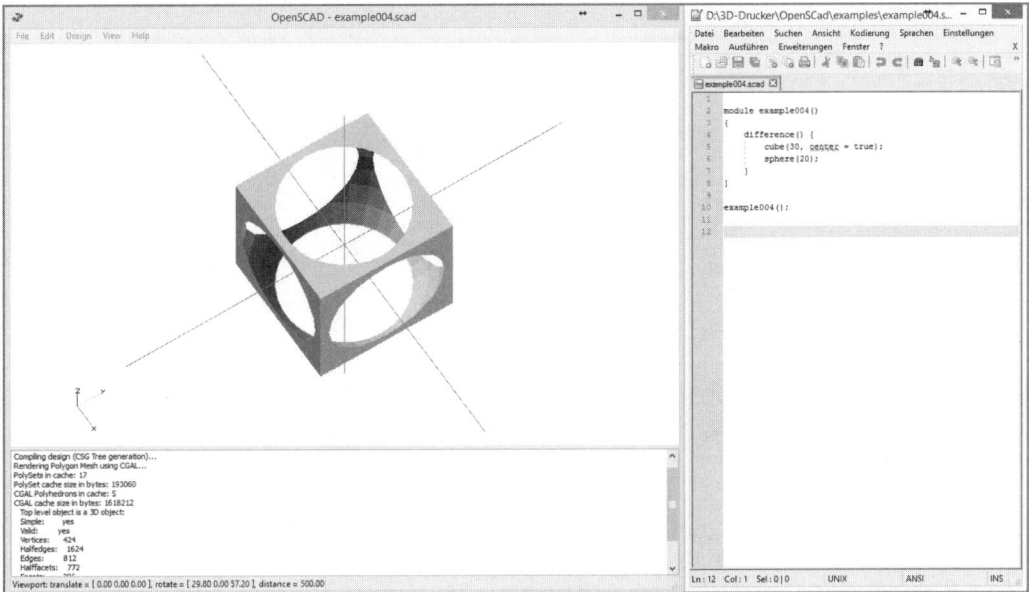

Bild 12.2: Mit OpenSCAD beschreibt man seine Objekte in einer eigenen Programmiersprache, um sie dann in eine STL-Datei umrechnen zu können.

Das ist natürlich nicht sehr komfortabel, und man benötigt auch einige Zeit, um ein Objekt zu erstellen. Auf der anderen Seite sind diese Objekte sehr genau, können präzise geplant und durch die Verwendung von Variablen sogar individuellen Ansprüchen angepasst werden. Die Quelltexte der Objekte sind reine Textdateien, die mit einem beliebigen Editor bearbeitet werden können. Sie sind daher sehr klein, viel kleiner als das Objekt selbst, das daraus erstellt wird. Sehr viele Elemente, aus denen 3-D-Drucker erstellt werden, wie beispielsweise der Wade-Extruder oder Rahmenkonstruktionsteile, sind mit diesem Programm gestaltet worden. Wer also vorhat, einige Elemente seines Druckers zu verbessern, wird nicht umhinkommen, sich mit diesem Programm auseinanderzusetzen. Es arbeitet unter Windows, Linux und Mac OS X und kann unter der Internetadresse *www.openscad.org* kostenlos heruntergeladen werden.

12.3 FreeCAD

Wer lieber mit grafischen Editoren arbeitet, aber dennoch technische Konstruktionen entwerfen möchte, ist mit FreeCAD gut bedient. Es ist ein Programm, das über eine recht komfortable Oberfläche verfügt, die es erlaubt, zweidimensionale Zeichnungen anzulegen und diese in die dritte Dimension zu erheben oder gleich Objekte in drei Dimensionen zu erstellen.

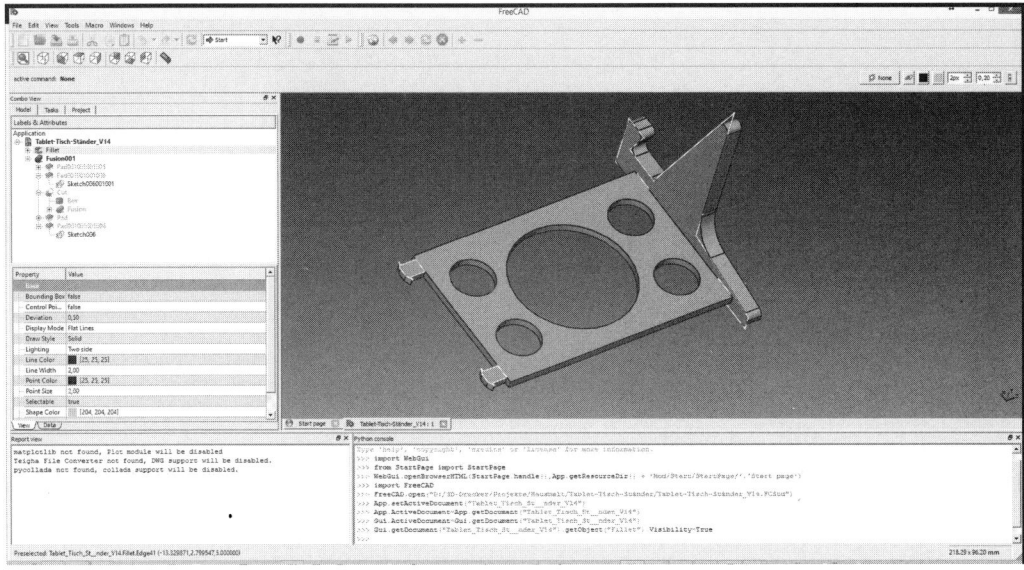

Bild 12.3: FreeCAD ist ein komplexes Open-Source-Konstruktionswerkzeug, das viele Möglichkeiten bietet.

Die parametrische Modellierung erlaubt es, auf einfachem Weg auch nachträglich Änderungen vorzunehmen, sodass Sie bei der Prototyperstellung immer alles in der Hand haben. Ähnlich wie mit OpenSCAD kann man in der Programmiersprache Python Objekte erzeugen oder eigene Programme zu deren Erstellung schreiben. Der Funktionsumfang von FreeCAD umfasst neben dem Erstellen von 3-D-Modellen auch Elemente für die Robotersimulation, den Schiffsbau und die Architektur. Er ist so groß, dass leider auch eine gehörige Einarbeitungszeit eingerechnet werden muss – die sich aber auf lange Sicht sicherlich auszahlen wird. Das Programm ist unter *www.freecadweb.org* kostenfrei zu beziehen und arbeitet unter Windows, Linux und Mac OS X.

12.4 Blender

Auch Programme, die eigentlich aus anderen Bereichen stammen und andere Ziele verfolgen, können für die Gestaltung von 3-D-Objekten genutzt werden. Ein gutes Beispiel hierfür ist das Open-Source-Programm Blender, das eigentlich für die 3-D-Computergrafik entwickelt wurde. Während normalerweise schön anzusehende Grafiken und Animationen damit erstellt werden, kann es auch dazu verwendet werden, 3-D-Druck-Objekten zu erzeugen. Es bietet alle nur denkbaren Funktionen, um dreidimensionale Objekte herzustellen, von einfachen Polygonen über Curves bis zu Nurbs, Armatures und anderen unaussprechlichen Elementen. Wann immer etwas erfunden wurde, um 3-D-Modelle zu erstellen – über kurz oder lang werden Sie es in Blender finden.

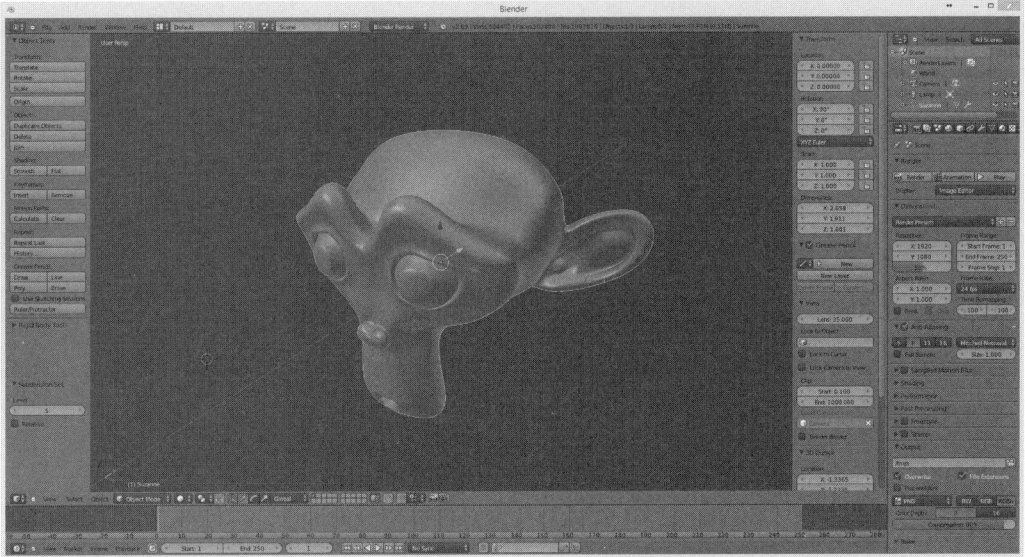

Bild 12.4: Auch Blender kann zur Erstellung von 3-D-Druck-Objekten genutzt werden.

Da das Programm weniger auf Parametern als viel mehr auf konkreten Punkten und Flächen im dreidimensionalen Raum aufbaut, eignet es sich nicht so sehr für die Konstruktion von technischen Elementen. Wenn Sie aber schöne Skulpturen von Menschen oder Tieren gestalten möchten, ist es nahezu perfekt, da es eine sehr große Auswahl an Werkzeugen bietet, die es ermöglichen, organische, weiche Strukturen zu schaffen. Allerdings ist das Programm derzeit (noch!) nicht darauf ausgelegt, auf die Ansprüche der 3-D-Druck-Objekte einzugehen, und erlaubt auch Operationen, die Objekte für den Ausdruck unbrauchbar machen. So müssen Sie beispielsweise selbst dafür sorgen, dass Ihre Objekte keine Löcher aufweisen – ein Umstand, der bei den anderen hier vorgestellten Programmen gar nicht auftreten kann. Blender kann unter *www.blender.org* kostenlos heruntergeladen werden und ist für Windows, Linux und Max OS X erhältlich.

Glossar

ABS
Abkürzung für »Acrylnitril-Butadien-Styrol«, ein viel verwendeter Kunststoff, der häufig für den 3-D-Druck eingesetzt wird. Riecht unangenehm bei der Verarbeitung, besteht aus zum Teil giftigen Grundstoffen, neigt stark zum →Warping, liefert aber gute Druckergebnisse, weicher als →PLA. Lässt sich in →Aceton lösen.

ABS-Glue
In →Aceton gelöstes →ABS, das als Klebstoff verwendet werden kann. Beim Aufbringen des Stoffs auf eine Oberfläche verdampft das Aceton und lässt das ABS zurück. Wird zur besseren Haftung von Objekten auf dem Druckbett verwendet.

Aceton
Trivialname für Propanon, ein feuergefährliches Lösungsmittel, das unter anderem →ABS auflösen kann. Wird zu Reinigung von →Hotends, zur Herstellung von →ABS-Glue und als Dampf zum Glätten von Druckobjekten verwendet. Kann vom menschlichen Körper nicht verarbeitet werden und wird ausgeschieden.

Acrylnitril
Recht giftige Flüssigkeit, die Grundbestandteil des Kunststoffs →ABS ist.

Acrylnitril-Butadien-Styrol
Siehe →ABS.

Ampere (A)
Einheit für die Stärke eines elektrischen Stroms.

ARC-Unterstützung
Die Fähigkeit einer →Firmware, Bogen auszudrucken. Üblicherweise werden nur Linien unterstützt.

Arduino
Populäre, quelloffene und kostenfreie Entwicklungsplattform für →Mikroprozessoren, die neben der Elektronik auch eine Softwareentwicklungsoberfläche anbietet.

ATMega
Mikroprozessorfamilie, die Hauptbestandteil der →Arduino-Entwicklungsumgebung und damit auch der meisten 3-D-Drucker-Elektroniken ist.

ATX-Netzteil
Weitverbreitetes, genormtes PC-Netzteil, das häufig für 3-D-Drucker verwendet wird.

Belt
Englisches Wort für →Zahnriemen.

Blender
Sehr umfangreiches freies Open-Source-Programm, mit dem 3-D-Grafik erstellt werden kann. Kann auch für die Herstellung von ausdruckbaren 3-D-Dateien verwendet werden.

Bluetooth
Industriestandard zur Übertragung von digitalen Daten über kurze Distanz. Kann unter anderem auch →serielle Schnittstellen simulieren.

Bowden-Extruder
Ein →Extruder, der mit einem →Bowdenzug versehen ist.

Bowdenzug
Ein Schlauch, in dessen Innerem das Filament vom Extruder zum Hotend transportiert wird. Dient zur Entkopplung von Extruder und Hotend und erlaubt so Druckköpfe, die weniger Masse haben und sich dadurch leichter bewegen lassen.

Bridge
Siehe →Brücke.

Brücke
Ein Bereich des Ausdrucks, bei dem das Druckmaterial einige Millimeter bis Zentimeter geradlinig durch freie Luft geführt wird, bevor es wieder auf einem festen Untergrund haften kann.

Butadien
Farbloses Gas, das Bestandteil des Kunststoffs →ABS ist.

CAD
Abkürzung für »Computer Aided Design«, zu Deutsch »rechnergestütztes Konstruieren«, also die Konstruktion von Maschinenteilen am Computer.

CNC
Abkürzung für »Computerized Numerical Control«, zu Deutsch »computergestützte numerische Steuerung«. Steht für computergesteuerte Maschinen wie 3-D-Drucker oder CNC-Fräsen.

Direct-Drive
Direkt angetriebener →Extruder, bei dem ein direkt auf den →Schrittmotor montiertes Förderrad das →Filament vorwärts transportiert.

Dreipunktaufhängung
Bei 3-D-Druckern wird das →Heizbett oft an nur drei Stellen mit dem Rahmen des Druckers verbunden, um die →Kalibrierung gegenüber der →Vierpunktaufhängung zu vereinfachen.

Druckbett
Bereich eines 3-D-Druckers, auf den das auszudruckende Material ausgegeben wird. Ist häufig beheizt, um eine höhere Haftung zu erreichen.

EEPROM
Ein Speicher für einen →Mikroprozessor, der gelesen und beschrieben werden kann und seinen Inhalt auch über das Ausschalten des Geräts hinaus behält. Dient bei 3-D-Druckern der Speicherung von Parametern wie der Größe des Druckbetts oder der bevorzugten Drucktemperaturen.

Encoder
Elektrischer Drehschalter, der bei Bewegung einzelne Impulse an die Elektronik sendet. Dient als Eingabeknopf bei 3-D-Drucker-Elektroniken.

Endstop

Mechanischer, optischer oder magnetischer Schalter, der immer dann auslöst, wenn der Druckkopf am Ende der Achse angelangt ist und das Stoppen der Bewegung veranlasst.

Extruder

In diesem Buch der Teil des Druckkopfs, der für den Vortrieb des →Filaments verwendet wird. Steht im Englischen auch für den gesamten Druckkopf.

Fan

Englische Bezeichnung für Lüfter oder Ventilator.

FDM

Siehe →Fused Deposition Modelling.

Filament

Ein Plastikdraht mit meist 3 oder 1,75 mm Durchmesser, der beim FDM-Verfahren aufgeschmolzen und als Druckmaterial verwendet wird.

Fill Pattern

Siehe →Füllmuster.

Firmware

Die Software des 3-D-Druckers, die dem Mikroprozessor des Motherboards ermöglicht, den Druckkopf zu lenken, den Extruder zu steuern, die Temperatur von Heizbett und Hotend zu steuern sowie mit dem Computer zu kommunizieren.

Flash-Speicher

Ein Speicher für einen →Mikroprozessor, der gelesen und beschrieben werden kann und seinen Inhalt auch über das Ausschalten des Geräts hinaus behält. Anders als bei →EEPROMs können keine einzelnen Bereiche gelöscht werden, sondern nur ganze Speicherbereiche. Wird bei →SD-Karten eingesetzt.

Foldback-Klammer

Spezielle Form von Papierklammern, die sehr stark ist und bei 3-D-Druckern zur Befestigung in →Druckbetten zweckentfremdet wird.

Förderbolzen

Ein Metallbolzen, in den Längskerben eingefräst wurden und der dazu dient, →Filament innerhalb eines →Extruders voranzuschieben.

FreeCAD
Gutes und freies Open-Source-Programm, mit dem sich technische Zeichnungen (→CAD) anfertigen lassen.

Füllmuster
Geometrisches Muster, mit dem der von außen nicht sichtbare Innenraum eines ausgedruckten 3-D-Objekts gefüllt wird. Erlaubt das Einbauen von Hohlräumen, die Material und Ausdruckzeit sparen.

Fused Deposition Modelling
Zu Deutsch »Schmelzschichtung«, ein additives Fertigungsverfahren, bei dem Ausgabematerial in Schichten aus schmelzfähigem Material hergestellt wird. Die meisten einfachen 3-D-Drucker arbeiten nach diesem Prinzip.

G-Code
Genormte Computersprache, über die ein 3-D-Drucker angesteuert werden kann. Einzelne Befehle lassen den Druckkopf bewegen, Material ausgeben, Temperaturen einstellen.

Gewindestange
Runde Metallstange, deren Oberfläche mit einem Gewinde versehen ist, auf das Muttern geschraubt werden können. Wird häufig für die Rahmenkonstruktion und den Antrieb der z-Achse von 3-D-Druckern verwendet.

Glasschneider
Werkzeug mit einem Stahlrad oder einem harten Kristall, mit dem man eine Kerbe in Glas ritzen kann, die dann als Sollbruchstelle dient und so glatte Brüche des Glases ermöglicht.

Glastemperatur
Ein Temperaturbereich, in dem ein Werkstoff eine gummiartige bis zähflüssige Konsistenz aufweist. Bestimmt bei 3-D-Druckern die Haftung eines Objekts auf dem Druckbett und den Vortriebswiderstand im →Hotend.

Gleitlager
Bei 3-D-Druckern selten verwendete Lagerart, bei der ein exakt gefertigter Hohlzylinder auf einer →Welle gegen den Reibungswiderstand gleitet. Durch Schmierung kann der Widerstand verringert werden.

Hall-Sensor
Nach Edwin Hall benannter Sensor, der Magnetfelder messen kann. Wird unter anderem als →magnetischer Endstop verwendet.

Haltemoment

Die Kraft, die ein →Schrittmotor im Ruhezustand aufbringen kann, um seine derzeitige Position zu halten. Wird als Maßeinheit für die Stärke eines Motors verwendet.

Heat Chamber

Ein Kasten, der einen 3-D-Drucker umschließt und die Wärme in seinem Inneren hält, sodass weniger thermische Spannungen während des Ausdrucks auftreten.

Heizbett

Flächige Heizung, die das Druckbett erwärmt, sodass das Druckmaterial wie z. B. ABS oder PLA besser darauf haftet.

Heizpatrone

Elektrisches Bauteil, das sich bei Anlegung von Strom erwärmt. Wird als Heizung für →Hotends verwendet und ist oft leistungsfähiger als →Heizwiderstände.

Heizplatine

Zweckentfremdete elektronische Leiterplatte, die sich durch Anlegen von Strom erwärmt. Wird als Heizung für Druckbetten verwendet.

Heizwiderstand

Zweckentfremdeter elektrischer Leistungswiderstand, der als Heizung für →Hotends verwendet wird. Wird allmählich durch →Heizpatronen ersetzt.

Hobbed Bolt

Siehe →Förderbolzen.

Host-Software

Eine Software, über die ein 3-D-Drucker vom Computer aus bedient werden kann. Bietet die Bewegung des Druckkopfs, das Einstellen von Temperaturen und das Ausdrucken von Objekten an.

Hotend

Das »heiße Ende« des Druckkopfs, der das →Filament aufschmelzt und das flüssige Material über eine Düse auf dem →Druckbett ausgibt.

Homing

Das Fahren des Druckkopfes an die Nullposition seiner drei Achsen. Dient dazu, die Position des Druckkopfes festzulegen, und wird beim Beginn eines 3-D-Ausdrucks ausgeführt.

HRC
Prüfverfahren, das die Härte eines Stoffs bestimmt und bezeichnet. Wurde von Stanley Rockwell entwickelt.

Idler
Bauteil eines →Extruders, der dafür sorgt, dass das →Filament an den →Förderbolzen oder -Rad gedrückt wird.

Infill
Siehe →Füllmuster.

J-Head
Bewährtes, zuverlässiges und daher häufig verwendetes →Hotend.

Kabelbinder
Plastikteil, das ursprünglich zum Zusammenbinden von Kabeln gedacht ist und im 3-D-Drucker-Bereich häufig als günstige und stabile Befestigungsmöglichkeit für runde Objekte (z. B. →LB8UU) verwendet wird.

Kalibrierung
Vorgang, bei dem die Bestandteile eines 3-D-Druckers so aufeinander abgestimmt werden, dass gute Druckergebnisse erzielt werden können.

Kapton
Ein Polyimid-Kunststoff, der häufig als Klebeband verwendet wird und hohe Temperaturen aushält. Wird als →Druckbettunterlage für →ABS-Ausdrucke verwendet und zur Fixierung von Kabeln am →Hotend.

Kugellager
Ein Wälzlager, das bei 3-D-Druckern der reibungsarmen Drehung von Stangen dient. Wird in →Extrudern zur Befestigung des →Förderbolzens und zur Montage von →Gewindestangen bei der z-Achse verwendet.

Lasersintern
3-D-Druckverfahren, bei dem ein pulverförmiges Druckmaterial mit Lasern schichtweise aufgeschmolzen wird.

Laybrick
Spezielles →Filament, das eine raue Oberfläche, ähnlich wie Stein, bilden kann. Kann über die Temperatur von glatt bis rau eingestellt werden.

Layer
Englische Bezeichnung einer einzelnen Schicht eines 3-D-Ausdrucks.

Laywood
Spezielles →Filament, das teilweise auf Holz basiert, ebenso riecht und aussieht. Durch die Drucktemperatur lässt sich die Helligkeit des Materials beeinflussen.

LCD
Flüssigkristallanzeige, die häufig für →Stand-alone-3-D-Drucker verwendet und an die Elektronik des 3-D-Druckers angeschlossen wird.

Linearkugellager
Bei 3-D-Druckern häufig verwendete Lagerart, bei der ein mit Kugeln versehener Hohlzylinder auf einer →Welle gleitet. Häufig werden →LM8UUs verwendet.

Linearschienen
Eine Mechanik, die eine möglichst reibungsarme Bewegung entlang einer einzelnen Raumachse erlaubt. Wird häufig mit Wellen und LM8UUs realisiert.

LM8UU
Ein bestimmtes, günstiges Linearkugellager, das auf einer Welle von 8 mm bewegt werden kann.

Lookahead
Fähigkeit einer Firmware, neben dem aktuellen Befehl auch den nächsten zu berücksichtigen, z. B. bei der Beschleunigung.

Magnetischer Endstop
Ein →Endstop, der den Abstand zwischen sich und einem Magneten misst. Kann über ein →Potenziometer geregelt werden und wird häufig für die Z-Achse verwendet, um den Abstand zwischen →Druckbett und →Druckkopf genau einstellen zu können.

Manifold Objekt
Bezeichnet ein Computermodell eines 3-D-Objekts, in dem jedes Dreieck, aus dem es gebildet wird, mit drei anderen verbunden ist und damit keine Löcher aufweist. Nur bei geschlossenen Objekten kann man mathematisch zwischen innen und außen unterscheiden und nur solche kann man ausdrucken.

Marlin
Sehr umfangreiche und weitverbreitete →Firmware für 3-D-Drucker.

Mikroschalter

Ein kleiner, sehr leichtgängiger mechanischer Schalter, der häufig für →Endstops verwendet wird.

MOSFET

Der Metall-Oxid-Halbleiter-Feldeffekttransistor ist ein Transistor, der sehr große Ströme schalten kann. Er wird auf 3-D-Drucker-Elektroniken zum Regeln des Stroms für die →Hotend- oder Bettheizung verwendet.

Motherboard

Die Steuerungselektronik eines 3-D-Druckers, bestehend üblicherweise aus einem Mikroprozessor, Schrittmotortreibern, Regelungen zur Heizungssteuerung (Bett und →Hotend), →USB-Anschluss für den Computer sowie optional Display, Tastatur und →SD-Kartenleser.

NEMA 17

Eine Industrienorm, die Schrittmotoren beschreibt, die mit 12 V arbeiten, 42 x 42 mm groß sind und eine Achse mit 5 mm Durchmesser hat.

Nylon

Markenname für Polyamid 6.6, das auch im 3-D-Druck verwendet werden kann. Es benötigt recht hohe Temperaturen und liefert sehr langlebige, mechanisch belastbare Druckobjekte.

Ohm (Ω)

Einheit für den elektrischen Widerstand eines Geräts.

OpenSCAD

Freies Open-Source-Programm, mit dem man über eine Programmiersprache 3-D-Objekte definieren kann. Sehr leistungsfähig, aber umständlich zu bedienen.

Optischer Endstop

Ein →Endstop, der feststellen kann, ob ein Objekt in den Strahlengang der verwendeten Lichtschranke eingetreten ist. Wird häufig für →Endstops der X- und Y-Achse verwendet.

Paste Extruder

Ein Druckkopf, der darauf ausgelegt ist, dickflüssige Pasten auf das →Druckbett auszugeben, wodurch z. B. Keramik mit 3-D-Druckern verarbeitet werden kann.

PCB

Abkürzung für »Printed Circuit Board«, zu Deutsch Leiterplatte oder Platine. Eine mit Kupfer überzogene Kunststoffplatte, auf die elektrische Bauteile gelötet werden können.

PEEK

Abkürzung für »Polyetheretherketon«, ein Kunststoff, der ebenso wie PTFE häufig als thermischer Isolator in →Hotends verwendet wird.

Perimeter

Außen liegende Materialbahnen eines 3-D-Drucks. Perimeter sind maßgeblich für das Aussehen des 3-D-Objekts verantwortlich und werden daher im Allgemeinen langsamer und damit genauer gedruckt.

PET

Abkürzung für »Polyethylenterephthalat«, einem Kunststoff, der bekannt ist für seine Verwendung für Plastikflaschen. Wird als Haftgrund für →ABS-Ausdrucke verwendet.

PID

Ein Verfahren aus der Elektrotechnik, das bei 3-D-Druckern eingesetzt wird, um die Temperaturen von →Hotend und →Heizbett im gewünschten Toleranzbereich zu halten.

Pigment

Ein Farbstoff, der bei Filament unter das Druckmaterial gemischt wird. Viel Pigment im Material kann die Fließeigenschaften negativ verändern.

PLA

Abkürzung für »Polylactid«, zu Deutsch Polymilchsäure. Ein biologisch abbaubarer Kunststoff, der bei relativ niedrigen Temperaturen schmilzt, wenig zum →Warping neigt, ungiftig und hart ist und sich daher besonders gut für den 3-D-Druck eignet.

Plater

Bereich im Programm Slic3r, in dem 3-D-Objekte auf dem →Druckbett angeordnet werden.

Pneufit

Patentiertes Verbindungsstück, das auf der einen Seite das Ende eines Plastikschlauchs festhält und auf der anderen ein Gewinde bietet. Wird bei →Bowdenzügen verwendet.

Pololu
In der 3-D-Drucker-Szene ein Schrittmotortreiber der Firma Pololu, der neben der Schaltung der Ströme auch die komplizierte logische Ansteuerung der Motoren übernimmt.

Polyimid
Ein Kunststoff, der sehr widerstandsfähig gegenüber Temperatur und chemischen Lösungsmitteln ist. Ist Hauptbestandteil des →Kapton-Klebebandes, das häufig als Haftgrund für ABS-Ausdrucke und zur Befestigung von Elementen am →Hotend dient.

Polylactid
Siehe →PLA.

Polymilchsäure
Siehe →PLA.

Polyvinylalkohol
Siehe →PVA.

Potenziometer
Regelbarer elektrischer Widerstand, der durch manuelle Drehung verstellt wird. Wird z. B. verwendet, um einen magnetischen Endstop oder den Strom von Pololus einzustellen.

Pronterface
Veraltetes, aber immer noch verbreitetes Programm zur Steuerung von 3-D-Druckern.

PTFE
Abkürzung für »Polytetrafluorethylen«, ein Kunststoff, der hohe Temperaturen aushält und als thermischer Isolator in →Hotends verwendet wird. Bekannter Markenname ist »Teflon«.

Pulley
Beim 3-D-Druck ein spezielles Zahnrad, das für den Einsatz mit →Zahnriemen verwendet wird. Wird häufig für X- und Y-Achsen in 3-D-Druckern verwendet.

Pulsweitenmodulation
Siehe →PWM.

PVA
Abkürzung für »Polyvinylalkohol«, ein Kunststoff, der sich in Wasser auflösen lässt. Wird im 3-D-Druck für den Ausdruck von Stützstrukturen verwendet.

PWM
Abkürzung für »Pulsweitenmodulation«, ein Verfahren der Elektrotechnik, mit dem bei 3-D-Druckern z. B. die Geschwindigkeit von Lüftern geregelt wird.

Raft
Englisch für Floß, eine Konstruktion, die beim Ausdruck von Objekten zwischen dem Druckbett und dem Objekt ausgegeben wird, um →Warping zu vermeiden und die Haftung zu erhöhen.

Ramps
Weitverbreitete, ältere 3-D-Drucker-Elektronik, die auf einem Arduino Mega basiert und im Vergleich zu anderen Elektroniken viele Möglichkeiten (z. B. zwei Druckköpfe) bietet.

Repetier-Host
Gute Host-Software, mit der ein 3-D-Drucker bedient werden kann.

RepRap
Bewegung, die selbstreplizierende Drucker konstruieren möchte. Auf den Entwürfen von RepRap basieren die meisten →FDM-Drucker, sowohl Open-Source- als auch kommerzielle Geräte.

Retract
Das Zurückziehen des Druckmaterials aus dem Hotend kurz vor einer Bewegung des Druckkopfs, bei der kein Material ausgegeben werden soll.

RS232
Industriestandard einer →seriellen Schnittstelle.

Schmelzschichtung
Siehe →Fused Deposition Modelling.

Schrittmotor
Elektrischer Motor, der seine Kreisbewegung in einzelne Schritte unterteilen kann, wodurch ohne zusätzliche Sensorik die Position des Motors bekannt ist. Wird bei 3-D-Druckern für den Achsenantrieb und den →Extruder verwendet.

Schrittmotortreiber

Elektronische Schaltung, die die hohen Ströme schalten kann, die zum Betrieb von Schrittmotoren benötigt werden.

Schrumpfschlauch

Ein Schlauch, der sich unter Hitzeeinwirkung zusammenzieht. Wird in der Elektrotechnik häufig zur Isolation von Lötstellen verwendet.

SD-Karte

Speicherkarte, auf die bei →Stand-alone-3-D-Druckern die →G-Code-Daten des Ausdrucks abgelegt werden.

Serielle Schnittstelle

Genormte, relativ einfache Computerschnittstelle, über die Daten ausgetauscht werden können. Benötigt nur drei Leitungen und wird bei 3-D-Druckern für die Kommunikation mit dem Computer verwendet.

Silikon-Heizmatte

Flächige Heizung, die auf in Silikon gebetteten Heizdrähten basiert und bei 3-D-Druckern für die Erwärmung des Druckbetts verwendet werden kann.

Skeinforge

Altgedienter, sehr umfangreicher →Slicer, der leider eine sehr unübersichtliche grafische Oberfläche besitzt.

Slic3r

Ausgereifte, moderne und häufig benutzte →Slicing-Software.

Slicer

Software, die ein dreidimensionales Computermodell in für den 3-D-Drucker verständlichen G-Code umrechnet.

Stand-alone-3-D-Drucker

Drucker, der mit einem Display, einer Eingabemöglichkeit (→Encoder) und einem →SD-Kartenleser ausgestattet ist und so auch ohne angeschlossenen Computer in der Lage ist, Objekte auszudrucken.

Steppermotor

Siehe →Schrittmotor.

Stereolithografie
3-D-Druckverfahren, bei dem lichtempfindliches Flüssigharz mit Lasern selektiv erhärtet wird. Erlaubt hohe Genauigkeit.

STL
Abkürzung für »Surface Tesselation Language«, ein Computerdateiformat, das 3-D-Modelle aufnehmen kann und Quasi-Standard für den Austausch von 3-D-Objekten ist.

Stützstruktur
Siehe →Support Material.

Styrol
Farblose, chemische Flüssigkeit, die häufig in Kunststoffen verwendet wird, wie z. B. in ABS oder Styropor.

Support Material
→Stützstrukturen in einem 3-D-Ausdruck, die es erlauben, Überhänge zu drucken. Muss nach dem Ausdruck oft umständlich manuell entfernt werden und ist daher eine ungeliebte Notwendigkeit. Wird von der →Slicing-Software generiert.

T5-Belts
Zahnriemen, die einen Zahnabstand von 5 mm haben.

Thermistor
Elektronischer Messwiderstand, der seinen ohmschen Widerstand in Abhängigkeit mit der Temperatur verändert. Wird bei 3-D-Druckern zur Messung der →Hotend- und →Heizbett-Temperaturen verwendet.

Thingiverse
Bekannte Website, die für den 3-D-Ausdruck geeignete Objekte anbietet.

USB
Weitverbreitete, genormte Computerschnittstelle, die unter anderem eine →RS232-Schnittstelle simulieren kann. Wird zum Anschluss eines 3-D-Druckers an den Computer verwendet.

Vierpunktaufhängung
Bei 3-D-Druckern häufig verwendete Art, das Druckbett an vier Punkten mit dem Gehäuse zu verbinden. Ist schwieriger zu →kalibrieren als eine →Dreipunktaufhängung.

Volt (V)
Einheit für die Spannung eines elektrischen Stroms.

Wade-Extruder
Weitverbreiteter Extruder, der mittels eines großen und eines kleinen Zahnrads ein Getriebe bildet, das einen →Förderbolzen antreibt.

Warping
Ungewünschte Verformung, bei der sich ein 3-D-Ausdruck vom →Druckbett löst und sich nach oben wölbt. Entsteht durch mangelnde Haftung des Druckmaterials auf dem Druckbett und durch thermische Spannungen während des Ausdrucks.

Watt (W)
Einheit für die elektrische Leistung eines Geräts.

Welle
Maschinenelement zur Übertragung von Drehbewegungen und Drehmomenten. Beim 3-D-Drucker eine runde Metallstange, deren Oberfläche besonders glatt und hart ist, sodass →Linearkugellager wie z. B. →LM8UUs reibungs- und verschleißarm darauf fahren können.

Zahnriemen
Ein mit Stahldrähten verstärkter Plastik- oder Gummiriemen, der Zähne aufweist. Wird bei 3-D-Druckern häufig zusammen mit →Pulleys für den Antrieb der X- und Y-Achse verwendet.

Zahnstange
Eine rechteckige Stange, die auf der einen Seite Zähne aufweist, in die ein Zahnrad greifen kann. Kann zum Antrieb der Achsen eines 3-D-Druckers verwendet werden.

Anhänge

14.1 Glastemperaturen

Hier eine kleine Auflistung der Glastemperaturen für die üblichen Druckmaterialien:

Abkürzung	Material	Glastemperatur	Druckbett-Temperatur	Druckbett warm	Druckbett kalt
PLA	Polymilchsäure	45–64 °C	~55 °C	Glas	
ABS	Acrylnitril-Butadien-Styrol	110–120 °C	~115 °C	PET (z. B. Scotch 2090) Polyimid (z. B. Kapton-Klebeband Tesa® 51408)	Acryl
Nylon	Polyamid	40–60 °C	235–260 °C		Pappelholz, PET-Klebeband, UHU Alleskleber

14.2 G-Codes

Fast alle 3-D-Drucker, die derzeit auf dem Markt sind, verarbeiten sogenannte G-Codes. Diese Codes bestehen aus einer ganzen Reihe von speziell formatierten Befehlen, die dem Drucker sagen, was er genau machen soll. Die G-Codes wurden schon in den frühen 1960er-Jahren entworfen und bis in die 1980er-Jahre ständig weiterentwickelt. Mittlerweile sind sie standardisiert, in den USA unter ISO 6983, in Deutschland unter DIN 66025. Ursprünglich waren sie dazu gedacht, CNC-Fräsen anzusteuern, und so wundert es nicht, dass sich darin auch Befehle finden, die für einen 3-D-Drucker keinen Sinn ergeben, beispielsweise das Anschalten des Fräskopfs. Auf der anderen Seite brauchen 3-D-Drucker auch andere Befehle als CNC-Fräsen, denn diese kennen beispielsweise keine Extruder. Glücklicherweise haben die Standardisierungsgremien ein Schlupfloch offen gelassen, durch das man neue Befehle hinzufügen kann, die aber kompatibel zu den bestehenden G-Codes bleiben. Doch schauen wir uns einmal die G-Codes im Detail an:

Allgemeines zu G-Codes

Da vor allem in der Anfangszeit die G-Codes noch von Menschen erschaffen und eingegeben wurden, wurde für die Codes eine einfache Eingabemöglichkeit gewählt: der Texteditor. Er ermöglicht es, auf jedem Rechner, und sei er noch so einfach (und damals waren fast Rechner nach heutigen Maßstäben einfach!), die Codes erstellen und bearbeiten zu können. G-Codes werden also als einfache Textdatei (ASCII) gespeichert, wobei eine Zeile wahlweise mit einem Linefeed, einem Carriage Return oder beidem beendet wird – daher ist es egal, ob Sie unter Windows oder Linux arbeiten, die Texteditoren beider Systeme können problemlos verwendet werden. Doch sehen wir uns einmal ein kleines Beispiel an:

```
G28 ; Alle Achsen auf Ausgangsposition stellen
M109 S200 ; Warten, bis das Hotend 200 °C erreicht hat
G90 ; Absolute Koordinaten verwenden
M82 ; Absolute Längen für Extrusion verwenden
G1 Z0.250 F3000.000; Position anfahren, Z-Achse
G1 X94.083 Y61.260 ; Position anfahren, X&Y-Achse
G1 X94.923 Y60.240 F900.000 E4.00867 ; Pos. anfahren & drucken
G1 X95.943 Y59.400 E4.01733 ; Pos. anfahren & drucken
M107 ; Lüfter ausschalten
M104 S0 ; Hotend ausschalten
M140 S0 ; Heizbett ausschalten
G0 Y0 ; Anfangspos. der Y-Achse schnell anfahren
G0 X0 ; Anfangspos. der X-Achse schnell anfahren M84 ; Alle Motoren abschalten
```

Listing 14.1: Ein erstes Programm.

Wir wollen an dieser Stelle noch gar nicht so genau auf den Inhalt des Programms eingehen, sondern uns zunächst den Aufbau des Programms und der Befehle anschauen. Zuerst einmal können Sie sehen, dass jeder Befehl – der erste Eintrag in einer Zeile – mit einem Buchstaben beginnt, dem dann eine Ganzzahl folgt. Dem Befehl folgen eventuell verschiedene Parameter, die ebenso aus einem beginnenden Buchstaben und einer Zahl bestehen. Diese Zahl kann hier aber entweder eine Ganzzahl sein oder aber auch eine reelle Zahl, also mit Nachkommastellen, jedoch statt des Kommas mit einem Punkt, da es eine amerikanische Norm ist. Jeder Befehl steht mit seinen Parametern in seiner eigenen Zeile, was nicht unbedingt notwendig, aber der Übersicht wegen außerordentlich sinnvoll ist. Außerdem ist es möglich, Kommentare ans Ende einer Linie zu setzen, indem man ein Semikolon voranstellt. Die vorangestellten Buchstaben haben natürlich eine bestimmte Bedeutung – wir betrachten hier aber nur die für den 3-D-Druck relevanten Befehle:

Befehl	Gruppe	Beispiel
G	Standardcodes	Bewegen des Druckkopfs
M	Verschiedenes (Miscellaneous)	Sonderfunktionen des Druckers
T	Werkzeugwahl (Tool selection)	Wechsel des Druckkopfs bei Druckern mit mehreren Druckköpfen

Die Befehle, die mit G beginnen, steuern in den meisten Fällen den Druckkopf und bewegen ihn in eine neue Position – dabei wird durchaus auch Material ausgegeben. Diese Befehle machen sicherlich 99 % eines üblichen G-Code-Programms aus. CNC-Maschinen können oft automatisch den Fräskopf wechseln, was in der Praxis viel Zeit spart. T-Befehle dienen dort dazu, den entsprechenden Fräskopf auszuwählen und einzusetzen. Bei 3-D-Druckern gibt es keine Fräsköpfe, es kann höchstens sein, dass ein 3-D-Drucker einmal mehr als einen Extruder und ein Hotend hat. In so einem Fall kann der entsprechende Druckkopf dann mit einem T-Befehl für den weiteren Druck ausgewählt werden. Da die G-Codes ursprünglich für CNC-Fräsmaschinen erstellt wurden und viele der speziellen Funktionen von 3-D-Druckern aufgrund des Standardisierungsalters darin gar nicht enthalten sein können, nutzt man hierfür die M-Befehle. Diese dürfen laut Spezifikation eigenständig vom Hersteller für jede einzelne Maschine neu definiert werden, um darin spezielle Funktionen dieser Maschine zu berücksichtigen. Man hat also eine ganze Reihe von neuen M-Befehlen ins Leben gerufen, die nur für 3-D-Drucker geeignet sind. Das Problem dabei ist, dass es gerade in der Open-Source-Welt viele Autoren gibt, die Druckerbetriebssysteme (Firmwares) und auch jeweils unterschiedliche neue Funktionen entwickelt haben, ohne sich untereinander abzustimmen. So schön der G-Code-Standard auch ist, im Bereich der M-Codes gibt es keinen richtigen Standard, und so kann es kommen, dass Befehle sich wiederholen oder von Firmware zu Firmware unterschiedlich arbeiten.

Doch zurück zu den Befehlen. Jeder G-Code-Befehl kann mehrere Parameter haben. Diese Parameter müssen aber nicht in jedem Fall angegeben werden, es kann sein, dass derselbe Befehl einmal mit zwei, ein anderes Mal mit drei oder vier Parametern aufgerufen wird. Damit nun die Firmware weiß, welcher Parameter gemeint ist, beginnt jeder mit einem eigenen Buchstaben. Auch diese haben natürlich eine eigene Bedeutung:

Buchstabe	Bedeutung
X	Eine X-Koordinate, z. B. für Bewegungsbefehle.
Y	Eine Y-Koordinate, z. B. für Bewegungsbefehle.
Z	Eine Z-Koordinate, z. B. für Bewegungsbefehle.
F	Die Vorschubrate oder Geschwindigkeit, mit der der Druckkopf bewegt werden soll.
E	Spricht den Extruder an und gibt damit an, wie viel Druckmaterial ausgegeben werden soll.
R	Wird meistens für Temperaturen verwendet.
P	Gibt meistens eine Zeit in Millisekunden an.
S	Gibt üblicherweise eine Spannung an, aber manchmal auch Temperaturen.
N	Die Zeilennummer des aktuellen G-Code-Programms.
*	Prüfsumme.

Grundsätzlich muss man aber beachten, dass die Parameterbuchstaben bei jedem einzelnen Befehl unterschiedliche Bedeutungen haben können. Man sollte also im Zweifelsfall bei der Beschreibung des Befehls noch einmal nachsehen. Doch kommen wir nun zu den eigentlichen G-Code-Befehlen.

Gepufferte G-Codes

Grundsätzlich gibt es zwei Arten von Befehlen: ungepufferte und gepufferte. Der einfachste Fall ist sicherlich der ungepufferte Befehl: Wenn man beispielsweise auf dem PC dem angeschlossenen Drucker die Anweisung gibt, das Hotend auf eine gewisse Temperatur zu erhitzen, so ist dies ein ungepufferter Befehl. Der Drucker empfängt den Befehl, arbeitet ihn ab und heizt das Hotend auf. Das nimmt natürlich einige Minuten in Anspruch, und erst wenn die gewünschte Temperatur erreicht ist, meldet der Drucker an den Computer zurück, dass er die Aktion durchgeführt hat. Im Gegensatz dazu gibt es Befehle, die gepuffert werden. Gibt man auf dem PC dem Drucker die Anweisung, zu einer gewissen Position zu fahren, nimmt der Drucker diesen Befehl entgegen und meldet sofort zurück, dass er die Anweisung ausgeführt hat –

auch wenn das noch gar nicht der Fall ist. Der Computer ist dann in der Lage, sofort den nächsten Befehl zu senden. Technisch wird das so umgesetzt, dass der Drucker einen kleinen Speicher hat, in den er in einem ersten Schritt alle gepufferten Befehle hineinschreibt und dem Computer die positive Rückmeldung gibt. Dann beginnt er, den Befehl abzuarbeiten, was ja auch einige Sekunden dauern kann. In der Zwischenzeit sendet der Computer weitere gepufferte Bewegungskommandos. Auf diese Weise findet eine Kommunikation zwischen Computer und Drucker statt, ohne dass ein Zeitverlust auftritt. Ein weiterer Vorteil ist, dass der Drucker in der Lage ist, sich nicht nur den aktuellen Befehl anzusehen, sondern auch den darauffolgenden. So kann er bei zwei Bewegungsbefehlen, die zusammen eine Linie bilden, eine hohe Geschwindigkeit fahren, während er bei zwei Befehlen, die zusammen eine spitze Ecke bilden, die Geschwindigkeit reduzieren kann, um die Ecke sauber auszudrucken. Dieses Verfahren, *Look-ahead-Technologie* genannt, kann die Druckgeschwindigkeit auf einem hohen Niveau halten, ohne dass man an der Qualität Einbußen hinnehmen muss. Natürlich hat der Drucker keinen unendlich großen Speicher, um Befehle zu puffern, andererseits ist der Computer durchaus in der Lage, sehr viele Anweisungen in schneller Folge zu schicken. Der Puffer des Druckers wird also nach absehbarer Zeit gefüllt sein, und erst das Abarbeiten einiger Befehle schafft wieder Platz für neue. Wenn der Speicher des Druckers gefüllt ist, nimmt er noch einen Befehl vom Computer entgegen, meldet aber nicht sofort zurück, dass er den Befehl erhalten hat, sondern wartet so lange, bis er in der Lage ist, diesen Befehl wieder in den Puffer zu schreiben.

G0: Schnelle Bewegung

Beispiel: `G0 Y0 X0 Z10`

Mit diesem Befehl kann der Druckkopf an eine beliebige Position gefahren werden. Bei CNC-Fräsen bewirkt dieser Befehl, dass sie schneller (aber ungenauer) als normal fahren. Da die 3-D-Drucker nach einem anderen Verfahren arbeiten und diese Funktion hier nicht benötigt wird, ist dieser Befehl gleichbedeutend mit dem `G1`-Befehl, der das Fahren mit normaler Geschwindigkeit in Gang setzt. In unserem Beispiel wird die Position Y = 0 mm, X = 0 mm und Z = 10 mm angefahren.

G1: Kontrollierte Bewegung

Beispiel: `G1 X200 Y100 E1.5 F1500`

Wie bei `G0` bewirkt dieser Befehl, dass der Druckkopf sich an die angegebene Position bewegt. Im Gegensatz zur schnellen Bewegung geschieht dies bei CNC-Fräsen in einem langsamen, kontrollierten Modus, bei 3-D-Druckern gibt es diese Unterscheidung nicht. Dieser Befehl ist sicherlich der wichtigste, denn mit ihm kann man nicht nur verschiedene Positionen anfahren, sondern auch gleichzeitig Material ausgeben, also ausdrucken. Ein G-Code-Programm besteht sicherlich zu 99 % nur aus diesem einen Befehl. Sehen wir uns das Beispiel einmal genauer an: Vor dem Befehl steht der Druckkopf an irgendeiner Stelle und hat eine bestimmte Länge des Filaments bereits ausgegeben. Nehmen wir einmal an, die Position davor wäre X = 0, Y = 0, Z = 0, der

Extruder hätte noch kein Filament ausgegeben, und die Geschwindigkeit wäre auf 1000 mm/min eingestellt. Bekommt nun der Drucker diesen Befehl, fährt er den Druckkopf an die Position X = 200 mm, Y = 100 mm. Der Parameter E1.5 besagt, dass der Extruder nun entlang des Wegs so lange Material ausgeben soll, bis 1,5 mm des Filaments verbraucht wurden. Der Parameter F1500 gibt dann noch die Geschwindigkeit an, auf die der Druckkopf entlang des Wegs beschleunigen soll. Nach der Abarbeitung des Befehls steht der Druckkopf auf der Position X = 200, Y = 100, der Extruder steht bei 1,5 mm, und die Geschwindigkeit ist auf 1500 mm/min eingestellt.

G28: Zur Ausgangsposition fahren

Beispiel:: G28 X0 Y23.1

Dieser Befehl veranlasst den Drucker, den Druckkopf in die Ausgangsposition zu fahren, also in die Position, in der die Endstops der jeweiligen Achsen auslösen. Wird der Befehl ohne Parameter angegeben, werden alle Achsen (X, Y und Z) in die Ausgangsposition zurückgefahren. Werden hingegen X-, Y- oder Z-Parameter angegeben, werden nur die angegebenen Achsen zurückgefahren. Die Zahlenwerte in den Parametern werden dabei ignoriert, es wird immer zur Ausgangsposition gefahren.

Ungepufferte G-Codes

G4: Pausieren

Beispiel: G4 P1000

Dieser Befehl bewirkt, dass der Drucker für die angegebene Zeit nichts tut – im Beispiel 1000 ms oder 1 Sekunde. Die verschiedenen Einstellungen des Druckers (zum Beispiel Hotend-Temperatur) werden beibehalten.

G10: Druckkopf-Offset

Beispiel: G10 P2 X5.78 Y-1.23 Z0.0 R130 S200

Mit diesem Befehl kann ein zweites oder drittes Hotend beim Drucker angemeldet und der Abstand zum ersten Hotend angegeben werden. Die X-, Y- und Z-Parameter geben den Abstand zum ersten Hotend an und dürfen auch negative Werte haben. Der Z-Parameter sollte in jedem Fall 0 betragen, da sonst die beiden Hotends nicht auf gleicher Höhe liegen und so das eine Hotend den Ausdruck des anderen durchstoßen kann. Über den P-Parameter können Sie das Hotend angeben (im Beispiel Hotend 2), über den R-Parameter können Sie die Stillstandtemperatur einstellen und über S die Betriebstemperatur. Möchten Sie nicht, dass eine langwierige Heizperiode entsteht, setzen Sie einfach R und S auf den gleichen Wert.

G20: Einheit auf Zoll einstellen

Beispiel: `G20`

Dieser Befehl setzt die allgemein verwendete Einheit auf Zoll. Die Parameter der Bewegungsbefehle werden nach diesem Befehl also beispielsweise als Zoll-Werte interpretiert und nicht, wie standardmäßig, als mm.

G21: Einheit auf Millimeter einstellen

Beispiel: `G21`

Hiermit wird die Einheit auf Millimeter eingestellt, was auch dem Standard entspricht.

G90: Absolute Positionierung einschalten

Beispiel: `G90`

Dies ist der Standard bei 3-D-Druckern. Positionsangaben beziehen sich immer auf den absoluten Nullpunkt des Druckers, die Ausgangsposition. `G1 X5` lässt also beispielsweise den Druckkopf auf die X-Position 5 mm fahren, also 5 mm neben der Ausgangsposition.

G91: Relative Positionierung einschalten

Beispiel: `G91`

Hiermit kann man den 3-D-Drucker auf relative Positionierung umstellen. Positionsangaben beziehen sich dann auf die zuletzt erreichte Position. Der Befehl `G1 X5` lässt in diesem Fall den Druckkopf auf eine Position fahren, die 5 mm auf der X-Achse neben der zuletzt erreichten Position liegt.

G92: Position logisch setzen

Beispiel: `G92 X20 Y10 Z0.0 E0`

Mit diesem Befehl können Sie alle Achsen auf einen bestimmten Wert setzen. Dieser Wert wird in der Firmware des Druckers gesetzt, der Druckkopf selbst wird aber nicht bewegt. Alle nachfolgenden Befehle beziehen sich dann auf den neuen Ursprungspunkt. Wird `G92` ohne Parameter angegeben, werden alle Achsen auf Position 0 gesetzt.

M0: Beenden

Beispiel: `M0`

Der Drucker beendet alle verbliebenen Bewegungsschritte in seinem Puffer und schaltet dann Motoren, Hotend und Heizbett aus. Der Drucker lässt sich anschließend nicht mehr benutzen, lediglich ein Zurücksetzen (Reset) der Druckersteuerung ändert das.

M1: Schlafmodus

Beispiel: M1

Der Drucker beendet alle verbliebenen Bewegungsschritte in seinem Puffer und schaltet dann Motoren, Hotend und Heizbett aus. Dieser Befehl wird häufig am Ende eines G-Code-Programms verwendet, um den Druck ordnungsgemäß abzuschließen. Es ist anschließend möglich, den Drucker wieder ganz normal zu verwenden.

M17: Alle Schrittmotoren einschalten

Beispiel: M17

Aktiviert alle Schrittmotoren, nachdem sie mit dem Befehl M18 abgeschaltet wurden.

M18: Alle Schrittmotoren ausschalten

Beispiel: M18

Alle Schrittmotoren werden abgeschaltet, die Achsen lassen sich jetzt auch von Hand verschieben.

M20: Inhaltsverzeichnis der SD-Karte ausgeben

Beispiel: M20

Mit diesem Befehl werden alle Dateien, die sich auf der SD-Karte im 3-D-Drucker befinden, ausgegeben. Auch Dateien, die sich in Unterverzeichnissen befinden, werden dabei mit ausgegeben, wobei der Unterordner Teil des Dateinamens ist.

M21: Initialisieren der SD-Karte

Beispiel: M21

Wenn dieses Kommando an den 3-D-Drucker geht, wird die SD-Karte im Drucker neu eingelesen und damit initialisiert. Ohne diesen Schritt kann die SD-Karte nicht im Drucker verwendet werden. Beim Einschalten und eingelegter SD-Karte wird dieser Schritt automatisch durchgeführt.

M22: SD-Karte auswerfen

Beispiel: M22

Wenn Sie die SD-Karte aus dem Gerät nehmen möchten, sollten Sie diesen Befehl vorher absenden.

M23: Datei auf der SD-Karte auswählen

Beispiel: M23 DATEI.G

Mit diesem Befehl können Sie eine Datei auf der SD-Karte des Druckers für den Ausdruck auswählen. Hinter dem Befehl wird der Dateiname angegeben – bitte beachten

Sie, dass lediglich die 8.3-Namenskonvention (maximal acht Buchstaben, ein Punkt und nochmals maximal drei Buchstaben) unterstützt wird.

M24: Starten oder Fortsetzen des SD-Ausdrucks

Beispiel: M24

Hiermit können Sie den Ausdruck einer Datei auf der SD-Karte starten. Zuvor ist es notwendig, die entsprechende Datei mit dem M23-Befehl auszuwählen.

M25: SD-Ausdruck pausieren

Beispiel: M25

Um den Ausdruck von einer SD-Karte pausieren zu lassen, können Sie diesen Befehl an den Drucker senden. Anschließend ist es möglich, den Ausdruck mit dem Befehl M24 fortzuführen.

M26: Position in der SD-Karten-Datei setzen

Beispiel: M26 S1231

Hiermit können Sie den Drucker anweisen, die Abarbeitungsposition in der SD-Karten-Datei auf eine bestimmte Position zu setzen. Diese Position können Sie über den S-Parameter angeben, in unserem Beispiel also 1231.

M27: Status des SD-Karten-Ausdrucks anzeigen

Beispiel: M27

Mit diesem Befehl können Sie sich den Status des SD-Karten-Drucks ausgeben lassen. Der Drucker gibt Ihnen an, an welcher Stelle der SD-Karten-Datei er sich gerade befindet.

M28: Start eines SD-Karten-Dateischreibvorgangs

Beispiel: M28 Datei.g

Wenn der Drucker diesen Befehl erhält, generiert er auf der SD-Karte eine neue Datei oder überschreibt eine bestehende, wobei er den angegebenen Dateinamen verwendet.

Anschließend werden sämtliche Befehle, die an den Drucker gesendet werden, auf die SD-Karte geschrieben und nicht ausgeführt. Dieser Modus wird so lange beibehalten, bis der Befehl M29 gegeben wird.

M29: Beenden eines SD-Karten-Dateischreibvorgangs

Beispiel: M29

Der zuvor mit dem Befehl M28 gestartete Schreibvorgang wird abgeschlossen und die Datei geschlossen. Alle anschließend gesendeten Befehle werden wieder normal vom Drucker direkt ausgeführt.

M30: Löschen einer Datei auf der SD-Karte

Beispiel: M30 Datei.g

Wenn Sie diesen Befehl eingeben, können Sie die angegebene Datei auf der SD-Karte löschen.

M40: SD-Karte auswerfen

Beispiel: M40

Vor allem wenn Schreibzugriffe auf die SD-Karte ausgeführt wurden (Schreiben oder Löschen von Dateien), sollte unbedingt der M40-Befehl gegeben werden, bevor die SD-Karte aus dem Laufwerk entnommen wird, denn es kann sein, dass noch nicht alle Daten auf die SD-Karte geschrieben wurden.

M41: Eine Programmausführungsschleife bilden

Beispiel: M41

Wenn Ihr 3-D-Drucker über eine Möglichkeit verfügt, die ausgedruckten Teile wieder von der Druckplatte zu entfernen, ist dieser Befehl für eine Massenproduktion interessant: Er wiederholt den letzten SD-Karten-Druckvorgang immer und immer wieder, bis Sie entweder den Reset-Knopf drücken, das Material ausgeht (und Ihr Drucker das bemerkt) oder ein Fehler auftritt. Achten Sie darauf, dass der Befehl zum Entfernen des fertigen Druckobjekts in der SD-Karten-Datei enthalten ist. Dieser Befehl ist natürlich mit Vorsicht zu benutzen, da schon beim kleinsten Fehler dieser dutzendfach wiederholt wird.

M42: Stopp bei fehlendem Material/IO-Pin ansteuern

Beispiel: M42/M42 P6 S255

Bei diesem Befehl gibt es unterschiedliche Interpretationen bei den verschiedenen Firmwares. Manche reagieren darauf, dass das Material ausgeht, fahren die X- und Y-Achse in ihre Ausgangspositionen und beenden dann jegliche Aktivität. Mit der Marlin-Firmware hingegen kann man mit diesem Befehl einen I/O-Pin des Mikrocontrollers auf einen gewissen Wert setzen – in unserem Beispiel wird Pin 6 auf den Wert 255 gesetzt.

M43: Ruhezustand bei fehlendem Material

Beispiel: `M43`

Wenn Ihr Drucker in der Lage ist, ausgehendes Material zu erkennen, fährt er die X-Achse und die Y-Achse in ihre Ausgangsposition und schaltet alle Motoren sowie das Hotend aus. Das Heizbett bleibt aber angeschaltet, und der Drucker reagiert auch auf nachfolgende Befehle, sodass nach Behebung des Problems der Druck fortgesetzt werden kann.

M80: Netzteil anschalten

Beispiel: `M80`

Einige Elektroniken erlauben das An- und Abschalten eines ATX-Netzteils. Wenn Sie über eine solche Platine verfügen, können Sie mit diesem Befehl das Netzteil anschalten

M81: Netzteil ausschalten

Beispiel: `M81`

Wenn Sie eine Elektronik besitzen, die das An- und Abschalten Ihres ATX-Netzteils erlaubt, können Sie mit diesem Befehl das Netzteil ausschalten.

M82: Extruder in den absoluten Modus schalten

Beispiel: `M82`

Wenn dieser Befehl an den Drucker gesendet wird, werden alle anderen nachfolgenden Extruder-Befehle als absolute Angaben interpretiert. Dies ist die Standardeinstellung der meisten Firmwares.

M83: Extruder in den relativen Modus schalten

Beispiel: `M83`

Dieser Befehl lässt den Drucker alle nachfolgenden Extruder-Befehle als relative Angaben interpretieren.

M84: Haltemoment bei Untätigkeit abschalten

Beispiel: `M84`

Schrittmotoren haben die Fähigkeit, ihre letzte Position aktiv zu halten und ein unfreiwilliges Durchdrehen des Motors zu unterbinden. Dieser Modus verbraucht aber sehr wohl Strom, heizt den Motor auf und produziert häufig ein lästiges Summen. Mit diesem Befehl können Sie das Haltemoment in Ruhepausen abschalten. Während des Drucks ist das nicht zu empfehlen, da die Druckqualität erheblich beeinträchtigt werden kann. Lediglich vor oder nach einem Druckauftrag ergibt dieser Befehl Sinn.

M92: Schritte pro Einheit für eine Achse setzen

Beispiel: M92 Z6443

Mit diesem Befehl ist es möglich, die Anzahl der Schrittmotorschritte einzustellen, die eine bestimmte Achse für die aktuelle Einheit (Millimeter oder Zoll) benötigt. In unserem Beispiel wird die Z-Achse auf den Wert 6443 eingestellt. Dieser Wert wird so lange beibehalten, bis der Befehl erneut ausgeführt oder die Elektronik neu gestartet wird.

M104: Hotend-Temperatur setzen

Beispiel: M104 S200

Dieser Befehl veranlasst den Drucker, die Hotend-Temperatur auf den angegebenen Wert zu setzen. Obwohl dies ein ungepufferter Befehl ist, meldet der Drucker sofort Vollzug.

Dieser Befehl ist möglicherweise bereits veraltet.

M105: Prozent-Temperatur ausgeben

Beispiel: M105

Hiermit können Sie die Werte aller Temperatursensoren Ihres Druckers ausgeben lassen – also die aller Hotends und Ihres Heizbetts.

M106: Lüftergeschwindigkeit einstellen

Beispiel: M106 S128

Wenn Sie einen Lüfter an Ihren Drucker angeschlossen haben, können Sie ihn hiermit auf eine bestimmte Geschwindigkeit einstellen. Im Parameter S können Sie angeben, wie schnell der Kühler arbeiten soll, wobei 0 für keine Bewegung und 255 für die volle Bewegung steht. Im angegebenen Beispiel läuft der Lüfter also mit halber Geschwindigkeit.

M109: Hotend-Temperatur einstellen und warten

Beispiel: M109 S190

Dieser Befehl wird bei einigen Firmwares anders gehandhabt als bei anderen. Im Allgemeinen dient er dazu, das Hotend auf die angegebene Temperatur (in unserem Fall 190 °C) zu bringen und so lange mit der Ausführung anderer Befehle zu warten.

M112: Notstopp

Beispiel: M112

Dieser Befehl setzt die Abarbeitung sämtlicher Befehle sofort aus, alle Motoren und Heizungen werden abgeschaltet, und der Drucker geht in den Ruhezustand, aus dem er nur noch mit einem Reset geweckt werden kann.

M114: Ausgabe der aktuellen Position

Beispiel: M114

Der Drucker gibt die aktuelle Position des Hotends und des Extruders zurück.

M115: Ausgabe der Firmwareversion

Beispiel: M115

Veranlasst den Drucker, eine Meldung über die verwendete Firmware auszugeben.

M116: Abwarten

Beispiel: M116

Veranlasst den Drucker, so lange zu warten, bis alle gewünschten Temperaturen erreicht wurden.

M119: Status der Endstops anzeigen

Beispiel: M119

Der Drucker gibt den logischen Status aller Endstops aus. Eine hardwareseitige Invertierung wird dabei berücksichtigt.

M130: Einstellung des PID-P-Parameters für das Hotend

Beispiel: M130 P0 S8.1

Setzt den PID-Parameter P des angegebenen Hotends (in unserem Beispiel Hotend 0) auf den angegebenen Wert (im Beispiel 8.1).

M131: Einstellung des PID-I-Parameters für das Hotend

Beispiel: M131 P1 S1.5

Setzt den PID-Parameter I des angegebenen Hotends (in unserem Beispiel Hotend 1) auf den angegebenen Wert (im Beispiel 1.5).

M132: Einstellung des PID-D-Parameters für das Hotend

Beispiel: M132 P2 S13.1

Setzt den PID-Parameter D des angegebenen Hotends (in unserem Beispiel Hotend 2) auf den angegebenen Wert (im Beispiel 13.1).

M140: Setzen der Bett-Temperatur

Beispiel: M140 S55

Dieser Befehl veranlasst den Drucker, die Druckbett-Temperatur auf den angegebenen Wert zu setzen. Obwohl dies ein ungepufferter Befehl ist, meldet der Drucker sofort Vollzug, ohne dass die Bett-Temperatur erreicht sein muss.

M141: Setzen der Heizkammer-Temperatur

Beispiel: M141 S40

Wenn Ihr 3-D-Drucker über eine Heizkammer verfügt, kann man mit diesem Befehl deren Temperatur einstellen. In unserem Fall wird die Heizkammer-Temperatur auf 40 °C gesetzt.

M143: Maximale Hotend-Temperatur

Beispiel: M143 S250

Dieser Befehl verhindert, dass die Temperatur des Hotends aus Versehen auf einen Wert eingestellt wird, der über dem hier angegebenen Wert liegt. Es ist eine Art Sicherheitsabschaltung, auf die man sich aber nicht allein verlassen sollte.

M190: Setzen und Warten auf Bett-Temperatur

Beispiel: M190 S55

Bekommt der Drucker diesen Befehl, erhitzt er das Druckbett, bis die gewünschte Temperatur erreicht ist, und fährt erst dann mit der Abarbeitung der nachfolgenden Befehle fort.

M201: Setzen der maximalen Achsbeschleunigung für Ausdrucke

Beispiel: M201 X1000 Y1000 Z500

Hiermit kann man die maximale Beschleunigung einstellen, die der Druckkopf bei einem Ausdruck entlang einer bestimmten Achse erfahren soll. In unserem Beispiel werden X- und Y-Achse auf 1000 mm/s^2 und die Z-Achse auf 500 mm/s^2 eingestellt.

M202: Setzen der maximalen Achsbeschleunigung für Fahrwege

Beispiel: M202 X2000 Y2000 Z1000

Hiermit kann man die maximale Beschleunigung einstellen, die der Druckkopf bei normalen Fahrwegen, also ohne Ausdruck, entlang einer bestimmten Achse erfahren soll. In unserem Beispiel werden X- und Y-Achse auf 2000 mm/s^2 und die Z Achse auf 1000 mm/s^2 eingestellt.

M303: Automatische Abstimmung der PID-Werte

Beispiel: M303 S220

Eine sehr brauchbare Funktion, die allerdings leider nicht von allen Firmwares unterstützt wird, ist die automatische Abstimmung der PID-Werte. Gibt man diesen Befehl ein, heizt der Drucker das Hotend oder das Heizbett mehrfach auf und lässt es wieder abkühlen, wobei er die PID-Werte nach und nach anpasst. Nach einigen Durchgängen präsentiert er die herausgefundenen PID-Werte dem dankbaren Besitzer. Über den Parameter E kann man das Hotend (>=0) oder aber das Heizbett (-1) einstellen, der Parameter s gibt die Zieltemperatur an, und über den Parameter c kann man die Anzahl der Durchgänge bestimmen, die zur PID-Bestimmung verwendet werden sollen – üblich sind hier 5.

Stichwortverzeichnis

Symbole
3-D-Drucker
   Achsen 31
   Aufbau 17
   Elektronik 115
3-D-Modelle 11, 257

A
ABS 24, 25, 263
   Abkürzung 104
   Temperatur Heizbett 53
ABS-Glue 70, 263
Aceton 25, 263
Achsen 31
   Kraftübertragung 40
   Linearführung 31
   Schrittmotor 35
Acrylnitril 263
Acrylnitril-Butadien-Styrol 264
Ampere 264
ARC-Unterstützung 264
Arduino 138, 264
   Installation 139
ATMega 264
ATX-Netzteil 125, 264

B
Belt 264
Blender 261, 264
Bluetooth 264
Bowden-Extruder 264
Bowdenzug 85, 264
Bridge 265
Brücke 265
Butadien 265

C
CAD 265
CNC 265
CNC-Fräse 14, 113

D
Direct-Drive 265
Display 132
Dreipunktaufhängung 265
Druckbett 13, 14, 16, 17, 18, 21, 49, 51, 54, 58, 62, 92, 186, 265
   Dreipunktaufhängung 70
   Ebenheit 51
   Gewicht 52
   Glas 64
   Größe 50
   Haftung 50
   Heizbett 53
   Heizplatinen 62
   Kalibrierung 66
   Kontaktfläche 51
   Montage 62
   Temperaturbeständigkeit 51
   Vierpunktaufhängung 68
Druckkopf 75
   Extruder 76
Druckmaterial 103
   ABS 104
   Arten 104
   Holz 106
   Nylon 106
   PLA 105
   PVA 105
   Stein 107
Druckverfahren

Lasersintern 14
Druckverfahren
  additiv 13
  Fused Deposit 16
  Multi-Jet-Modelling 16
  Sintern 14
  Stereolithografie 15
  subtraktiv 13
Duroplaste 104

E
EEPROM 265
Elektronik 9, 17, 18, 20, 115
  24 Volt 128
  Arduino 116
  Aufgaben 115
  Auswahl 129
  Bestandteile 116
  Bluetooth 128
  Checkliste für Auswahl 129
  Display 126
  Endstop 119
  Gen7 130
  Heizungssteuerung 123
  Ramps 1.4 130
  Rumba 131
  Schrittmotor 118
  Smoothie 131
  Stromversorgung 125
  Übersicht 132
Encoder 265
Endstop 119, 120, 132, 155, 266
  magnetisch 121
  Mikroschalter 120
  optisch 121
Extruder 17, 18, 76, 246, 289
  Bowdenzug 97
  Direct-Drive 85
  Förderrad 88
  Paste 88
  Wade-Extruder 77

F
Fan 266
FDM 266
Filament 50, 104, 266
  Beschaffung 108
  Durchmesser 107
  Gesundheit 109
  Pigmente 109
  Qualität 108
Fill Pattern 266
Firmware 18, 135, 149, 266
  Änderungen durchführen 144
  Auswahl 136
  Funktionen 137
  Installation 141
  Marlin 137
  Repetier 137
  Sprinter 136
  Teacup 136
Flash-Speicher 266
Foldback-Klammer 266
Foldback-Klammern 64
Förderbolzen 266
FreeCAD 260, 267
Füllmuster 267
Fused Deposit 16
Fused Deposition Modelling 267

G
G-Code 96, 158, 163, 267, 280, 284
Gewindestange 21, 22, 23, 40, 267
Gewindestangen 17, 21, 22, 23, 25
  Nachteile einer Rahmenkonstruktion 25
  Vorteile einer Rahmenkonstruktion 25
Glasbett 59
Glasschneider 71, 267
Glastemperatur 52, 267, 279
Gleitlager 33, 267
  Messing 33
  PLA 33
  Plastik 33

H

Hall-Sensor 267
Haltemoment 268
Heat Chamber 268
Heizbett 28, 53, 268
    Bauformen 53
    Carbon 56
    Josef Prusa 54
    Leistung 57
    Platinen 54
    Silikon-Heizmatte 55
Heizpatrone 268
Heizplatine 268
Heizwiderstand 268
Hobbed Bolt 268
Homing 268
Host-Software 18, 163, 268
    Cura 166
    MakerWare 166
    Printrun 164
    Pronterface 164
    Repetier 167
    Resnapper 166
Hotend 17, 18, 51, 76, 90, 189, 268
    Aufbau 90
    Funktionsweise 92
    J-Head 93
HRC 269

I

Idler 83, 269
Infill 232, 269

J

J-Head 269
Josef Pr ša 54
Justage 67

K

Kabelbinder 133, 269
Kalibrierung 269
Kapton 59, 64, 269
Kugellager 269

Kugelumlaufspindel 42

L

Lager 32
    Gleitlager 33
    Linearkugellager 34
Lasercutter 14
Lasersintern 15, 269
Laybrick 269
Layer 270
Laywoo-3D 106
Laywood 270
LCD 270
Linearkugellager 34, 35, 270
Linearschienen 270
LM8UU 34, 44, 270
    Nachteil 34
Lochrasterplatine 61
Lookahead 270

M

Magnetischer Endstop 270
MakerBot 166
Manifold Objekt 270
Mark1 54
Marlin 58, 96, 270, 288
    Parameter 147
Materialstau 97
Mendel-Prusa-Drucker 54
Mikroschalter 271
MK2 54
MK2a 54
Molex-Stecker 125
MOSFET 271
Motherboard 271
Multi-Jet-Modelling 16

N

NEMA 17 41, 271
Nylon 271

O

Ohm (Ω) 271

OpenSCAD 259, 271
Optischer Endstop 271

P
Paste Extruder 271
PCB 272
PEEK 272
Perimeter 216, 233, 272
PET 272
PID 157, 158, 272
Pigment 272
PLA 24, 272
    Abkürzung 105
    Temperatur Heizbett 53
Plater 272
Platten
    Nachteile einer Rahmenkonstruktion 27
    Vorteile einer Rahmenkonstruktion 27
Pneufit 99
Pololu 118, 273
Polyimid 273
Polylactid 273
Polymilchsäure 273
Polyvinylalkohol 273
Pronterface 273
PTFE 273
Pulley 273
Pulsweitenmodulation 124
PVA 274
    Abkürzung 105
PWM 274

R
Radialkugellager 34
Raft 61, 274
Rahmenkonstruktion 21
    Gewindestangen 21
    Platten 26
    Tipps und Tricks 28
Ramps 274
Ramps 1.4 128
Reinigung 84
Repetier 136, 186

G-Code Editor 182
Installation 168
Temperaturkurve 190
Repetier-Host 274
RepRap 22, 24, 33, 47, 54, 274
Retract 274
Riemenspanner 48
RS232 274
Rumba 129

S
Schmelzschichtung 274
Schrittmotor 35, 39, 274
    Bipolarität 35
    Halbschritte 37
    Haltemoment 39
    NEMA 17 40
    Positionierung 35
    Sechszehntelschritte 38
    Unipolarität 39
    Viertelschritte 38
Schrittmotortreiber 275
Schrumpfschlauch 91, 133, 275
SD-Karte 275
SD-Kartenleser 126
Serielle Schnittstelle 275
Silikon-Heizmatte 52, 275
Sinter-Drucker 14
    Unterschiede 15
Sintern 14
Skeinforge 275
Slic3r 96, 198, 275
Slicer 11, 163, 195, 275
    Cura 198
    Repsnapper 199
    Skeinforge 200
    Slic3r 201
Stand-alone-3-D-Drucker 275
Steppermotor 275
Stereolithografie 15, 276
STL 276
Stützstruktur 276
Styrol 276

Support Material 276
SVG 251

T
T5-Belts 276
Taulman 3D 106
Temperaturkurve 190
Temperatursensor 53
Thermistor 53, 91, 276
Thingiverse 257, 276
Trapezgewindemutter 41

U
Ultimaker 198
USB 276

V
Vierpunktaufhängung 276
Volt 277

W
Wade-Extruder 277
Warping 24, 50, 51, 277
Wat 277
Welle 32, 277
Widerstände 53

Z
Zahnriemen 46, 47, 48, 277
Zahnstange 44
Zahnstangen 277